生活醫館 126

你吃的食物是真的嗎？

起司、油、牛肉、海鮮、酒的真相現形記

Real Food Fake Food

Why you don't know
what you're eating & What you can do about it

賴瑞·奧姆斯特 —— 著
劉佳澐 —— 譯

高寶書版集團

獻給愛莉森，她全心信任我。

給艾莉絲・菲克斯，

她對帕馬森乾酪的鍾情啟發了我對真食物的追求。

給尼可拉斯・詹姆斯・彼得・高，

但願他仍在人間。

給聖丹斯，

他對真食物的熱誠是無可比擬的，

尤其熱愛全草飼與自然放牧的牛肉。

— Contents —

序

食品詐欺，即廠商為獲取利益而以不實的品項或成分欺騙消費者……這始終是食品工業的一大問題。

——芮妮·強森（Renée Johnson），〈食品及成分的詐欺行為及「利潤導向」偽造〉*Food Fraud and "Economically Motivated Adulteration" of Food and Food Ingredients*

我愛食物。

朋友們總說我從事世界上最棒的工作，我不否認。身為一個旅遊與美食記者，過去二十年間，我造訪無數世上最棒的大飯店，餐餐大啖美食佳餚。而當我不在外面吃飯時，就會在家烹飪。我擁有一座小菜園，栽種著從世界各個角落帶回來的特殊香料；還曾不惜遠行千里，只為了去某間餐廳，品嚐某一份難得一見的在地料理。為了工作，我吃過路邊的燒烤和海鮮攤位，也曾在米其林星級餐廳享受過頂級名廚的手藝。我曾踏進詹姆士·比爾德（James Beard）的家、參觀過各種食品製造與加工廠、還去了許多農場和手工起司的製酪場。我見識過世上最優秀的美食和特色料理的製作過程，看見人們是如何充滿熱誠地端出一盤盤好菜，嚐過許許多多難以忘懷的美饌。然而，在這一切教人陶醉的美好之中，食物其實隱藏著黑暗的一面。

這二十年裡，我去過日本很多次。日本國境雖小，卻蘊藏著強大的美食能量，是世界上最棒的美食故鄉之一。遊客經常會驚訝地發現日本文化中，有著豐富的「假食物」傳統，但萬幸的是，這種假食物的目的在於幫助消費者。日本有許多餐館會在他們的櫥窗中展示一系列食物模型，如此一來，即便消費者看不懂菜單，也可以比手劃腳來完成點餐。這些模型簡直像是藝術作品，雖然是由塑膠製成，卻十分精緻逼真。就像紐約有時裝街和珠寶街一樣，東京有一處知名假食物街區，餐廳老闆們會來這裡採購模型，遊客們也常常到此尋找紀念品，比如一盤令人垂涎欲滴的生魚片壽司，或者一碗灑上碎蔥的拉麵，放上雞蛋和一隻帶尾的炸蝦天婦羅。他們買回去放在家裡的櫃子上，永遠不會變質腐敗，這些美妙的料理全都是假的，全都不能吃。

如同日本，美國也有著豐富的「假食物」傳統，然而卻一點也不精緻，甚至百害而無一利。在超市和家裡，充斥著我們會拿來吞下肚的假食物，這些食物全都是惡意詐騙，是利益上的詐欺，毫無品質可言，而且很難吃。在最糟的情況下，這些食物還會讓我們生病，甚至害死我們。回溯它們的來歷，它們讓全球各地的農人和食品工藝師失業、破壞環境，更剝削勞動階層。其中一些假食物可說是徹頭徹尾的犯罪，而有些只能說是不道德的，因為它們竟然不僅沒有違法，還得到美國政府的支持。諷刺的是，有些消費者會積極尋找更美味、更健康或口味更清淡的食物，他們卻反而是更常誤吃這些假食物的一群人。甚至，特殊食品的商店裡更常出現假食物，二〇一四年間，被查獲的假食物總價值突破一千億美元。食品行業裡四處都是騙局，尤其在健康食品，以及美味的起司、肉品、食用油和各式「美食」類別中更是常見。

暫不論你是否關心健康、經濟正義或環境，只要你在乎盤中食物嚐起來如何，這個議題便至關重要。當你偶遇某種令你驚艷的食物，不由地渴望再來一份，或者當你初次嚐到某一頓美味的料理，忍不住舔著嘴唇大聲說：「太好吃了！」那麼，你可能就是吃到了「真食物」。而每當市面上出現了一種美味的真食物，仿冒的假食物便往往會隨之而來。

我所謂的「假」就真的是「假的」，因為那些東西和你自以為買下或吃下的完全不一樣。美國的食品生產方式大有問題，如果想知道這裡的工業化家禽養殖場有多恐怖，或想了解為什麼人們手裡的得來速餐點中有這麼多不明的成分，那麼請先放下這本書，去閱讀《雜食者的兩難》（暫譯，*Omnivore's Dilemma*）、《食品公司》（暫譯，*Food, Inc.*）或《一口漢堡的代價》（暫譯，*Fast Food Nation*）。這是一個充滿偷樑換柱手段的行業，你買到的往往不是他們承諾的品項。我雖不喜歡工業化農場生產的超市牛肉，但它依然是貨真價實的牛肉，低廉價格也反映出它的成本。但是，當使用藥物餵養的牛隻，卻被冒充為「天然」、「放牧」或「純淨」的牛肉，那就是假的了——這些肉品與廠商宣稱的不符。假食物的品質通常很差。並非品質差的都叫假食物，而是，假食物的品質一定很差。最好的例子就是緬因州的波士頓龍蝦。這是一種真食物，可口得教人垂涎三尺，剝殼需要大量的手工勞動，任何吃過整隻龍蝦的人都知道。這就是為什麼新英格蘭地區最受歡迎的「龍蝦堡」是菜單上最昂貴的三明治之一，就算它基本上只是一堆龍蝦肉放在一個橢圓形的麵包上。那麼，速食連鎖店為什麼能以接近半價或更低的價格販賣龍蝦堡？很簡單，因為他們的龍蝦堡裡根本沒有龍蝦肉。但這卻不違法——歡迎來到假食物的世界。

日本餐廳雖然會在外面的櫥窗中展示假食物，但裡面卻有許多真食物可以飽餐一頓。幾年前的一次旅行中，我有幸品嚐了神戶牛肉，這應該是日本最知名的美食之一，以完美的油花比例聞名。當我回到美國之後，發現太平洋這一邊的「神戶牛肉」與日本差異極大，不見大理石般的紋理，也沒有美妙的風味，我感到非常困惑。於是我決定調查一番，找出原因。不久之後，我就發現美國農業部早已禁止了所有日本牛肉輸入，沒有任何例外。

結果呢？這個國家境內販售的所有神戶牛肉，無論來自知名品牌或沒沒無聞的小廠商，售價從十塊美金的肉片到三百塊美金的牛排，全部都是假的，全部。每一家聲稱出售「神戶牛肉」或「日本牛肉」的餐廳和商店都在說謊，就連一些國內知名廚師也是。

我在《富比士》（*Forbes*）的線上專欄撰寫這件事的專題報導，那篇文章馬上成為所有美食專欄之中點閱率最高的一篇，吸引了超過一百萬名讀者瀏覽。甚至過了好幾年以後，這篇文章每個月仍然繼續吸引上千名新的讀者。我對自己文章所激發的關注和熱議感到驚訝——其中有兩面不同的意見。許多讀者寫信給我，他們義憤填膺，這是當然的，因為他們花了數百美元買一塊牛排，卻遭到欺騙。但也有一些人站在仇外的立場，他們謾罵日本，並且捍衛這些不實的美國廣告，說美國人沒有必要屈從於其他國家的招牌，因為這裡是美國，我們想怎麼樣，就怎麼樣，也有些人順便大肆稱讚國產牛肉的品質。在這些聲音之中，引起我注意的一點是：幾乎沒有人嚐過真正的神戶牛肉。

然而，在美國食品藥品監督管理局（FDA）的政策中，大多數的食品詐欺案不會受到任何監管，也很難引起當局的重視，因為神戶牛肉詐欺多半是發生在餐廳裡，這些餐廳基本上不受任何食品標籤法的約束，所以他們往往能夠逃脫懲罰。

在這件事情之後，我不禁開始懷疑，如果神戶牛肉的名號能被如此濫用於全國、公然欺騙消費者，而且這麼做也不用承擔任何後果，那麼我們身邊還有多少假食物？很不幸，答案是「很多」，而且這些食物的真相通常更嚇人。

例如，海鮮業比牛肉還要更糟糕，充斥著更多無論是合法或非法的詐欺，多到令人難以置信。我只能說，如果你認為你買到或吃到的紅紋笛鯛（red snapper），那麼你可能會需要再確認一下。另外，最近的一些調查中也發現，典型的紐約壽司餐廳裡，吃到長鰭鮪魚（white tuna）的機率為零——完全沒有。那野生鮭魚呢？任何野生水產？大概也沒有。

美國的每間超市和美食店都設有起司專櫃，而且，每個專櫃都堆滿了假貨。葡萄酒專櫃也是，還有橄欖油貨架。偶爾買到掛羊頭賣狗肉的食物，我們當然也可以用一種「那又如何」的態度面對，但只要一想到這些假食物裡可能含有藥物或抗生素，甚至是一些非法的成分，就完全是另外一回事了，這些都不該出現在你購買的食物裡。並非所有的假食物都是無害健康，而且它們其中有不少是令人反胃的。如果你喜歡烹飪，你的廚房裡多半櫃有一瓶橄欖油。真正的特級初榨橄欖油可說是市面上最健康的油脂，許多研究也表明這正是人們喜歡購買橄欖油的原因。然而，美國販售的大多數橄欖油都是假的，這些冒牌貨通常對健康無益，有些甚至根本不是用橄欖製成。這是全美最普遍的假食物之一，深入大量家庭廚房、餐廳和超市，那些本該為我們監管食品供應的政府機構也很清楚這種狀況。

美國食品製造商協會估計，全美大約有10％的通路食品存在假冒的問題。除非你離開超市時走的是「八項或更少」的快速結帳通道，否則你滿滿的購物車裡大概都是假食物。經常在市面上流通的假食物不僅限於像神戶牛肉這樣的珍貴食品，還包括許多日常食物，像是咖啡、柳橙汁、蘋果汁、葡萄酒、米飯、起司和蜂蜜，當然還有海鮮。

美國疾病管制與預防中心估計，每年大約有四千八百萬名美國人患上某些與食物相關的疾病，卻只有其中約五分之一的患者會在偶然的情況下被診斷出來，這表示每年有超過三千八百萬人會繼續因為食物而生病。有專家認為，「食品詐欺可能是其中一大成因」。如果你曾經在吃完生魚片壽司之後生病，並歸咎為「魚壞了」，你可能只說對一半：確實是因為魚肉，但並不是因為它壞了。通常，你吃到的是魚的某種替代品，而且這種替代品總是「壞」的，甚至可能是某些在其他國家被禁止的有毒物種。這種作法非常普遍，簡直是新的常態。

隨著擴大對假食物的調查，我變得越來越生氣。我早就料到會有冒牌貨，因為這些犯罪是以追求利潤為目的。如果偽造一些有價值的商品能賺進大把鈔票，那麼會去從事犯罪的想必大有人在。然而，我卻萬萬沒想到規模會如此巨大，這個市場中竟然存在這麼多有組織的「犯罪集團」，並以匹敵大規模毒品走私的結構在運作著。更令人不安的是，就連美國政府也是假食物的共謀。在成本曲線的底端，政府部門無論大官或小職員都對這些詐欺行為視而不見，即便他們深知這種情況極為普遍，並且通常具有危險性。在某些食品項目的產業中，政府法規甚至還會鼓勵製造商去假冒某些有價值的產品，進而誤導美國消費者，比如標籤法允許國內釀酒師製造國產「香檳」。當我發現這種情況是如此氾濫，有時真的很想舉起雙手認輸，因為在這個國家，竟然就連沃爾瑪超市（Walmart）都比食藥監管局更懂得保護食品消費者。

密西根州立大學的食品詐欺倡議（Food Fraud Initiative）的研究估計，食品詐欺每年賺進近五百億美金，這個金額是全球咖啡銷售額的整整兩倍，而咖啡是世界上最有價值的農產商品。美國還曾有一個假蜂蜜的騙局淨賺了八千萬美金。密西根州立大學的食品詐欺倡議是全球近期剛起步的調查機構之一。二〇一三年，英國成立了一個新的刑事調查部門，稱為食品犯罪部門，是一個專門針對食安問題的犯罪現場調查機構。義大利也有一個鎖定食品詐欺的特別警察小組，被《60分鐘》（*60 Minutes*）雜誌暱稱為「食物聯邦調查局」。畢竟，實在有太多我們習以為常的食物該受到理性懷疑，在你的家裡，從酒櫃到冰箱，很可能到處都是假食物，這可不是什麼好事。

然而好消息是，世界上還是有很多健康美味的真食物，但你必須知道如何分辨。騙子們會推銷的通常是一些昂貴名牌的盜版商品，因為這些品牌擁有很高的知名度和公認的品質，例如勞力士手錶或者 LV 包。畢竟去仿冒便宜或者劣質的品牌，根本沒有什麼利潤可言。因此，世上之所以有這麼多假食物，那就是因為真食物也很多。

我愛真食物。

1 完美的的真食物：帕馬的一天

如果這還不能稱得上是全世界最重要、最具影響力的起司之一，至少也能說，它在全義大利佔有舉足輕重的地位。它之所以如此重要，是因為真正的產品非常可口、風味均衡……而它如此具有影響力則是因為，世界各地生產了成千上萬種仿冒品，無論是楔形的「帕馬森起司」，或者是綠色圓柱型盒裝的「帕馬森起司粉」，無一不是仿冒品，即使，這些產品的標籤上都大大寫著這個名字。

——約翰·費雪，《起司》（Cheese）／美國廚藝學院教科書

你灑在筆管義大利麵上的帕馬森起司粉，很有可能只是木屑。許多宣稱「百分之百天然」的產品，根本不是真正的帕馬森乾酪。

——琳蒂·慕凡妮，〈你灑在筆管義大利麵上的帕馬森起司粉有可能只是木屑〉（The Parmesan Cheese You Sprinkle on Your Penne Could Be Wood）

這是帕馬（Parma）尋常的一天，製作起司的時刻到了。第一縷晨光劃破黑夜之際，一位乳製品工作者——就叫他保羅．雷尼里[1]吧——便被鬧鐘叫醒了，時間是早上五點。說他早已「習慣」起個大清早，都還不足以形容這種常態，因為在過去的三十五年裡，保羅一週七天，每天都在這個時間起床製作起司。他上一次休假是某次騎機車發生交通事故，被送進急診室裡。而上一次度假則是他短暫的蜜月旅行，那是在二十七年前。他的父親也是一位帕馬乾酪製作者，他的爺爺也是，而除了保羅用鬧鐘代替公雞叫他起床之外，代代相傳之間的變化並不多。

雷尼里一家對於工作的全心投入在這座城市裡並不罕見。這裡的製酪人們都是一群充滿熱誠的人，而這種工作模式是一種慣例，而不是例外。畢竟，帕馬的乳牛可不會看日曆，牠們從來不休假，也不會慶祝節日，每天都會產奶。因此，每一天，飼養乳牛的酪農們都會把這些新鮮牛奶送到雷尼里工作的乳製品工廠——義大利有法律明文規定，所有的起司都必須在擠奶後的兩小時內開始製作。

帕馬和鄰近一帶的雷焦（Reggio），兩個城市都位在艾米利亞羅馬涅（Emilia-Romagna）地區，有超過三百家乳製品工廠密集座落在區域內合法的指定地段。每間工廠都只製造一種產品：有如車輪一般巨大的帕馬地方乾酪（Parmigiano-Reggiano）。根據近期新制定的歐盟法規，以及義大利數世紀前就已訂定的法條規定，帕馬地方乾酪八百年來只能在這個地方以同樣艱辛的方式製作。

1 保羅．雷尼里是一個綜合的虛構人物，象徵著我一路上遇到的所有帕馬乾酪製作者，多半是男性，而且都是第二、三代，甚至是第五代了。他們總是全年無休，就連度蜜月也只有兩天，就這樣工作了三十多年。

但也由於它無與倫比的品質和質地，這種起司擁有令人垂涎的稱號：「起司之王」，並被許多專家認可為最好的泛用起司。日復一日，從乳牛產奶、酪農蒐集奶水，接著再運送到乳品製造廠，這段新鮮牛奶的取得過程，只不過是龐大製程的其中兩個小小步驟，也是一個複雜但封閉的正向循環，舉凡地上的青草和花朵、農場的乳牛和豬隻，甚至是銀行、倉庫、執法人員和手工製造者，全都被包含在這個循環之中，讓帕馬成為一個近乎完美的永續農業區。

帕馬這個小地方也是義大利的美食中心。不遠處的波隆那（Bologna）自豪地宣稱坐擁全義大利最好的餐廳，而米蘭、摩地納、佛羅倫斯和西西里地區也競相角逐，然而，從來沒有一個地區曾經試圖挑戰帕馬的地位。這個小城市雖然經常被觀光客忽略，卻是世界上最大的義大利麵製造商百味來（Barilla）的所在地，這間公司還在此設立一座廚藝學院。另外，義大利食品製造商巨頭「帕馬拉特」（Parmalat）也是創辦人以家鄉來命名的。這個城市生產世界上最知名、最令人垂涎的食品，那就是帕馬地方乾酪和義大利人最愛的帕馬火腿（Prosciutto di Parma）。

在艾米利亞羅馬涅外圍一帶，帕馬還有一種較不廣為人知的絕頂珍饈——古拉泰勒火腿（culatello），是一種風乾杏眼狀的火腿。由於這種火腿只以豬腿的其中一小段部位製作，切除之後，就沒有辦法再用以製成一般高產量的帕馬火腿，因此，古拉泰勒火腿是一種又稀少又昂貴的美食，這種醃製特色火腿在義大利以外的地方，甚至是義大利大部分的地區，都很難看見它的蹤影。由於產量有限，這可說是一種當地傳統的自製「私貨」，就像愛爾蘭著名的玻汀私釀酒

（poitín）一樣，比起去當地商店購買，從當地朋友手中取得更加容易。但如果你認真尋找，還是有機會買到古拉泰勒火腿，它的美味絕對不會讓你失望，更擁有一大票擁護者，認為它是最頂級的醃肉製品。

另一種同類型中最出色的產品則在鄰近的摩地納（Modena）製造。這個城市以頂級跑車聞名，是法拉利和藍寶堅尼的總部所在，但同時，它也是陳年釀造的摩地納傳統巴薩米克醋（Aceto Balsamico Tradizionale di Modena）起源之地。這種質地濃稠、香味濃厚、工法複雜的醋十分珍貴，味道與世界上許多被簡稱為「義大利香醋」的商品完全不同。那些經過大量加工醋品，氣味簡直可說是糟糕、稀薄而平庸。如同帕馬地區大多數的產品——除了跑車——摩地納巴薩米克醋也是數個世紀來都以傳統工法釀造，並接受嚴格的品質法規控管，也獲得歐盟「原產地名稱保護」（Protected Designation Origin，簡稱 PDO）的地位。這表示，任何稱之為「摩地納傳統巴薩米克醋」的產品只能在摩地納本地製造，就像帕馬地方乾酪一樣，它也受到原產地名稱保護，只能在帕馬鄰近一帶生產。法律規定，正宗巴薩米克醋僅能以摩地納釀酒等級的葡萄製成，尤其是生長在藍布魯斯科（Lambrusco）崔比亞諾（Trebbiano）的品種。而將這些葡萄拿來釀醋，意味著沒辦法供給釀酒的需求，成本當然也因此提高。

這種醋的原料只有葡萄，先將葡萄壓碎，馬上放入大鍋裡，以大火加熱，直到葡萄汁被收乾至剩下一半的分量。這些濃郁的葡萄精華接著就被裝入透氣的木桶中，然後存放個十多年。接近滿桶的容量最能釀出美妙的風味，也正因為這些液體會持續蒸發——在蘇格蘭威士忌的製造過程中，這種蒸發被稱為「天使的分享」（angels'share）——每隔一兩年，釀醋人就得將葡萄精華裝入更小的桶子裡，通常一套桶子會有六種尺寸。至少十二年過後，甚至通常是二十五年或更常的時間之後，這些釀好的成品才能裝瓶、貼上標籤，並以「摩地納傳統巴薩米克醋」之名出售。而裝剩的液體只能稱之為「十多年前開始釀造的超高濃縮葡萄汁」。

這就是為什麼真正的巴薩米克醋呈現濃稠的糖漿狀，也是一小瓶醋就要價三位數美金的原因。這種醋不是用來淋在沙拉上的，摩地納當地也會生產味道很棒的調味巴薩米克白醋（condimento），而相較於其他地區超市號稱的「巴薩米克醋」，原產地釀造的風味也遠遠好上許多。摩地納傳統巴薩米克醋是會被少量加入湯品、烤肉和燉菜中作為提味，或用來蘸新鮮草莓，甚至是滴入香草冰淇淋，產生特殊但令人驚豔的混搭風味。但在陳年帕馬森乾酪塊淋上一些陳年巴薩米克醋才是絕頂美妙，兩者的搭配絕對是天堂般的滋味。在義大利的這一個地區，原料自身的美好純粹往往是最重要的，因此，一個標準的當地宴會經常開始於一盤切得如紙張一般薄透的帕馬火腿，和大小剛好能一口吃下的帕馬森乾酪，佐上陳年巴薩米克醋，再搭配香醇的紅酒。這也是赴宴的貴賓們最期待能品嚐到的美食。

帕馬地方乾酪在起司的分類中屬於「硬質磨碎」（hard grating）起司，然而即便從技術上來說是正確的，這個分類也使它在美國普遍受到誤解。這種起司的質地當然是比布里起司（Brie）或費達起司（feta）更硬，但稱它為「硬質起司」其實有點誇張。因為在美國，這種起司往往被放得太久、切得太小塊，在超商裡也保存得很差，常讓它們變得很乾，而且變得比原本更硬。這種質地確實很適合磨碎撒在餐點上作為搭配，美國人也的確多將它們用於此。但在義大利——還有在我家裡，這種「起司之王」主要是拿來直接吃，再來才是用以磨碎。

若是新鮮的狀態，帕馬地方乾酪會比陳年的切達起司（Cheddar）要硬，有時被稱為半硬質（semi-hard）起司，其中飽含微小、鬆脆的乳酸鈣結晶體，賦予它獨特的質地和口感。而除了結晶體外，乾酪本身十分容易咀嚼，很快會在舌頭上融化為濃郁的奶油狀。整體的品嚐過程有點像是咬下一塊厚厚的巧克力，既不會太軟爛，也沒有過於堅硬，再加上那些細小的結晶體，感覺很像在吃起司版本的雀巢酥脆巧克力棒。吃帕馬地方乾酪最好是從輪狀成品上切下一大塊，尺寸大約像是從巨大的婚禮蛋糕上切下一個三角形那樣，接著不要切片，也不要磨碎，而是切成小塊。除了格拉娜帕達諾起司（Grana Padano）這樣的「近親」之外，沒有其他起司是以這種方式食用的。帕馬地方乾酪是如此獨特，切割時甚至需要用到特殊工具。在艾米利亞羅馬涅地區，每個家庭中都擁有這樣東西：那就是一把淚滴形的刀具，刀身圓潤，看起來像是將吉他彈片裝在一個手柄上，使用時朝下。由於乾酪中飽含結晶體，使得它的本體中遍佈著天然的不規則斷層線，因此要將刀尖先插入乾酪，再稍微用點力向前撬，一塊如半個乒乓球大小的起司塊就會分離出來。

精心製造與陳年發酵使得這種起司帶有濃郁的堅果味和奶香，一旦將它放入口中，便會一口接著一口無法停止。你平常吃莫札瑞拉起司（mozzarella）或茅屋起司（Cottage cheese）的時候，多半會吃下大量的水分，但吃帕馬地方乾酪時，你所吃的幾乎是水分蒸發後剩下的純蛋白質——一塊兩磅[2]重的三角切片，就等於四加侖[3]最新鮮、最純粹的濃縮牛奶。

負責監管起司生產的半政府機構將總部設立在帕馬，這天，我和專家馬里奧一起前往參加乳製樣品的品嚐會。馬里奧告訴我，起司是易揮發物質，當我用刀子切下一大塊時，他建議我立刻聞一聞，才能在最好的時間內辨識氣味。於是我照著他的話去做，馬里奧聞過之後，認為乳牛的飲食中包含榛果和青草。接著我們嚐了嚐，我覺得那是一種充滿奶香、堅果味和些微鹹味的美味起司，馬里奧則嚐出青草味、鹹味和水果味，「但不是徹底的甜味，而是帶有酸味，像鳳梨那樣。」好吧，至少我們兩個都認為有鹹味，我們也都認為很可口。我們在每塊起司上都加上一滴陳年巴薩米克醋，起司的味道又更棒了，巴薩米克醋的風味如此強烈，只需要如淚珠般的一小滴就足夠。討論食物的時候，我們經常用到「濃縮」和「強烈」兩個字，但其實除了番紅花之外，我想不出有什麼其他的食材能將這兩種特性發揮得如巴薩米克醋那般強烈。而上等的巴薩米克醋味道的層次又比番紅花複雜許多，其中主要是甜味和酸味，質地濃厚，也有莓果、葡萄、香草和豐富美妙的泥煤味。如果「黑暗」可以拿來形容味道，那麼巴薩米克醋味也會有這種黑暗深沉之味。

如同帕馬一帶大多數的食物一樣，製作巴薩米克醋非常耗時，也需要大地之母的鼎力相助。

2 1磅約0.45公斤。
3 1加侖約3785c.c.。

並且，由於生產一瓶巴薩米克醋至少需要十幾年的時間，這個小行業有著經濟學家們所說的「高入門門檻」。大多數製造商都是家族代代相傳，而釀醋桶本身，通常一組是五至六個，每個至多都可以有一百多年的歷史。甚至在摩地納還有個傳統，新娘的家人在婚禮上要贈送一套歷史悠久的木桶，這是無價之寶。

這麼多美味的食物都來自這個區域，這絕非是個巧合，而是因為帕馬有兩個無可取代的優勢：歷史與風土。從歷史可以看出，義大利文化重視區域主義（regionalism），每個區域的特色多半是視自然資源而有所不同。因此，在帕馬地區，所有的食物法律不只是九個世紀以來當地人都習慣做的事情而已。中世紀作家薄伽丘（Boccaccio）在一三四八年出版的傑作《十日談》（*The Decameron*）中就曾經讚揚過帕馬地方乾酪的高品質，但帕馬地方乾酪地的悠久歷史，可以從銷售帳單和文獻記載追溯到再早一個半世紀之前。專家認為，到了十三世紀時，帕馬地方乾酪的形式便已經底定，至今都仍未改變。數百年來，這種起司就是以完全相同的方式製造，歷經世代精心相傳，而也唯有如此，這種製造方式才會被納入義大利的法律規範之中。

歐洲人很早就已經完全接納食品品質法的規範，其歷史最早可以追溯到「啤酒純釀法」（Reinheitsgebot），這個法令又被稱為「德國啤酒純釀法」（German Beer Purity Law）或「巴伐利亞純釀法」（Bavarian Purity Law），於一五一六年由當時獨立的巴伐利亞邦頒布，目的是要監管啤酒生產的品質。這後來也為我們開啟了美妙的「慕尼黑啤酒節」（Oktoberfest）傳統，至今這個活動仍然只會供應在慕尼黑當地釀造的啤酒。根據啤酒純釀法的規定，只有「水、大麥和啤酒花」三種成分釀的飲品才能當成「啤酒」來販售。與許多當代保護主義法規不同，一般認為這個法令其實更像消費者保護法最早的一種形式，確保消費者所喝到的是他們購賣的飲品，也就是真正的啤酒。這條法令在過去幾世紀之間也不斷被修改，一開始是為了順應酵母的使用，後來則是因為產生了一些新的釀造方式。

而數百年來，其他歐洲國家也相繼追隨啤酒純釀法的腳步，制定出類似的規則來管理葡萄酒、起司，甚至是法國麵包的生產。雖然在美國「法國長棍麵包」通常是指某一種特定形狀的麵包，但在法國，這可是一個嚴肅的法律規定，以至於某些我們自認「有創意」的花樣——例如「裸麥法國麵包」，都可以稱得上是一種詐欺、一種犯罪。理論上來說，如果一個巴黎麵包師傅在法國傳統長棍麵包（baguette de tradition française）的製作過程中，加入了小麥粉、水、酵母和鹽以外的成分，他可能就會受到處罰。這種法令的目的並不是為了侷限法國人吃麵包的體驗，而是當消費者購買長棍麵包而非其他烘焙產品時，確保他們所吃到的就是他們所購買的食物。

類似的法令也規範著帕馬當地的日常生活。春天一到，牧場的青草和野花紛紛萌芽，便是起司開始製作的時間了。與歷史同樣重要的第二個區域優勢是「風土」（terroir）。這個詞源自於法文的「土地」（terre），涵義複雜深遠，其中暗示著自然本身的兼容並蓄。用一般的話來說，這個詞的意思就是，物產的特性是根據地域特色而定的。就像現在很流行講的「在地感」（sense of place）一樣，風土是一個總和，囊括著所有能夠賦予地方農業特色的元素。這些元素可以包含土壤化學成分、植物群、當地的動物、昆蟲，甚至微生物種類，還有天氣與季節變化。例如，靠海就是一種典型的特殊風土條件，尤其對帶有鹹味、泥煤味的單一麥芽威士忌影響特別顯著。

儘管「風土」多半會有一個顯著的決定性因素，好比蘇格蘭斯佩賽地區的空氣帶有鹹味，是因為含有環境中含有碘成分，但「風土」遠遠不只有這樣而已。大自然是如此難以捉摸，有時其中的元素又是如此非比尋常，可能只存在於世界上的其中一個地方。這也解釋了為什麼人們在阿拉斯加的溫室裡付出了這麼多努力和資源，也仍然無法種植出比那布勒斯或紐澤西當地更好的番茄。還有，喬治亞州的維達利亞（Vidalia）、夏威夷州的茂宜島（Maui）和華盛頓州的瓦拉瓦拉（Walla Walla）能種植出比全美其他地方都還要甜美的洋蔥。而內布拉斯加的玉米總是長得比佛蒙特州的還要高，佛蒙特州的楓糖漿又比印第安那州的更美味。有成千上萬這樣的例子，重點是，各地都有自己的風土條件，很難被複製。

帕馬周圍的鄉村受到群山擁抱，諸多當地特有的花花草草，在不同的海拔和陽光照射之下，風土條件也略有不同。法律規定這些牧場不能進行化學施肥或種植新種類的作物，好確保當地生產的牛奶都擁有絕對的品質與濃度。帕馬的乳牛大約有四千頭，每頭都有自己的編號和紀錄並受到監管，而法律也規定，牠們只能吃春天到秋天自然生長植物，而冬天就吃農場裡的乾牧草。像青貯飼料這種以各種發酵的牧草、穀類或玉米混合製成的濕飼料，受到美國畜牧業的廣泛運用，以促進快速、低價的繁殖和生長速度，在帕馬卻是被明令禁止的。而所有的營養補充劑、抗生素、生長激素，還有任何種類的激素也不允許使用。如果乳牛生病看醫生，重病到必須使用抗生素的程度，那麼這頭牛所生產的奶水就會被禁止拿來使用，直到治療結束，而乳牛體內的藥物已經排除乾淨為止。這一切讓現代的乳牛大致上和古代乳牛的工作方式差不多，自從古時候，本篤會的修士們發明了帕馬地方乾酪的那時起，就一直如此。

帕馬人認為是他們的土地賦予了地方乾酪獨特的風味，確實如此，儘管從土地到盤中的漫長過程中還有許多其他步驟，但所有的步驟都遵循著嚴格的傳統。牛奶的味道和天然成分在一天兩次的擠奶作業中會有所不同，而帕馬人用來製作起司的牛奶，通常是一半是早上擠出的新鮮奶水，大多不會晚於開始製酪前的兩小時，而另一半則是前一天晚上產出的奶水。所有的帕馬地方乾酪都不可以使用擠出超過十八小時的牛奶，有時甚至限制的時間更短。在帕馬地區，每個鄰里是相互形成經濟上的依賴，而不是彼此保持距離，「開始製酪前的兩小時」這項規定不僅保證了牛奶的新鮮度，也保障了各地的分工，許多農民只需要駕駛他們的拖拉機就能將牛奶送達鄰近的製酪場。

從初生之犢第一次吃到帕馬土地上的青草開始，起司生產的所有步驟就展開了，從溫度的拿捏，到發酵的時間，到製作的尺寸，再到使用的圓形模具，那是一套堅若磐石的標準流程，並且會受到一個迷你軍隊般的檢查組織嚴格監管。這些檢查員的全職工作就是驗證並評鑑帕馬地方乾酪的品質，全心全意地追求完美。

鮮奶送達時，我們的製酪人保羅．雷尼里就會將牛奶倒入一個大銅鍋中，加入少量的凝乳酶，這是一種存在於牛腸中的天然消化細菌。接著，他會將這鍋混合物加熱至凝固。液體繼續凝固的同時，會被一個類似揉麵機的旋轉攪拌器絞碎，等到達到所需的稠度時，保羅．雷尼里才會停止加熱和攪拌，並用一塊薄棉布包覆住鍋中的這團半凝結物，然後在助手的幫助下，用這張網狀布料將鍋底這團球狀奶酪撈起來。之後，棉布的四個角會被綁在一根金屬桿上掛著，讓奶酪瀝乾。整個過程花費不到一小時，由於產地直送的鮮奶都是當日一次到貨，保羅．雷尼里和他的助手必須同時處理好幾的銅鍋，大型製酪廠的鍋數還會更多，他們必須一鍋接著一鍋，快速重複同樣的步驟。

大鍋內剩下的乳清和牛奶會被小心地倒在別的容器內，另有其他重要用途，之後大鍋會被清洗乾淨，為隔天的製程做準備。因為每天早上只擠一次牛奶，所以每天也只有一次起司製程。瀝乾之後，保羅．雷尼里會將棉布解開，小心翼翼地將這個原始的塊狀物切成兩半，可以用來做成兩大個輪狀的起司，這是每一個銅鍋內一千一百公升的牛奶僅能製作的分量。每個圓輪的尺寸都和上個世紀一模一樣，也和一七七六年美國獨立時一樣，更和米開朗基羅彩繪西斯汀教堂天花板時一樣。既然保羅．雷尼里正在製作的是起司之王帕馬地方乾酪，那麼他就不能用更大或更小的鍋子加熱牛奶，也不能用更大或更小的輪狀模具來定型。

他將每一個剛切下的一半球體放入一個圓型的不鏽鋼模具中，這個模具和汽車輪胎一樣大。然後這些裝滿奶酪的模具會被浸入一個長形的鹽水槽中，經過三星期的醃製，模具才會被取出，並將鹽水沖洗乾淨。這時，乾酪的外皮已經開始成形，製程基本上就已經結束了。但是，這些乾酪仍然太「年輕」，不能食用，還要再經過發酵。擺放大約兩年之後，才會得到一塊重達八十六磅的帕馬地方乾酪。

不鏽鋼模具讓乾酪呈現圓桶狀，大約十英吋[4]厚，直徑則有兩英呎[5]。這種模具還有一個越來越重要的功能，就是抵制仿冒。它們是由一個獨立、自我把關的公會組織「帕馬地方財團法人」製造，這個組織的資金來源是各個製酪廠繳納的會費。每個模具都會經過編號、受到追蹤，並且只提供給經過許可和檢查的製酪廠。模具內更鑲有如點字一般的小針，排列成能夠一眼辨識的精確圖案，那就是這種起司的名字，刻在起司的外皮上。此外，還會將一個帶有凸起字樣的塑膠工具插入不鏽鋼模具與起司中間，幫每一塊起司都壓上編號。如此一來，每一塊起司都可以追溯出它的製酪廠和原產地。就像刺青一般，這些編號和「帕馬地方乾酪」字樣，成為了起司外皮的一部分。後來，由於偽造帕馬地方乾酪已經成為一股全球風潮，這種立體保護標章也變得越來越重要。

除了純鮮奶和凝乳酶之外，唯一允許添加的其他成分是鹽，而且只能透過浸泡在鹽水中來吸收鹽分。這種乳製品之所以十分有益健康，就是因為它是如此的天然純粹。義大利的醫生們通常會建議，它是寶寶們斷奶後最適合吃的第一樣食物。它的成分被證實能夠強化骨質密度，還有許多其他有益健康的優點。而經過漫長而複雜的實驗檢測與分析，這也是唯一被批准帶上外太空的起司，美國太空總署（NASA）與俄羅斯航太局（Russian Federal Space Agency）都選擇了它，它是第一種飛上太空的起司。

4 1 吋約 2.54 公分。
5 1 呎約 30 公分。

如同當地的花草、昆蟲和乳牛一樣，帕馬居民彼此之間也有著共生關係，維繫著活躍的日常運作。企業管理學常說的「垂直整合」和「水平整合」在這裡並不存在。製酪廠不養牛，而酪農們也不製酪，然而，他們彼此相互關聯的利益，將整個城市食品生產這項主要產業的每一個參與者都連繫在一起，從經銷商到銀行，再到那些看似製造不相關產品的人。像是，若沒有歷經長時間陳化發酵，就不是真正的帕馬地方乾酪，因此，那些帕馬當地建造與營運倉庫的產業也屬於整個共生關係的其中一環。

像保羅．雷尼里這樣乳製品工作者每天要製作大量的起司，但這些起司卻沒有辦法在短時間內送到顧客手中，因此他們累積了成千上百噸待發酵或發酵中的起司。這些起司輪將近一英呎厚，重約九十磅，堆滿在數百英呎長的木製貨架上，這些架子通常高達二十五層，放眼所及，盡是一層又一層不斷疊高的起司。走進這樣的倉庫，彷彿用起司搭成的堡壘基地，會誤以為全世界的起司都存放在這裡了。整個帕馬有好幾處這樣的倉庫，每一座都有幾個足球場那麼大，以備用發電機控制著倉內的溫度，以保存這些價值數百萬美金的起司。這些產品的價值如此之高，一輪起司的「黑市價格」竟可達數千美金，以至於自古以來，倉庫都會面臨竊盜的問題。因為起司輪長得就像一個汽車輪胎，這些起司輪可以像輪胎一樣滾動，搬運時完全不需動用到堆高機或滑軌，令竊賊們暗自欣喜。多年來，他們行竊便是利用這種好處，先是襲擊倉庫之後，再一路把起司輪滾到在旁接應的卡車上。後來，倉庫紛紛加裝更有效的警報器、門鎖、監視器等，讓倉庫行竊的問題大幅改善。然而，在超市內的起司竊盜依然是個頭號問題：最近的研究指出，這是義大利商店裡最常被偷的食物，每年起司銷售量之中，大約有9%的起司是被偷走的。顯然，義大利的小偷也很有品味。

倉庫管理員們所面臨的挑戰也不僅僅是儲存、冷卻和看守這些起司。每個起司輪每週都需要翻轉一次，重新放上貨架之前，木架還必須擦拭乾淨，防止濕氣堆積在木頭上。過去數百年來，這些工作都是手工完成的。工作人員爬上梯子，將重達八十六磅的輪子搬下來，擦拭好貨架，然後再一個接著一個、一層接著一層、一排接著一排週而復始地翻動和擺放這些起司輪。這是一項單調而又消耗體力的工作。現今，大多數的倉庫開始使用自動的迷你堆高機，小心翼翼地將起司輪取下、旋轉，並清理貨架，再重新放回去，這些堆高機無時無刻都在走道間徘徊著。這些起司翻轉機的設計、製造和維護便是倉儲工作延伸出來另一個當地行業。

若想以帕馬地方乾酪之名銷售起司，每個起司輪必須至少陳化一年，即便如此，也很少有人將存放時間這麼短暫的起司拿出來銷售。要獲得更常見、更理想且更昂貴的「陳年」（Vecchio）品質標章，至少需要十八個月的時間，而最理想的「特陳」（Stravecchio）則需要至少兩年，通常是三年。在帕馬，一個起司輪的平均銷售年齡是二十至二十四個月，入庫可說是一件大事。此外，很少有製酪廠有財力等待兩年才回收成本，因為他們必須先預付鮮奶和勞力的支出。因此，倉儲者長期以來一直扮演著銀行家的角色，他們會向製酪廠提供資金，以他們的庫存作為擔保，這些起司庫存等同於「存款」，同時也會收取儲存和翻轉的費用。而倉庫的出資者通常就是帕馬的銀行，他們也是這個產業的一份子。

起司在帕馬創造的另一種文化是「帕馬地方乾酪聯盟」，這個聯盟扮演的角色與職棒聯盟、國家美式橄欖球聯盟差不多。一方面，聯盟的存在是為了促進起司更大的利益，於全球各大領域推廣起司，包含公共教育、特別活動、公共關係，並且擔任聯盟成員的法律代表，另一方面，他們也負責監督這些起司，確保消費者能獲得最好的產品。由於他們的角色具備這樣的雙重特性，使得這個組織與自己的「夥伴」，也就是這些製酪廠們，有時候會是敵對關係。

如同體育聯盟，地方乾酪聯盟的資金通常是來自聯盟成員，並且成員們必須擔任著自相矛盾的角色，同時身為製造者、仲裁者和評鑑者，偶爾還要收取罰金，罰金的形式通常就是沒收一些不合格的起司。發酵陳化是生產的最後一步，而在進行最終的品質鑑定之前，這些起司僅僅是一些起司而已，還不是「帕馬地方乾酪」。在賦予「陳年」和「特陳」的指定等級並貼上認證立體標章，聯盟的鑑定專家必須親自一一檢查。如果光是翻動每一個陳年起司輪就已經是一個令人生畏的龐大工作，那麼在以「帕馬地方乾酪」之名銷售之前一一檢查每一個起司輪，更可以稱得上是一個難關了。光是二〇〇九年，就一共生產了二百九十四萬七千二百九十二個起司輪。

帕馬地方乾酪的「配方」看似簡單，實則不然。如同烘焙或釀酒，起司製造也是一個非常有趣的過程，因為其中的化學變化並不一定總會按照我們所期望的方式進行。起司是有生命的，就像，精心照料的番茄也不會結出每一顆都一模一樣的果實。在帕馬本地的每一次製作過程，都會帶來各自迥異的結果。然而對消費者的承諾是永遠不變的，你會確切知道你所購買的是什麼樣的起司，你將會得到最卓越的品質，並且總是如此。在這些保障中，其中唯一的不同只有三種不同的發酵陳化時間。因此，最終的品質測試也是重要的步驟。

評鑑員們也是乾酪聯盟的全職員工，彷彿是從舊時代裡走出來的人物，他們來到倉庫，帶著沿用至今的工具：一把金屬與橡膠製成的叩診槌、一把螺旋鑽和一支長長的鋼針。接著，他們會將起司輪側擺，目視檢查有無裂紋、裂孔或其他瑕疵。然後，他們會使用槌子，像醫生使用叩診器一樣，一邊敲打起司輪，一邊豎起耳朵仔細聆聽，如果聲音空洞，表示化學反應失敗，也表示裡頭沒有適當的結晶結構。

當一位經驗老到的評鑑員感覺起司結構可能有缺陷，就會用鋼針來穿刺起司內部的物理結構，但這只有在光憑槌子難以判斷的時候。最後，他們會用極細的螺旋鑽提取出起司輪裡一段極小的圓柱型切面，就像地質學家提取土地樣本那樣，讓他們可以確認整個起司輪的厚實度，並嗅嗅這些起司的味道，最重要的是，品嚐看看。

一旦乾酪通過了檢驗，就會獲得一張認證立體標章，並且可以根據等級來定價。如果這輪起司合格了，但沒有特別出色，也沒有獲得更高的評級，那麼就只能以「十二個月」的等級來販售，無論它實際陳化的時間有多長。偶爾也會有些乾酪的化學變化很成功，但發酵速度卻比較慢，這時，它就會被送回貨架上繼續陳化，等待重新接受評鑑。其中，大約會有8％的起司是完全不符評鑑資格的，而這對於製酪廠來說算是一個巨大的數量與財務損失，但這也是這個地方共生產業不可避免的情況之一。這些不符資格的乾酪會用機器除去外殼的商標，並當成一般商品出售給帕馬地區一般的食品加工廠。這些不符資格的乾酪，品質依然遠遠超越機械大量生產的起司，通常會被當成加工食品的一種成分，可能磨製成粉加入通心麵之中，或用於製造奶酪等相關產品，但在成分列表中，不能寫上帕馬地方乾酪。

事實上，在這裡的日常製造循環之中，沒有任何一樣原料會被浪費掉，從原野上的青草，到乳牛產出的鮮奶，再到那些不符當地超高規格的乾酪，全都各司其職。在帕馬，就連廢棄物也能找到自身的價值。還記得從銅鍋中剩下的乳清和牛奶嗎？這些液體會被小心地倒在別的容器內，它們具有與原料鮮奶同樣優質的營養、口感與純度，更重要的是，在起司生產過程的第一步會增強這些品質。將起司輪浸入鹽水之後，保羅·雷尼里還要繼續努力工作，解決其他剩餘的任務，其中一個就是處理這些這些乳清混合物。他會將這些混合物送到他的另一個帕馬當地的養豬戶那裡，把這些製酪剩餘的副產品餵給地球上最幸福的豬，直到牠們被做成帕馬火腿。

和帕馬地方乾酪的出身與地位類似，帕馬火腿又被稱為「火腿之王」，並自有一套嚴格的古老準則與獨立的產業聯盟，以監督火腿的製造與品質，並且促進火腿事業。火腿聯盟的標誌非常精簡，是一個皇冠的形狀，中間寫著帕馬字樣。在美國，「帕瑪火腿」（prosciutto）通常指的是義式風味的醃製生火腿薄片，但其實在義大利文中，這個字其實只是「火腿」的意思，泛指許多種類的熟火腿（cotto）或生火腿（crudo），其中最高品質的就是帕馬火腿，並以法律規定不能在歐洲的其他地方生產。

帕馬火腿的歷史甚至比乾酪還要悠久，如果你認同當地流行的說法，那就可以追溯到更久遠之前。早在西元前一百年，羅馬共和國的政治家小加圖就曾經描述過一種帕馬火腿的原型。他形容，要將整條豬腿放在鹽桶中發酵陳化，然後再進行煙燻。傳說數千年前，迦太基古國的軍事家漢尼拔在翻越阿爾卑斯山時，就是用帕馬火腿來填飽肚子的。而在文藝復興時期之前的某段時間，有一群人為了讓火腿順利風乾而不再抽菸，溫暖乾燥的風便能沿著波河河谷一路吹拂。至少從十三世紀開始，波河河谷一帶的家庭就開始生產一種與現今帕馬火腿十分近似的義大利煙燻火腿。而在大約兩個世紀以前，河畔風乾的「工廠」取代了小家庭手工，有許多工廠至今仍在使用。

如同帕馬地方乾酪，古老的傳統又一次成為了法律規範。在帕馬火腿的製作過程中，鹽是除了豬肉以外唯一被准許添加的成分。不過，火腿聯盟認定帕馬火腿有四種必要成分：豬肉、鹽、空氣與時間。帕馬火腿是完全純淨的，不僅不含任何防腐劑，甚至其他地方製作火腿常見的天然成分也被禁止，包含水、糖、煙燻與香料。這些火腿藝術家們製作所謂的「完美火腿」有兩大目標，一是盡可能地少用鹽巴不要掩蓋豬肉本身的味道，二是，透過緩慢的陳化發酵長時間來入味。最終成品的重量會比一開始的原料輕上四分之一左右，但卻會擁有更濃厚的風味。

帕馬火腿的生產循環始於餵養給豬隻們營養美味的乳清，而真正的火腿製作過程則是始於九個月的豬隻屠宰。不多不少，只能在九個月的年齡，那時，牠們的體重至少有三百四十磅。豬腿會被送往河邊的帕馬火腿倉庫，在那裡被處理成小份火腿的形狀，大約像是比較大隻的雞腿。接著，再由醃製師傅（maestro salatore）進行手工醃製。新鮮的火腿會被放入濕度大約80%的溫控室裡一週，取出之後先經過清洗，再醃製十五至十八天，每天都要反覆檢查每隻火腿，根據醃製情況加入或除去鹽巴。再接著，火腿會被送往較為乾燥的冷藏室，存放九到十週。

帕馬火腿的製作技術在肉品術語中稱之為「乾醃」(dry curing)。醃製火腿還有另外兩種方式，分別是煙燻和醃漬（wet curing），後者通常會浸泡在一些化學原料之中，價格低廉生產快速，在當今廣受歡迎。當然坊間也存在天然的醃漬，但十分罕見。

等到火腿被溫控室中取出來之後，帕馬的風土才開始完全發揮作用。這些火腿會被懸掛在一間巨大的發酵室裡，掛成數個長排，一塊吊著一塊。發酵室通常位在老倉庫的樓上，四周都是百葉落地窗。它們會被懸在這裡三個月，工作人員則不定期來調整百葉窗，根據天氣與微風吹拂的複雜組合來判斷要開啟或者闔上，以保持理想的空氣循環、溫度和濕度。

經過了整整一季的發酵時間，接著火腿會被塗上一層鹽和豬油，然後轉移到陰涼的地下室，繼續在黑暗中發展風味，通常要再擺上三至五個月，有時會更久。所有這些步驟加總起來，任何最終得以貼上帕馬火腿皇冠標章的肉品，都至少經過了四百天的發酵，其中還有許多火腿需要擺放長達兩年半的時間。而在貼上皇冠標章之前，這些火腿想當然也必須經過火腿聯盟的評鑑。

早在不鏽鋼出現之前，火腿製造廠就發現，以馬骨製成的空心針具擁有相同的特性，可以用來穿刺火腿，提取出直徑大約八分之一英吋的細小圓柱狀樣品。現今，當乾酪聯盟以金屬工具來提取起司時，火腿聯盟依然在使用馬骨針，而評鑑員會在每條火腿上提取五處樣本，來判斷香氣與口感。所有以「帕馬火腿」出售的火腿都必須通過這五處評鑑，而其中大約只有4%的肉品會遭到淘汰。

對於久居帕馬的市民們來說，這些由花花草草開始，一路轉變為精緻起司與火腿的奇蹟，已經是他們習以為常的生活瑣事。在這座城市的主要購物大街上，步行街的兩側有數間專賣蕾絲的商店，走到中央廣場後，便能看見一間知名的披薩餐廳，餐桌擺放在鋪著鵝卵石的地面上，裡頭則布置成航海和海盜的主題風格。每次拜訪帕馬，我總會來這裡吃午餐，雖然披薩有各式各樣的配料，但我每次總是選擇火腿口味，醃肉片滿滿地撒在餅皮上，十分美味。

如同帕馬地區的其他大小餐館，這間披薩餐廳驕傲地在店內展示了一架巨大而華麗的琺瑯肉品切片器。這些切片器必須手動操作，因為人們認為，自動機器運作的熱能會損害火腿薄片的品質。無論你點的是帕馬火腿披薩或者火腿拼盤，都是由一條完整的火腿開始，他們會為你小心翼翼地切片。

這些切片器的外觀十分美麗，簡直像是藝術品，讓我想帶回家收藏。幾乎所有帕馬的小餐館、高級餐廳和咖啡館都有一台，就像每間西雅圖咖啡館都附設無線網路一樣。我真是羨慕帕馬本地人，因為當他們選購披薩時，從來不必擔心這些食物來自哪裡、如何製作，或者究竟好不好吃。就連他們使用店裡提供的工具將起司磨碎撒在披薩上，也完全不需多問就知道自己手裡拿的一定是帕馬地方乾酪，因為產地就在相距不到幾英哩的製酪廠。他們不需要身為一個滿口大道理的美食評論家或美食愛好者，就能餐餐享用這些最頂級食材製成的美食，也不需要閱讀沒完沒了的美食部落格來了解火腿和起司有多麼美味——因為他們認為這些每位都是理所當然的。世界上的其他人可就沒有這麼幸運了，更諷刺的是，帕馬居民的「無知」或許真的是一種幸福，因為在外面的世界裡，資訊甚至往往不是正確的。比如說，你走進一間全紐約最受歡迎、最昂貴的義式餐廳用餐，這裡也有可能是全美國最高檔的義式餐廳。我的朋友艾莉絲．菲克斯就這麼做了。二十年來，她一直擔任帕馬地方乾酪的公關宣傳角色，說得一口流利的義大利文，一年之中有好幾個月的時間都住在義大利威尼斯地區，其他時間則住在紐約。她曾在帕馬地方乾酪聯盟工作，我所認識的人之中，絕對沒有人比她更了解起司之王和義大利美食了。

有天晚上，她的朋友到紐約來拜訪她，並邀請她去名廚馬利歐．巴塔利引以為傲的義大利旗艦餐廳「巴布餐館」（Babbo）吃晚餐。事後艾莉絲對我說起這個故事，說當時服務生端來一大塊起司，問她是否想在她的義大利麵中撒上帕馬地方乾酪。她不置可否，只是看著起司，並開口問服務生說：「你確定這是帕馬地方乾酪嗎？」

對方非常肯定地回答：「是的。」

「你確定嗎？」

「確定。」

於是她便要求要查看完整的起司，服務生有點慌了，找了一些藉口逃進廚房。幾分鐘之後，他帶著一塊長得不同、尺寸也較小的起司回到桌旁交給艾莉絲查看。上頭新出現的斑點看起來是陳舊而乾燥的，看得出已經超過了保存期限，但這確實是真正的帕馬地方乾酪，從上頭的點字圖樣可以證明。

「前面的那一塊是格拉娜帕達諾起司，」她解釋，「我能清楚辨識它的外殼。他們想必是手忙腳亂地翻遍了廚房各個角落，好不容易從抽屜找出那塊被遺忘的帕馬地方乾酪碎片。」顯然他們不該試圖蒙騙艾莉絲．菲克斯這個狠角色，然而，她是少數能辨識的人。我想知道的是，還有多少其他消費者就這樣吞下了便宜的替代品？甚至，這件事情發生在全美國最著名、最昂貴的義大利餐廳裡，其他的餐廳又會如何呢？

甚至直到二〇一三年，在加拿大銷售真正的帕馬火腿還是「違法」的，只能以「正宗火腿」這種奇怪的名字販售。這是因為，當地的肉品製造商「楓葉食品公司」（Maple Leaf Meats）在一九七一年的時候註冊了「帕馬火腿」的名稱，並在過去四十五年來持續愚弄消費者。當真正的帕馬火腿製造商發現這件事之後，他們能使用的最佳名稱就只剩下「正宗火腿」了，從此，這間公司就成為歐盟監管機構的眼中釘，直到二〇一三年的一次貿易協定中，他們才在談判中取得某種程度的勝利，現在，真正的帕馬火腿製造商和楓葉食品公司都能用「帕馬火腿」之名販售商品，無論產品是真是假。

美國人更喜歡吃這種美味的火腿，然而火腿聯盟卻花了十年的時間以及超過百萬美元的法律費用，才讓「帕馬火腿」在美國取得註冊商標。於是，我們不會像加拿大鄰居一樣受騙，去購買那些添加了化學藥劑、防腐劑、填充劑與人工激素的假火腿，但壞消息是，在起司的部分我們仍然被蒙騙了。

大多數被我們稱之為「帕馬森起司」的東西，都是公然偽造帕馬地方乾酪，最典型的例子，就是由「卡夫食品」（Kraft）生產的仿冒品，它們隨處可見，裝在綠色的筒罐中，味道簡直和磨碎的綠色紙板差不多。這種現象可是近在你我眼前。二〇一六年初，美國食藥監管局調查顯示，帕馬地方乾酪的詐欺已經成為全美消費的一大嚴重問題。根據管理局的測試，在包裝上描述為「百分百帕馬森起司」的產品，通常會使用一些廉價的起司來切割，還不僅是廉價而已，有的成分甚至是「木漿」。《彭博社》報導，卡夫食品的帕馬森起司中含有4％的纖維素，是一種植物來源的聚合物，主要用於製造紙張和紙板。其他品牌的帕馬森起司纖維量甚至高達7.8％。據烹飪網站「格拉勃街」（Grub Street）指出，食藥監管局還正在起訴一間名為「起司城堡」（Castle Cheese）的食品公司，這間公司長期以來都是連鎖超市的大型供應商，旗下有三個暢銷帕馬森起司品牌，卻涉嫌詐欺長達三十年。「所有這些品牌都不含帕馬地方乾酪，即便它們的標籤上全都宣稱是百分百的真品。」尼爾．舒曼告訴《彭博社》，坊間40％的帕馬森起司都不是真品。尼爾．舒曼的家族在紐澤西經營全美規模最大的義大利乾酪經銷商。

後來，歐盟法律迫使卡夫食品停止在歐洲銷售稱為帕馬森起司的商品，並重新命名為「帕馬賽羅」（Pamasello），但在美國境內，他們仍然繼續販賣宣稱為「百分之百磨碎」的帕馬森起司。我猜那所謂的「百分百」，指的是已經徹底磨碎，而不是指含有百分之百的帕馬森乾酪。請記住，根據歐盟與義大利的法律規定，真正的帕馬森乾酪只允許含有三種非常簡單的成分：純天然鮮奶、鹽和凝乳酶。卡夫食品的版本卻可能含有來歷與純度不明的牛奶、纖維素粉、山梨酸鉀和發酵劑。

你或許會認為帕馬森起司和帕馬地方乾酪是兩種不同的東西，但其實不是。英語中的「帕馬森」，其實正是義大利文「帕馬地方」的翻譯，正如英語的「Italy」其實是義大利原文「Italia」的翻譯，而首都羅馬的英文「Rome」其實是義大利原文「Roma」的翻譯，若去爭辯這些翻譯名稱和原文名稱是兩種不同的地點，這實在是非常愚蠢。另一個奇怪的現象是，日本的國名依照原文來音譯應該是「Nippon」，然而在美國，我們的法律上卻規定，日本製造的標籤上必須寫著我們自己的翻譯名稱「Japan」。話說回來，除了帕馬地方乾酪之外的所有食品，我們的法律都認定翻譯與原文名稱是指同一種產品。二〇〇八年，歐盟法院裁定，帕馬地方乾酪是唯一可以合法被稱為「帕馬森起司」的產品，而不僅僅是歐洲，其他所有第一世界國家都理解並認同這一點，除了阿根廷、紐西蘭和一些少數例外。

此外，自美國誕生前約兩百五十年起，「帕馬森」一詞就專門用來代指「帕馬地方乾酪」。十六世紀，義大利國內其他地區的居民，就開始稱這種產品為「帕馬地方乾酪」，意思是這種乾酪只來自帕馬當地。

「帕馬森」這個簡稱來自於法國，是義大利以外，第一個對起司優點擁有深刻理解的國家。五百年來，這兩個名詞一直是指同一種東西，至今也依然如此，除了那些試圖購買真食物的美國消費者還被蒙在鼓裡之外。如今，在美國任何一家有販售「帕馬森起司」的商店裡，你幾乎買不到任何真正的帕馬地方乾酪。

帕馬有個博物館，完全致力於展出帕馬地方乾酪的歷史。老實說，這座博物館非常無聊，很少有遊客會為錯過感到扼腕——那間海盜風格的披薩店才是重點行程。但有其中一個展品非常幽默，雖然乾酪聯盟可能笑不出來。那是一組又一組世界各國向帕馬地方乾酪「致敬」的產品，來自各個未經授權卻從中獲利的製造廠商。這些產品包含了粉末狀的起司、磨碎的乾酪和起司通心麵材料包等等，還有一些是一整輪或一個切片的起司，其中一些產品，甚至不符合被稱為起司的最低法律標準。義大利文的「Parmigiano」，意即「帕馬的」，除了「帕馬森」或「帕馬起司」之外，在世界各國還有千變萬化的英文字母排列組合名稱：**Parmesan**、**Parmigiana**、**Parmesana**、**Parmegano**、**Parmesano**、**Parmeso**、**Parmetto**、**Parma-Reggiano**、**Parggiano**、**Parmabon**、**Parmezan**、**Parmezan**，我覺得最可笑的則是「佩美森森」（Permesansan）。真的，就連在中國，也能見到「帕美森本地」（**Parmesan-Reggiano**）起司。然而，真正的帕馬地方乾酪才是最棒的。

展品中，還有銷售壽命十分短暫的「威斯康辛素食帕馬起司」（Wisconsin Parveggiano），這是乾酪聯盟在美國註冊商標訴訟中獲勝的少數案例之一。在同情威斯康辛州的起司製造廠失去收益之前，請先想想，這些製造商依然可以繼續合法銷售「帕馬森起司」以及各種仿冒產品，像是艾斯阿格乾酪（Asiago）和古岡左拉起司（Gorgonzola），在許多其他國家，這些起司都有受到註冊商標權的保護。乾酪聯盟在美國唯一受到商標保護的字樣是「帕馬的」，而且也只有當其他廠商的商標拼字「過度相似」時候，美國法律才會出面制裁。甚至，這些保護也十分有限，因為所有贏得訴訟之前就早已存在的仿冒品全都被豁免了，例如「帕馬森起司」。

「帕馬森起司」被美國商標法排除於保護範圍之外是因為，這個字眼被認定是一種「通用名稱」。類似的狀況首次發生於一九二一年拜耳藥廠（Bayer Co.）對聯合製藥公司（United Drug Co.）提出的訴訟，這個事件可被視為此後所有非專利商標問題的先驅案例。當年，阿斯匹靈是拜耳藥廠擁有的一個品牌（就像海洛因一樣，後來也被視為一種通用名稱）。但作為被告方的聯合製藥公司就聲稱，「阿斯匹靈」這個名詞是同類藥品的通用描述名稱，已經屬於公共領域，他們繼續強化這個觀念，希望法院衡量這個商標是否已經成為「一般文章裡會出現的描述名詞」，而不是品牌。後來聯合製藥取得了勝利，然而，我們不能因為這種過於簡單化的解釋，就忽略了一個訴訟過程中的一個關鍵，那就是，打官司的當時，拜耳藥廠的專利早已經過期。常見描述名詞只是聯合製藥律師當時加入抗辯的其中一個輔助概念，但卻自此之後就被延伸到其他著名品牌的名稱，影響領域還包含自助洗衣店、手扶梯、煤油、玻璃紙、乾冰和拉鍊等等。

另一方面，許多本來被廣泛用來描述普通物品的名詞，卻成了有專利的品牌名稱，像是品牌名稱就叫做「護唇膏」（ChapStick）的護唇膏、品牌名稱是「慢燉鍋」（Crock-Pot）的慢燉鍋、品牌名稱是「垃圾箱」（Dumpster）的垃圾箱、Fiberglas 玻璃纖維、Jacuzzi 按摩浴缸、Xerox 文書機、Band-Aids 繃帶，當然還有 Kleenex 舒潔衛生紙。在這樣的案件中，人們認為真正的問題不在於，

「垃圾箱」這個品牌名稱究竟能不能被代稱所有的垃圾箱，而是在於，這些公司耗費大量金錢來註冊專利，避免別人使用這些名詞——即便根本不成功。乾酪聯盟的「帕馬地方」商標從未過期，並且他們也耗費了大量金錢希望能打擊仿冒，依然沒有成功。

雖然大多數消費者可能根本不知道最早是誰製造了阿斯匹靈，但他們確實知道阿斯匹靈是什麼，而且食藥監管局也明確規定不可用這個名稱來描述其他類型的止痛藥，像是萘普生（Aleve）或者乙醯胺酚（Tylenol）。然而，「帕馬森」卻可以被用來代指任何類型的起司，與它的真正意涵完全不同。當我與乾酪聯盟法律顧問聊起這件事，他說：「美國大多數情況下，帕馬森起司並不會專指某一種起司，這種用法可能會讓大眾搞不清楚起司真正的產地。但如果帕馬森起司在美國已經成為一種起司的通用名稱，那麼提到「帕馬森起司」的時候，到底是在指哪一種產品呢？是硬起司嗎？還是短時間發酵的硬起司？或者是由牛奶製成短時間發酵的硬起司？還是任何其他東西？」他說得有道理——沒人會用舒潔衛生紙來指家裡的任何其他用紙，像是紙巾或餐巾紙。即便是通用的名稱也有一定範圍的含意，但顯然在美國裡，帕馬森起司通常意味著假貨。這個問題並不是關於名稱的分歧，也不是關於保護主義的貿易政策，是關於常識、食品安全和詐欺消費者。正如歐盟農漁業發展專員弗朗茲·菲施勒（Franz Fischler）所言：「這不是保護主義，這是公正。」想想生產帕馬地方乾酪的生產步驟，想想那些天然的花草、不含生長激素的鮮奶、一絲不苟的把關、嚴格的製造標準、兩年以上的精心發酵陳化，以及超高標準的評鑑，導致近10%的成品不合格，請想想這一切，然後自問，你是否相信世界上任何一家食品製造商能夠應用類似的規格製造乾酪？卡夫食品絕對不是唯一仿冒的一家廠商。

試想紙筒裝的卡夫牌帕馬森起司與專業商店販售每磅二十美金的真乾酪，假設大多數的消費者都知道這兩者間的實際差異，那麼或許不存在是否公正的問題。然而，就在二十鎂的帕馬本地乾酪旁邊，有另一種售價十八鎂的帕馬森起司，同樣是手工切割，包在塑膠袋中，並裝入花俏的起司盒子裡，有多少人會注意到這種帕馬森起司其實來自阿根廷？阿根廷唯一規範起司的法律標準，就只是「沒有毒」就行了。不，商標問題可不是細瑣而無味的爭論而已。即便美國起司製造商想要爭辯，「帕馬森起司」與「帕馬地方乾酪」是不同的東西，不會讓消費者混淆，但這根本就不是事實。

「這些名字令人誤會，這是毫無疑問的。綠色紙筒自稱是『帕馬森起司』，但裡面完全沒有任何能被稱之為起司的東西。帕馬地方乾酪就是最典型的例子，這個名字指是一種高規格製作出來的產品，但多數人這一生都沒有品嚐過，只因為美國市場中充斥著『帕馬森起司』這種東西。」蘿拉．韋靈說道。她是曾經榮獲詹姆斯比爾德獎（James Beard Award）的作家，寫過六本關於起司的書籍，並且經常在圓石灘（Pebble Beach）或阿斯本（Aspen）美食美酒節等烹飪競賽擔任頒獎人。我曾在二〇一五年和她聊過。

根據歐盟法律，帕馬地方乾酪與它的英文譯名都受到明確的保護。但是，當負責制定牛奶與乳製品國際貿易標準的法典委員會，試圖將歐盟的這項保護制度擴大到其他成員國家時，卻遭到「美國與紐西蘭等國家及卡夫食品等大型製造商的強烈反對，這些成員其中的一項擔憂即是，若制定了這項標準，將為其他產品樹立先例。」《乳製品產業期刊》（*Dairy Industries International*）如此寫道。很難想像，為食品標籤規範開一個先例竟是一件糟糕的事情。

每次造訪帕馬，我都會在格里皮亞餐館（La Grepia）吃最後一餐。這是一家位於市中心的家常餐廳，由一對老夫妻經營，丈夫擔任外場服務生，而妻子，一位典型的義大利老奶奶，負責在廚房大顯身手。最近，這對夫妻終於退休了。格里皮亞餐館的特色餐點是經典的當地菜餚，最聰明的選擇就是從招牌開胃菜開始品嚐，燉梨搭配油漬帕馬森乾酪、牛奶與奶油做成的慕斯。如果是一群人一起來吃，那一定要選擇這個地區最罪惡的開胃菜「酥炸義大利餃」（gnocco fritto），總是裝滿一大盤子端上桌。這道酥炸義大利餃由兩個部分組成：其一是枕頭狀的油炸麵糰，這種麵團和紐奧良甜甜圈（beignets）有點類似，端上桌時，表皮上滾燙的油還會滋滋作響。另一部分則是一盤帕馬火腿。品嚐的時候，拿一塊熱熱的炸甜甜圈，用火腿片包起來，肉片的脂肪會立刻融化，產生一層薄如紙片的脂肪層，讓甜甜圈三明治由內而外都如你想像的美味無比。一旦你吃下這個義大利餃，就絕對不可能再停下來，會一塊接著一塊地吃到連最後一片火腿都被你吞下肚為止。接下來，不可不點這座城市的傳奇主菜「帕馬玫瑰牛肉捲」，其名來自最初創造這道料理的來訪皇室成員。這是一整塊牛里脊肉製成，在牛肉上鋪滿了帕馬地方乾酪和帕馬火腿，還有大蒜、橄欖油、新鮮香草和香料，接著捲起來，煮熟，最後切片，化為一盤令饕客沉淪的美食獎章。在格里皮亞餐館，還有整個艾米利亞羅馬涅地區，人們最愛的當地家常菜也被做成了甜點，有填滿起司的水果餡餅或水果塔，還有經典、簡單卻十足美味的手工香草冰淇淋，淋上陳年巴薩米克醋，簡直是天堂般的美妙滋味。

我初來帕馬之際，便被這裡的起司深深吸引，以至於我搬了十二塊楔型的切塊起司回家，每塊重達二至三磅。我拜訪的其中一間製酪廠有開設自己的商店，他們會拿剛打開的起司輪切成楔型起司塊來販售，並使用真空包裝。帕馬地方乾酪一定要吃最新鮮的，因此不要讓這些起司暴露在空氣中是十分重要的。就連你在超市裡買到的真貨，也經常已經太乾了。這些真空包裝讓我每次拆開一塊，就彷彿剛從起司輪新切下來的一樣。打開之後，我和太太會小心翼翼地將剩下來的部分緊緊包進保鮮膜裡，然後用最快的速度吃完盤子裡的切片──我們每一次都會成功。真空的保存方式能保留爽口的顆粒狀結構和最原始的滑順口感。我帶著三十多磅的起司回到家，足以裝滿整個手提行李箱，這似乎有點過頭了，而且可能很多餘，但即便如此，我們還是忍不住貪婪地囤貨。

情境喜劇《歡樂單身派對》（Seinfeld）裡有一段著名的小插曲，那就是伊萊恩最常用的避孕產品突然買不到了。面臨斷貨的窘境，她開始節制使用，並且一一檢視她的追求者們是否值得她消耗這些庫存。我和太太大肆享受著這三十磅的起司，同時也像她一樣，思考著哪些客人值得我們拿出乾酪來招待，雖然我們的存貨還很多。而隨著庫存消耗，我們的標準也越來越高。在後來的幾個月裡，我們只去拜訪了友人一次，而且還是別人請我們去吃飯的，現在你知道受邀對我們來說代價有多高了吧。很難想像三十磅的起司竟能讓我們如此吝嗇，但是它們真的太美好了，嚐過的客人也由衷認同它們的美味。而正如同起司專家蘿拉・韋靈所言，就連那些精通美食的饕客們，都不見得真正品嚐過完美的帕馬地方乾酪。而那就是因為，假食物當道。

採購竅門

大多數起司之王的仿冒品都會故意使用「帕馬森」等字樣，而不會寫上「帕馬地方乾酪」。因此，當你看見這個義大利文全名，並且附註「義大利製造」，加上一個全產地名稱保護的標章時，通常就是真貨了。帕馬火腿也是如此。然而，這些乾酪通常是從一個非常巨大的起司輪上切下來，所以，務必要向銷售量龐大的零售商購買，因為他們會不斷進貨新的起司輪，也會用正確的方法保存。比起其他起司，購買帕馬地方乾酪最好到像紐約的莫瑞（Murray's）特色起司商店購買，許多其他城市也都有分店。如果你選擇郵購或線上購買，就要選擇總公司位於密西根安娜堡的贊奇曼（Zingerman）購物平台，他們直接向帕馬當地的製酪廠進口一輪又一輪的帕馬地方乾酪，並且會好好對待這些乾酪。這些都是乾酪聯盟出口乾酪給美國時所指定的通路。

若想購買到高品質的巴薩米克醋，你也可以識別完整的產品名稱，像是「摩地納傳統巴薩米克醋」（Aceto Balsamico Tradizionale di Modena），或是「艾米利亞雷焦傳統巴薩米克醋」（Aceto Balsamico Tradizionale di Reggio Emilia）。義大利法律雖然不強制規範標籤上要印製年分，但有些比較好的零售商還是會標示出來，八年是高品質陳釀醋的最低年限，而真正頂級的香醋，用滴管滴在起司或冰淇淋上的那種，至少要放二十五到五十年，一小瓶就要價一百多美金，有時還更貴。標籤上的顏色也可以辨別，銀色和金色表示年分最久的。若想購買正宗美味的巴薩米克醋，贊奇曼購物平台依然是最佳管道。

羅莎媽媽的帕馬玫瑰牛肉捲

羅莎·穆西·雷維貝里是位典型的義大利老奶奶。她會做針線活、經常清掃家裡，還會自己釀葡萄酒。最重要的是，她很會做飯。她不是廚師，手藝全是媽媽傳承給她的傳統，而媽媽的手藝則是祖母傳承給她的。她只專精於一個種類的特色料理，那就是帕馬傳統料理。周圍的人總稱呼她「羅莎媽媽」，她並沒有開設任何烹飪學校，但有時會讓記者進到她的廚房裡來拍攝她烹飪的過程。羅莎媽媽不會說英語，由她的女兒替她翻譯。一頭灰髮的羅莎媽媽穿著厚實的黑色鞋子和裝飾著流蘇的圍裙，正在廚房裡穿梭。而我只負責站在一旁喝著她從玻璃牛奶罐裡倒出來的自釀製葡萄酒，專心地觀察、學習和品嚐。我的工作真是太美妙了。

帕馬玫瑰是聖誕節或款待賓客等特殊場合才有的菜餚，但這道料理的作法十分簡單，大家都可以經常動手做。羅莎媽媽製作的版本大約是八到十人份。

2瓣大蒜切末／½杯特級初榨橄欖油／1份切好的牛里脊肉（3至4磅）／1磅帕馬火腿薄片／8盎司帕馬地方乾酪，以削刀切片／2大匙奶油，最好是產自帕馬／1大匙粗海鹽／1茶匙剁碎的新鮮迷迭香／6枝新鮮迷迭香／½杯白蘭地／¼至½杯牛肉湯

作法

1 將大蒜和橄欖油放在一個小碗中拌勻。

2 用一把鋒利的刀，沿著長邊切開里脊肉，不要完全切斷，末端留下大約¼至½英吋的肉，使里脊肉如書頁一般展開。蓋上烘焙油紙，並用一個大煎鍋拍打牛肉，直到肉的厚度呈大約½英吋。接著在牛肉表面刷上一層剛才攪拌好的蒜油。

3 用許多切成一半的帕馬火腿片覆蓋住整個牛肉的表面，火腿薄片可以稍微交錯著擺放。在帕馬火腿表面鋪上一層削成薄片的帕馬地方乾酪，乾酪薄片也可以稍微交錯著擺放。

4 從其中一側開始，小心地將牛肉捲成圓桶狀。羅莎媽媽還會用針線稍微將圓桶的接合處縫上。或者，你也可以使用捆肉繩快速將肉捲捆起來，不過這麼做的密合效果就沒那麼好了。

5 將一大匙奶油放入醬汁鍋中高溫加熱。將鹽和切碎的迷迭香放在一個小碗中混和攪拌，接著將

這些混和好的香草鹽塗抹在牛肉捲上。

6 將牛肉捲放入平底鍋裡煎熟，偶爾翻動，直到表面都變為棕色，大約需要十分鐘。

7 用剩餘的一大匙的奶油點在牛肉捲上，接著將迷迭香枝撒入鍋中，並倒入白蘭地。將火轉小，煎煮三十分鐘，過程中，隨時視情況添加肉湯，以防鍋底煮乾。持續小火慢煮，直到牛肉煮至五分熟，內部溫度達到攝氏五十四點五度至五十七度之間。

8 起鍋後，將牛肉捲放在砧板上，先靜置五到十分鐘。最後，將牛肉捲切片，就能上菜了！

2 什麼是假食物？

我們都不喜歡上當，尤其我們只不過是想飽餐一頓而已。……食物詐欺是人類最普遍的受騙經歷之一。

——比・威森（Bee Wilson），《詐騙》（*Swindled*）

在繼續探討之前，讓我們先來釐清一些細節。接下來，我將會在本書中大量使用「真食物」和「假食物」兩個用詞，然而因為不同的人可能會有不同的解讀，因此，事先先澄清我的語意是非常重要的。

真食物，顧名思義——就是字面上的意思。長居在新英格蘭地區，我最喜歡的例子之一就是緬因州的波士頓龍蝦，更準確的名稱是「美洲螯龍蝦」（North Atlantic lobster），因為牠們的棲息地還包含了麻省、新罕布殊爾州、康乃狄克州和羅德島州。我們都很清楚這些龍蝦長什麼樣子，當牠們被完整地端上桌時，即便是像多刺的加勒比海龍蝦或棘刺龍蝦這些類似的近親，也多半都不會有假。波士頓龍蝦大多為野生捕撈，不會是圈養或人工養殖，因此，你也不必去思考盤中之物究竟是「天然」、「放養」還是「養殖」的，這些蝦子不會偷偷被投餵生長激素或抗生素，也不會與其他廉價的蝦類混種，牠們就是純正的龍蝦。

最重要的是，牠們非常美味，即便每隻龍蝦的味道仍有些微不同。饕客們會熱烈爭論著究竟該蒸或煮、該在軟殼時期還是硬殼時期宰殺（同一隻龍蝦在一年不同時期中，甲殼的軟硬度會有所不同），但無論如何享用，牠們都十分美味——我從來沒有吃過糟糕的波士頓龍蝦。你可以將牠的殼撬開，取出大塊、鮮美、多汁的蝦肉，蘸上融化的奶油，使香氣更加豐富，接著大塊朵頤，享受世界上最棒的一餐。光是寫下這一段，就讓我想要吃一隻。無論你是否走懶人路線，花大錢到高級餐廳請服務生為你撬開牠，還是在海邊野餐墊上捲起袖子自己大吃一頓，這些龍蝦的風味都一樣美好，無論你選擇哪一種，最終都會備感滿足地舔舔嘴唇。

多數的「真食物」都不是那麼容易能用眼睛辨認。假如我將一杯真正的勃根第（Burgundy）紅酒放在桌上，而旁邊放著一杯假的「加州勃根第」，你很難光用雙眼就辨識出來。但只要親口品嚐，你馬上就能辨識誰真誰假，即便你對葡萄酒知之甚少也一樣，因為，假酒根本無法複製出真酒的品質。

當你因為親嚐過法國勃根第紅酒，已經知道如何做出辨別，你便又多了一個「真食物」的經驗：不僅要名符其實，而且還要明確精準。如果勃根第紅酒會說話，它可能會說：「我的名字其來有自，意味著我是百分之百的黑皮諾（pinot noir）品種，別無其他。這是因為我出身自一個以高品質黑皮諾葡萄聞名之地，那裡的葡萄園已有兩千多年悉心照料的歷史。此外，我國政府會對我所在地區的各個葡萄園進行品質評鑑，根據法律規定，只有最好的葡萄才能能成為我的釀造成分。」

相反的，加州的「勃根第」則會說：「勃根第是法國最著名的高品質葡萄酒，只要把它的名字寫在我的標籤上，就能蒙騙、混淆你。我的品質無法與之競爭，我甚至懶得浪費精力去模仿真正的勃根第。黑皮諾又是什麼東西？我是用今年最便宜的葡萄混合釀製的，明年人們繼續大量生產新一批存貨時，我還會有不同的配方。」

其實，並非所有假食物的「假」都是同一種，在整個討論中，你會發現市面上總共有三類主要的假食物。

非法仿冒

這也許是最容易理解的詐騙之一，當我說仿冒的 Nike 或 Gucci 的時候，你完全明白我在說什麼。這種詐騙，就是有人積極偽造，以一個現行的產品為藍本，製造出一個非官方或未經許可的副本產品，通常這個藍本會是一個高價的品牌。二〇一四年發生的事件就是個很好的例子。當時義大利當局沒收了三萬瓶假冒的布魯奈羅（Brunello）、古典奇揚地（Chianti Classico）和其他高級義大利「DOCG」（Denominazione di Origine Controllata e Garantita，原產地名稱管制保證）紅酒。DOCG 是義大利政府給予葡萄酒的法定最高等級，「保證」了葡萄酒的品質，而非法仿冒的便宜葡萄酒。裝在貼有昂貴標籤的瓶身中也有假的 DOCG 的官方標章，警察開始偵辦時，無數假酒已經在零售店、酒吧和餐館出售了。接下來的一個月，又有六百瓶包裝相似的高級巴羅洛紅酒（Barolos）被沒收。去年，還有兩名詐騙犯，將假酒重新包裝出售，裝入世上最令人垂涎、最想典藏的法國勃根第紅酒，還因此淨賺了兩百萬歐元——也就是超過兩百五十萬美金。這表示，每瓶單價超過六千美元，之所以如此，部分原因就是這兩個膽大包天的詐騙犯，將造假的好年分印在葡萄酒瓶身上。

這種純粹的形式詐騙當然十分陰險，但是在本書中我們不會討論得太多，只會列舉出幾個諸如橄欖油、海鮮等鮮明的案例。這麼做有兩個原因。首先，就在假食物的龐大問題之中，這種詐騙形式其實還算是一個「小問題」。其次，無論你多麼仔細地閱讀食品標籤，都依然無能為力。

這些詐騙都是犯罪，簡單明瞭，受害者就是那些在錯誤時間、錯誤地點採買食品的消費者，有點類似遭到扒竊，或者你的車在大街上被偷了。不幸的是，犯罪在地球上的每一個社會都有，並且一直存在。但在這個非法詐騙類別中的食品詐欺，即便是一種犯罪，但十分常見，也通常比較容易預防。

徹底冒充

在所有常見的食品詐欺之中，這算是最糟糕的一種，對消費者完全沒有良心，甚至騙得不擇手段。所謂的徹底冒充，指的是掛羊頭賣狗肉。前面提到的非法仿冒者，至少還會用便宜的酒來代替昂貴的好酒，是一種經濟詐欺。若是上了這種當，損失的通常是金錢。但如果，這些酒甚至根本不是酒，而是用一種潛在致命的物質來裝瓶呢？一九八六年，就曾經發生義大利的酒廠用有毒的甲醇來代替葡萄轉換而來的酒精，導致二十多人死亡。

這種掛羊頭賣狗肉的行為自古以來就一直存在。十八世紀的倫敦，商人經常拿現有的茶葉來切碎、烘烤，並用有毒的染料染成黑色，然後把這種混合物當成中國紅茶來販售。情況最糟糕的則是「綠茶」，用更多有毒的銅來染色。更近代、更廣為人知的例子則是過去幾年有名的歐洲馬肉醜聞，人們發現不肖廠商會用牛肉來代替馬肉廉價出售，這種現象經常存在於加工食品中。

一般消費者多半無法用肉眼明確辨識茶袋裡的一堆碎葉，或者冷凍千層面裡的碎肉。這種視覺上的「無知」，也讓餐館和超市大量假食物得以橫行。

現今檢測食物成分已經相較容易，讓這類型徹底冒充的詐欺稍微沒那麼普遍，但依然比你想像得更多，並且美國政府對於食品供應的測試和檢查，也比大多數人認為得要少許多。我們每天吃的大部分食物都是製造或進口的，貼有標籤，出售時似乎沒有任何疏失。但在某些特定的食品類別中，這種徹底冒充還是十分常見，甚至對公眾健康構成了威脅。假設當你閱讀這本書的時候，手邊配著一杯花草茶，再多讀個一百頁，你可能就會決定把茶放下，替自己倒一杯蘇格蘭威士忌，這是一種少數可信的真食物之一。

雖然這種詐欺手法與非法仿冒一樣都屬於犯罪，但這種表裡不一的詐騙方式多半都是系統性的，只要有了知識，你就可以保護自己免於受害。第一步就是要先了解哪些食品被代換的風險最高，接著就是找出可靠的供應商或者製造商，並從這些地方購買特定的產品。美國政府在這個情況下也要承擔更多責任，讓這些詐欺犯受到更多懲罰。假酒商的確是被逮捕了，但是大多數情況下，魚類、茶葉、起司或任何其他遭到蓄意替換的商品，無論是否危害健康，都只是遭到法律嚇阻或警告而已，簡直形同繼續縱容這些不肖廠商。假酒其實只佔了葡萄酒市場的一小部分，更常出現這種冒充行為的其實是魚市場。

合法及灰色地帶誤導

現在，我們進入了道德討論範圍，一些讀者可能不會站在我這邊。在前面的篇幅中，我將「真食物」定義為「名符其實」。而同樣道理，當製造商蓄意誤導消費者，讓他們誤以為自己所買的是更好的東西時，即便沒有犯法，也是「假食物」的一種。坊間有許許多多「合法」的假食物——比如加州葧根第就是。

如果你認為，即便是法律明顯不夠充分，也即便某些行為是有害或者不實的，只要不犯法，企業與個人就有權做任何自己想做的事，也有權免於任何懲罰，那麼你可能很難接受這個類別中的「假食物」，但我很希望能夠說服你。

我來舉一個比較誇張的假設：假如你住在俄羅斯，而不是美國。有一天，俄羅斯政府決定支持國產汽車與電腦，讓俄羅斯的公司用一模一樣的品牌名稱來生產某些美國產品，並且這都是「合法」的。於是，你突然可以買到一份不是微軟製作的「微軟」辦公室軟體，是一些俄國本地年輕人寫的程式，裡頭卻缺少了 Word 或 Excel 這類的辦公室重要軟體。你突然還能買到凱迪拉克旗下的凱雷德（Escalade）車款，卻不是底特律製造且要價七萬五千美金的跨界休旅，而是陶里亞蒂製造且只要七千五百美金的小轎車。

在這個平行世界的俄羅斯，這一切全都不違法。那麼，美國的凱迪拉克和微軟會不會被激怒呢？想必會吧。美國政府會不會強烈表達抗議？嗯哼，也會。這些俄羅斯製造商將無法出口這些產品到美國，只能出口到韓國或中國之類的地方。因為在大多數國家裡，仿冒品都是被禁止的。然而平行時空的俄羅斯和中國市場夠大，足以支撐這些知名品牌的假貨繼續生存下去。

最後，誰會受到影響？首先，是俄羅斯消費者認為自己買到了微軟的品質、特性、兼容性和支援，但事實卻並非如此。這是一種經濟上的詐欺。另一方面，俄羅斯的假微軟老闆會變得越來越富有，只要他不會良心不安，晚上還得以入眠，他就能過得越來越滋潤。然而，真微軟卻受到了非常不利的影響，因為假貨，他們正在失去銷售量，並且往往是在不知情的狀況下。假設一個富豪聽說了凱迪拉克的聲譽和品質，本來他明明買得起真貨，卻在不知情的情況下買了一台假貨，損失就出現了：買家不僅是受到經濟詐欺，萬一這輛假車的安全性遠遠不及真正的凱迪拉克，導致富豪發生事故，可能會受傷或死亡。而真正的凱迪拉克會受到傷害，甚至底特律的工人們會失業，因為俄羅斯的假貨導致了真貨銷量下降。無論受影響的美國公司總裁們認為這些俄羅斯產品是真是假，對俄羅斯廠商來說都沒差別，因為這些產品在俄羅斯全都是合法的。而上述這個故事，其實就是美國的「勃根第」的寫照。

從這個故事可以看出真假食物問題的關鍵。大多數的真食物都不是以配方製造出來，而是在一系列製作過程中成形。前面我提到過洋蔥和玉米，還有在不同地方種植完全相同的種子、果核、球莖，會種植出完全不同的結果。你可以在俄勒岡釀造百分之百的黑皮諾葡萄酒，可能會得到和法國勃根第一樣好或者更好的成品，但即便使用相同品種的葡萄和釀酒技術，兩者也永遠不會一模一樣，因為兩個地方的土壤和天氣都不同。勃根第實際上是一種特殊風格葡萄酒的品牌名稱。其他人可以用同樣的方法釀酒，但不該以勃根第自稱。帕馬地方乾酪也是起司的「品牌」，有三種不同的「型號」，就像凱迪拉克是汽車品牌一樣。凱迪拉克可以合法保護自己的商標，但不能自稱是全世界唯一的汽車品牌，畢竟世界上還有許多其他品牌的汽車。而在這些案例中，名稱和品牌通常意味著非比尋常的超高品質。然而令人不解的是，美國商標法的體系與法國和義大利不同，我們不允許商標擁有者是一個「集體族群」。凱迪拉克是一間公司的品牌，帕馬地方乾酪是一個集體族群的品牌。

我知道平行世界俄羅斯的舉例聽起來有點牽強，但這個故事的真實版本正在其他商品上小規模地展開——例如披薩。早在七十五年前，布魯克林血統的格瑪迪餐館（Grimaldi's）就是全紐約最受歡迎、最具代表性的披薩店之一，旗艦店門口通常能見到長長的排隊人龍。這間店以炭烤聞名，並非典型的紐約式披薩，而這種技術也使這間店的產品擁有與眾不同的口味。由於原創手法如此成功，這間店的獨特披薩風格與卓越的品質讓「格瑪迪」成為了一個品牌，並且已經發展成為一間全國連鎖餐廳，在全美數十州擁有近五十間店。雖然沒有麥當勞或奇波雷墨西哥燒烤（Chipotle）的規模，但這卻是一項意義重大的食品事業，並且對於顧客來說，品牌意味著高品質的產品與悠久的歷史，就像凱迪拉克一樣。其他廠商也可以製造汽車，但不能製造「凱迪拉克」，其他餐館也都可以製做披薩，但不能製作格瑪迪披薩。除非，這間店在中國。

某天早上，格瑪迪餐館的老闆一覺醒來，發現自己的披薩店在上海被複製了，從招牌到員工穿的制服全都一模一樣，制服上還印著一模一樣的口號：「讓我們為你做一份永生難忘的披薩」。由於格瑪迪餐館有被收錄在紐約旅遊指南之中，指南也有中文版，經常有許多中國遊客在布魯克林的創始店排隊，因此，這間店在上海顯然有一種值得嚐試利用的品牌價值——否則也沒必要偷這個名字來使用，可以自行嘗試製作類似的披薩就好。許多酒廠在釀製勃根第風格的葡萄酒時，也不一定會使用「勃根第」這個品名，事實上，唯一會這樣使用的，都是一些品質極低的仿冒品。格瑪迪餐館後來對一位參與中國盜版門市的人員提起告訴，並要求兩千五百萬美金的賠償。

這是否不道德？毫無疑問。這是否違法？想想「帕馬森」的標準，盜版的格瑪迪是否違法，端看正版的格瑪迪是否曾經根據中國法律在當地註冊他們的商標。也可能中國政府認為「格瑪迪」是一種高品質披薩的通稱，就像美國如此認定「香檳」一樣。無論如何，格瑪迪餐館已經耗費數十年的時間為他們獨樹一幟的披薩風格樹立出崇高的形象，現在，這個商譽遭到劫持，品牌被別人拿來沾光。就算，這些行為不會對他們造成經濟上的傷害（但事實上當然會），這依然傷害了他們，因為這是一種錯誤的行為，到頭來，光是「錯」就已經值得譴責了。

除了試圖誤導消費者，製造商篡奪現有產品名稱的另一個原因，是為了能更輕鬆地解釋他們所銷售的商品。在瑞士，大多數人無須進一步說明，就能完全理解真正的格呂耶爾起司是什麼。但是，當一家美國廠商製作出一種格呂耶爾風格的起司，又不想謊稱為正宗格呂耶爾起司時，這間誠實的廠商便會面臨一個大難題：究竟該怎麼向消費者解釋這是哪一種起司呢？如果用「喬爾的超棒起司」這種名稱，絕對是不可能吸引買氣的。因此，在這一點上，我要對真食物和假食物的討論作一個重要的澄清：我非常認同在宣傳高度相似的產品時，使用「致敬」和「風格」這兩個詞彙，這兩個詞為這一類問題提供了非常透明的解答，能清楚地讓消費者知道他們所購買的並不是正宗產品，也因此，消費者並不能指責製造商的誠信問題，因為製造商並沒有聲稱仿冒的起司是某個特定的起司（就算它們確實是真的起司）。同樣地，如果你看到一塊招牌寫著「堪薩斯城風格燒烤」，就會很清楚地知道你現在並非身處堪薩斯城（也不在密蘇里州）。因此，我衷心建議使用「類神戶牛肉」或「帕馬風格起司」這樣的修飾詞，畢竟無論這些異地製造的食物有多美味，若神戶不是來自日本，而帕馬並非產自帕馬，它們就是名不符實了[6]。有趣的是，美國最大的菸草零售商之一「JR」，會出售「正宗仿製古巴雪茄」，並標註是「尼加拉瓜製造的古巴風格雪茄」。很少有消費者會把這種雪茄和真正的古巴雪茄混淆，而我也絕對能接受「仿製」作為一種修飾詞，因為這通常才是最準確的！

不過，我不支持冠上產地或使用相近的術語來為產品作修飾，雖然加上真實產地（例如，「美國神戶牛排」或「加州香檳」）能夠達到自清的效果，但這也為不太了解產品的消費者帶來了不公平的負擔，他們現在必須謹記所有真實產品的歷史和來源，才能讓自己買到真品。一個很簡

6 應注意的是，歐盟完全不同意我對「致敬」和「風格」這兩類詞彙的使用。歐盟在食品地理標誌的法條中強調，「註冊名稱應受到保護，即使已指名產品或內容的真實來源，亦不得有任何誤用、模仿或引發聯想。受保護的名稱亦不可被翻譯或附有諸如「樣式」、「類型」、「方法」、「製造方式」、「模仿」等類似表述。（歐盟委員會規章 No. 1107/96, art. 13）。這些規定完全禁止了「仿神戶牛肉」這一類敘述。

單的事實是，「加州香檳」這種東西根本不可能存在，因為根據定義，「香檳」就是產在香檳這個地方。因此，不應該這樣做廣告。

那麼，標有「純」、「天然」或「百分百」的食物呢？這是另一個灰色地帶，因為這些術語幾乎沒有什麼法律定義，卻經常被蓄意使用來欺騙買家。總而言之，法律幾乎允許所有的食品冠上這些形容詞，而製造商以令人困惑甚至荒謬的方式將這些形容詞應用在自己的產品上。在「波爾公園」（Ball Park）與「奧斯卡邁耶」（Oscar Meyer）兩大熱狗知名品牌的訴訟中，卡夫食品公司宣稱自己旗下的奧斯卡邁耶熱狗是「百分百純牛肉」，他們的律師史蒂芬．歐奈爾竟告訴陪審團，在這張百分百的標籤上，他們「並沒有說自己不含其他成分」。兩個品牌後來和解了。但在這個案子中，製造商的意思顯然是，他們的熱狗裡確實有牛肉，但沒打算要說到底有多少牛肉，他們完全沒有告訴消費者。

但是在使用這類虛假的標示時，其實還是有一些限制的，因為法律通常禁止「誤導式」的行銷手段。事實上，誤導消費者的標準比你想像得要高出許多，而且只能透過逐案訴訟來解決。

神戶牛肉就是處在這個灰色地帶。毫無疑問，幾乎所有在美國銷售的神戶牛肉都是假的，卻因為沒有任何法條明確禁止，假牛肉似乎也是合法的。消費者對這種食品詐欺的抗議很少會得到結果，除非其中涉及大量交易或者財團犯罪。大多數銷售假神戶牛肉的餐館則能幸免於難，更可以自由自在地使用各種虛構的菜單來欺騙顧客。

瑪莎．諾達是紐約格林伯格．特勞里格法律事務所的律師，專攻商標法。他一直試圖用避開商標侵權的法律策略來保護神戶牛肉。正如他告訴我的，「多年來，我也一直為菜單上的「神戶牛肉」感到困擾。我打這些官司不是為了賺錢，而是為了原則，讓人們免於受騙。當人們聽到「神戶牛肉」時，往往會想「哇，那是好料的」，所以毫無疑問，肯定有許許多多的消費者上當。但一旦你知道坊間常見的『天然』、『有機』其實沒有什麼意義，你就會明白，其實你需要相信你確定的事物即可。但當你確信的事情越多，你對周遭的信任也就越少了。」

3 像魚的魚

多數購買海鮮的顧客都以為自己購買的產品與廠商宣稱的內容相符。然而，情況並非總是如此。有時海鮮產品會被貼上不實的標籤來牟取經濟利益並導致了許多食安問題——又稱之為海產詐欺。

——美國政府問責署（U.S. Government Accountability Office），
《海產詐欺》（*Seafood Fraud*）

我的父親是一名受過訓練的土木工程師，二戰末期曾在太平洋戰區的陸軍工兵部隊服役。雖然他從未仔細向我說明過當時的職務內容，但根據我讀過的資料看來，在太平洋戰爭過程中，每當部隊剛奪下一個灘頭陣地——但基地尚未鞏固，首要任務之一就是先取得乾淨的飲用水源，而這就是土木工程兵的職責範圍。而他們的工作環境，卻一點也不理想。

他不喜歡和我討論當時的工作，但卻很喜歡提到「壽司」。戰爭結束後，我父親繼續在進駐軍中擔任不同的職務，幫忙重建嚴重受創的日本基礎建設。我想，到那時工作已經愉快許多，不必再擔憂自己是否隨時會中槍，還能睡在室內的床鋪上，並利用閒暇時間去探索日本境內的其他角落。對於現在的美國遊客來說，像日本這樣異地是十分陌生的國度，對當時而言更是如此。也正是在他探索東京和其他城市的過程中，我父親開始熱衷於當地美食——尤其是壽司和生魚片。

當時因為東西文化隔閡，日本食物大部分在西方鮮為人知，一直到一九七〇年代，美國對於日本食物仍知之甚少。如果你出生於一九八〇年代，你可能會對這種無知感到十分不解，但就像智慧型手機和網際網路也花了一段時間才被廣泛應用，壽司成為人人熱愛的食物之前也有過這樣一段時期。在我成長的一九六〇年到七〇年代之間，如果你想吃日本料理但又不是住在紐約或洛杉磯，那你大概就沒有機會了。而就算你住在這兩座大城市，你也得千里跋涉才會找到這類餐館，就像現在我們想找到一間道地南非料理一樣困難。當年，我父親會開著車載我們到皇后區為數不多的幾個日本移民社區，然後在那裡大啖壽司、天婦羅和壽喜燒，其他顧客們會盯著我們看個不停，因為我們通常是整間餐廳裡唯一一桌「西方人」。

從此以後，我一直很喜歡壽司和生魚片，這些料理以高品質的鮮魚精心製作而成，以最少的食材發揮最大的風味，因為一切的根本即是海鮮本身的鮮美，是大地之母親自為你準備的一餐。我在東京、阿拉斯加、智利、澳洲都吃過難以忘懷的壽司和生魚片。我清楚記得，當年在密西西比州比洛克西海岸的一艘船上，船長現宰了一條我們剛捕獲的刺鮁，拿出隨身攜帶的醬油瓶淋在魚肉上面，船都還未靠港，我們就已經吃完了這條魚。我也在一些沒有漁獲的地方吃過很棒的壽司，包含科羅拉多州的阿斯本、瑞士的格施塔德，還有阿拉斯加，因為在這個時代，餐館老闆們只要有錢、有心，任何地方都能買到美味又新鮮的魚。然而，已經有確鑿的證據顯示，大多數的餐廳——尤其是壽司店，他們根本不在乎。

如今，幾乎紐約的每一個路口都能找到生魚片餐廳，也有許多社區每隔幾條街就能找到一間有賣壽司的店，通常會被塞在一些毫不相關的亞洲菜單上，像是中國餐廳或韓國餐廳。就連超市、熟食店和便利商店，也都能買到壽司。但除非我是走進松久信幸或高山雅氏的餐廳裡揮霍，用最昂貴的價格吃到世界最頂級的海鮮，否則我基本上不會在紐約吃壽司，甚至不會在美國境內吃，因為自從這種食物變得越來越普遍之後，味道就變得令人退避三舍。這不是什麼巧合，大多數壽司的品質如此之低是有原因的：因為它們通常是假的。

這種猖獗的詐欺不僅僅是關於壽司，更是關於海產，而且是個非常嚴重的問題，從東岸到西岸到處可見。假魚四處流通，從壽司餐館到海鮮市場，再到超市的冷凍食品區，還有快餐店與五星級餐廳，所有等級的菜單上都可以找到這些魚。說白了，海鮮產業到處都充斥著詐欺、替代和摻偽。想像一下，這就好像當你把車開進加油站，有一半的機率你油箱裡裝滿的會是髒水而非汽油，這就是海產的狀況。

雖然從統計數字上看來，壽司有最嚴重的仿冒問題，但幾乎所有種類的海產都該受到懷疑，無論是生是熟、是貝類還是魚翅。雖然你可能會發現自己從超市買回來的是假的草飼牛肉，但你仍然能肯定手裡的牛肉就是牛肉，無論標籤上還藏著哪些陷阱。但說到海產，情況可就不同了，假冒的海產可能比其他假食物都要危險得多，甚至可能有毒。

美國的許多大城市裡，你在餐廳或商店裡想購吃到買到名符其實的海鮮料理或海產，這個機會簡直是微乎其微。伊莉莎白．韋瑟在一篇為報刊《今日美國》（*USA Today*）所撰寫的文章中，就毫不留情地指出：「魚類是美國人最常購買的假食物。」這個問題極其嚴重，以至於歐巴馬總統在二〇一四年中也宣布將會對此進行整飭，並指派了一個「海產特別小組」。曾幾何時，美國的糧食危機——確實能稱之為危機——竟嚴重到連總統都必須介入了？

「海產詐欺的問題我可以談上一整天。這是個令人擔憂的產業。天啊，海產的情況真是太糟了，」舊金山維恩事務所專門處理時品詐欺案件的律師史蒂芬．克倫伯格對我說，「每隔幾年就會有一系列海產詐欺問題浮出水面，但我們也無能為力。只要人們有這種詐取他人利益的經濟動機，這種情況就會一直持續下去。與能賺進荷包的財富相比，海產詐欺的罰金簡直是一點小錢而已，而且一般來說，操作這種詐欺的風險比走私低太多了。」

情況究竟有多糟？非營利海洋保護組織「大洋」（Oceana）的科學家對紐約的海鮮食品進行了

一系列調查，他們的研究發現，全紐約58％的零售商店和39％的餐館都存在詐欺問題。尤其可怕的是，每間他們前往收集樣本的壽司店全部都供應假魚——百分之百。如果我父親地下有知，肯定會氣得跳腳。當然研究人員並沒有針對紐約所有的壽司餐館進行測試，但現有的調查結果已足以令人擔憂，甚至其中沒有任何一家餐廳能夠達到「供應真食物」的基本標準。而事實也證明，紐約餐廳的作法在全美國都非常普遍，並非例外。

「品種替代」以及「品種摻偽」是海鮮詐欺中常見的術語，在這些騙局中，廉價甚至有毒的魚會被用來當成優良品種出售，兩個品種通常毫無關聯，這經常發生在稀有的魚類品種上。如果你訂購了一條長鰭鮪魚（white tuna），有94％的機率你會拿到一條完全不同品種的替代品，一種毫不相干的魚。而你會在餐館裡吃到長鰭鮪魚的機率，與你在拉斯維加斯輪盤賭局中拿到零或雙零的機率一樣渺茫。你不僅得不到你花錢買的東西，你所得到的，更絕對不會是你想吃下去的東西：長鰭鮪魚最常見的替代品是油魚（escolar），這是你能買到最危險的海產之一。

在海鮮產業中，油魚又被戲稱為「魚中的瀉藥」，因為它含有一種天然的蠟酯，能讓你好幾天都消化不良或腹瀉。這種魚歷年來在香港造成了六百例食物中毒，在非常注重食安問題的日本更被完全禁止了將近四十年。美國食藥監管局曾在一九九〇年代早期發表了一份「進口公告」禁止了這種魚類，卻又在一九九八年時取消了禁令。當人們吃了壽司或生魚片之後生病，他們往往會將腸胃不適的問題歸咎於「未煮熟」，並且會說：「我一定是吃到壞掉的鮪魚」，但更有可能的是，他們其實根本沒有吃到任何鮪魚。即便沒有人會點這種魚來吃，油魚依然是美國最暢銷、最常食用的魚類之一。

「你到美國任何一州的任何一間餐館，都有可能無法吃到你所點的海鮮，尤其是石斑魚和紅鯛。」美國魚類供應商代表巴布・瓊斯如此告訴《坦帕灣時報》（*St. Petersburg Times*）。他在二〇〇六年「佛羅里達石斑魚醜聞」事發期間受訪，而這件醜聞是美國少數幾件開庭的假魚訟訴之一。石斑魚在佛羅里達州深受喜愛，西海沿岸都能捕到大量漁獲。但經過《坦帕灣時報》的調查測試，發現當地餐館中竟普遍使用石斑魚的替代品來上菜，這個消息令當地人備感震驚，也引起了州司法部長的關注。最後，聯邦陪審團起訴了巴拿馬城的一家海鮮批發商，指控他們進口了一百萬磅廉價的冷凍亞洲鯰魚來冒充石斑魚，藉此節省了高達四分之三的批發價格。接著，佛羅里達州的經濟犯罪部門也起訴了坦帕灣地區的十七間餐館，其中一家的菜單上有一道昂貴的「香檳燉黑石斑」主菜，實際上是由廉價的冷凍吳郭魚製成的。根據我的經驗推測，其中的「香檳」大概也是假的。

二〇一四年間，我曾造訪坦帕地區，開車前往清水海灘，卻沒有到最受雞翅、雞胸愛好者們歡迎的**HOOTER'S**創始店用餐，也沒有到市中心知名的**Hulk Hogan**商店購物，反而是來到一間精緻的海邊石斑魚餐廳，名叫「法國馬車燒烤吧」（**Frenchy's Rockaway Grill**）。這間熱門小店前方就是沙灘，座位區是半露天的，沒有任何牆面，天花板上懸掛著塑膠鯊魚和可樂娜啤酒瓶當作裝飾，年輕活潑的女服務生們端著大托盤在席間穿梭，上頭擺滿了邁泰、鳳梨可樂達和蘭姆特調酒。我坐在佛羅里達的萬里晴空之下，與餐館老闆邁克·普雷斯頓共進午餐。他來自加拿大法語區魁北克，當地人都叫他「法語佬」。三十四年前，普雷斯頓來到清水海灘拜訪在此度假的友人，就像許多其他人一樣，他被這片蔚藍海岸深深吸引，從此便再也沒有離開過此地，現在，他已經經營了好幾家餐廳，還有一間名叫「綠洲」的小旅店。然而，這位「法語佬」的專長可不是魁北克特色美食「肉汁乾酪薯條」（poutine），而是石斑魚。

「石斑魚一直是我們的招牌，三十四年來完全沒有改變過，簡直像是穿越時空一樣。」他這麼告訴我。讓法語佬的石斑魚堡聲名大噪的秘方，就是將石斑魚放入調味過的奶油中油炸，並搭配起司洋蔥圈。我和他一起吃了一份，滋味美妙極了，爽口輕盈卻又肥美的魚片吸收了濃厚的奶油味，與漢堡麵包的口感完美搭配，更不用說我熱愛任何加入起司的漢堡或三明治。石斑魚是一種多肉的白色魚類，質地清爽，口味溫和，最大的特點就是能夠飽吸調味，因此非常適合用奶油等佐料烹調。

幾十年間，邁克·普雷斯頓推出了不少新的三明治，最主要的兩種分別是一般燒烤和卡津鄉村燒烤，和原本的招牌石斑魚堡一起成為了菜單上最受歡迎的餐點。由於我是特地來研究的，所以這兩種三明治我又各吃了半個，我很喜歡卡津口味，調味料和石斑魚肉搭配得很完美。此外還有水牛城風格口味，石斑魚蘸了麵糊下去油炸，再淋上水牛城辣雞翅醬汁，並搭配藍紋乾酪調料。聽起來很有趣，所以我也吃了一個——這畢竟是我的工作。至於他的石斑魚魯賓三明治，雖然不像其他口味那樣大受歡迎，卻也擁有一批熱情的忠實擁護者，是每次來都一定會選擇這道餐點。魯賓三明治裡有烤石斑魚，上面蓋著大理石黑麥吐司夾有德國酸菜、瑞士起司和千島醬，我也吃了一個。雖然水牛城風格和卡津鄉村燒烤都很不錯，但我最喜歡的還是招牌原味，能嚐到鮮魚肥美的滋味。

普雷斯頓不想告訴我他最喜歡哪一個，因為「它們都像我的孩子一樣，每一個我都愛」，但他承認洋蔥圈是他從北方國度帶來南方海灘的一項創意之舉，這讓他在當地販賣石斑魚堡的許多店家中脫穎而出。「這裡到處都有石斑魚堡，並不是我們發明的。我們只是讓這道餐點的滋味更上一層樓。我們的食材都是最新鮮的，用最好的萵苣、番茄、最棒的自製塔塔醬，還加入了我最愛的洋蔥圈，和石斑魚堡真的很搭。」法語佬的石斑魚堡還有另一項與眾不同之處，也是我光顧的主要原因——他用的是「真正的石斑魚」。普雷斯頓剛才說石斑魚的招牌從八〇年代起「完全沒有改變過」，其實不全然是對的。因為，當時很容易就能買到真正的石斑魚，現在卻變得有點困難。隨著他在當地的餐飲帝國慢慢擴張，他對石斑魚的需求也不斷增加。他使用的是野生石斑魚，並非魚塭飼養，原產地是墨西哥灣，距離這裡大約一英哩遠。為了確保供應量，他採舉了一個大膽的作法，那就是自己開設一間海產公司，並且自行雇用漁夫，在每天早上八點到十一點之間專門為他捕撈石斑魚，漁獲量多的時候還能賣給其他餐館。

「有些東西不適合長途運送，味道會比較不好。這裡當地現撈的石斑魚味道很棒，我們也知道要如何正確處理。你可能有聽說過『從農場到餐桌』這個熱門的概念，其實我們這裡一直在這麼做。」他告訴我，有些熟客每年會到清水海灘度假一兩次，他們每回一下飛機，都還沒先入住飯店，就會直奔他的餐廳，手裡還提著行李，一心只想吃到他們最心愛的石斑魚魯賓三明治，因為他們已經等了一整年了。這些人往往還會在臨走前再回來吃一次，讓他們最喜愛的味道為這段假期畫上美好的句點。正因如此，普雷斯頓說他不能端給這些老客人們假的石斑魚，這樣會令他們大失所望。「我會追蹤我每一條魚的行蹤，從牠被捕撈起來，一直到端上桌的那一刻。」這也是為什麼我只來法語佬的餐廳吃石斑魚。

金柏莉・沃那博士是一名科學家，參與了「大洋」海洋保護組織一共六項關於海產詐欺的研究，並在二〇〇六年石斑魚醜聞期間住紮在墨西哥灣沿岸地區。她向我解釋，最常用來假冒石斑魚的品種，也經常會被用來冒充其他我們常吃的魚類，而且沒有多少人知道這種魚的存在。這種冒牌魚名為柬埔寨鯰魚（Cambodian ponga），是一種亞洲品種的鯰魚，經常作為養殖魚類。其他佛羅里達石斑魚的仿冒品還包含了吳郭魚、無鬚鱈，甚至還有一種是DNA檢測屬於未知物種、無法識別的魚類，令人毛骨悚然。但大多數石斑魚造假都是使用養殖的亞洲鯰魚，最主要的就是柬埔寨鯰魚。

石斑魚都是野生捕撈，而亞洲鯰魚幾乎都是養殖魚，通常是養在一些缺乏嚴格規範的養殖場，甚至還有使用非法抗生素和藥物的紀錄。作為多用途的贗品，亞洲鯰魚還經常被用來冒充其他東西，從北美鯰魚到鰈魚（flounder），再到比目魚和鱈魚。人們前往魚市場當然都是想要購買北美鯰魚、石斑魚、比目魚或鰈魚來煮晚餐，沒有人自願購買亞洲鯰魚，但根據沃那博士所言，亞洲鯰魚卻是全美銷售量最高的魚種之一，而海產公司大量進口正是因為牠們能夠被用來當作高價魚種的贗品來出售。

「去調查進口海鮮的銷售資料，就會發現亞洲鯰魚總是排在前十名。牠們和石斑魚長得非常相像，二〇〇五年左右我住在墨西哥灣沿岸的時候，有很多商店出售的石斑魚根本就不是石斑魚，他們都貼錯了標籤。」沃那說道。危險的油魚也是如此，幾乎沒有人知道自己買到的是油魚，但牠們的銷售量卻其高無比。

但要說起最常遭到假冒的魚類代表，那一定就是紅鯛了。這是一種在高級餐廳中非常受歡迎卻也非常稀少的高級魚種，而這也是牠經常遭到仿冒的原因。已經有好幾個專家警告我要盡量避免購買或食用這種魚類，因為你吃到的通常都不是真的。直到今天，我仍然不知道我是否真正品嚐過這種夢幻逸品。在「大洋」海洋保護組織的研究中，牠的數據也是最差的，整個調查過程中，找到真魚的機率竟然只有6%。如果你想購買這種魚，只能說，不如把你的錢帶到賭城去試試手氣，就算什麼也沒贏回來，至少還能在那裡喝到一杯飲料。

由於在美國出售的所有紅鯛幾乎都是假的，市面上也充斥著各式各樣的冒牌貨，其中包含了體內含汞的馬頭魚（tilefish），美國食藥監管局將這種魚類列為兒童與孕婦等敏感族群禁止食用的海鮮，甚至有時也會被用來假冒昂貴的大比目魚。「你吃的紅鯛可能是假的，」《每日金融》（*DailyFinance*）網站上的一篇文章這麼寫道，並列舉出隨之而來的食安風險，「饕客們全都被騙了，尤其是孕婦，她們應避免食用較為長壽的魚類，如鯊魚、鯖魚、馬頭魚，因其體內的汞成分會造成胎兒畸形。海鮮業者經常誇大魚類的 Omega-3 脂肪酸對健康有益，並宣稱女性僅須避免食用特定幾類魚種即可，然而，在大量魚類遭到冒充的情況下，想要避開幾乎是不可能的。」

除了昂貴的紅鯛經常被藥物養殖的軟棘魚與吳郭魚冒用身分之外，大洋海洋保護組織還追查出許多其他可疑的冒牌貨。例如，當吳郭魚不偽裝成紅鯛的時候，牠們通常會假扮成鯰魚，這是美國境內受到嚴格法律保護的養殖魚類之一，但不肖業者只要使用一些簡單的冒牌術，就可以直接避開高額的進口關稅。另外，許多其實不宜養殖的蝦類也經常被用來當作野生蝦的替身，而淡水虹鱒總是冒名頂替鮭魚，廉價的魚卵會被用以替代昂貴的魚子醬或摻雜在其中。還有另一個讓人印象深刻的案例是，非法進口的河豚被重新貼上標籤，作為鮟鱇魚（monkfish）出售。河豚是世上第二毒的脊椎動物，僅次於金色箭毒蛙。在日本，河豚是一道美味佳餚，但廚師都需要經過特殊安全培訓才能料理河豚。然而誰都沒料到，在二〇〇七年時有兩位芝加哥民眾購買、烹煮並食用了「鮟鱇魚」之後，竟然因此中毒。真正的鮟鱇魚絕對不含致命的河豚毒素，顯然他們食用的是其他魚種，但還好他們最後幸免於難。

貨運和原產地資訊經常被非法竄改，以掩蓋濫捕、非法魚塭、藥物養殖甚至是非法勞工等資訊，你所聽到關於畜牧業的所有細節，包含大量使用抗生素和化學藥物、讓動物生活在髒亂的環境中，以及被餵食其他動物的屍體等等，這些也都發生在海產行業中，而且被隱藏得更好。

美國海產業發言人巴布·瓊斯認為，從批發商到零售商普遍存在魚類冒充的問題，並且幾乎是難以防範的。我向大衛．科斯勒博士詢問這個極具爭議的問題，他是布希與柯林頓執政時期的前食藥監管局長，同時也擁有醫師、律師、暢銷作家以及公共衛生倡導者等多重身分。「如果有一種魚只要二十毛錢，那就不會出現詐欺問題。但如果有一種魚每條價值十美金，而我可以用四元買到高度相似的魚來賣掉，騙局就出現了，」他直接了當地說，「人們幾乎是只能坐以待斃，因為這些詐欺是一個經濟問題。」

如同《坦帕灣時報》在佛羅里達進行調查，《波士頓環球報》（*Boston Globe*）也針對麻省的海產詐欺展開研究，並從中發現了大量的詐欺案件。例如，有間當地餐館供應一份要價二十三塊美金的「鰈魚」，結果其實是巴沙魚（swai，也稱低眼巨鯰），這是一種越南魚類，調查員表示這種魚的「營養價值不高，且價格通常每磅低於四塊美金」。根據在《環球報》長達五個月的的冒牌魚調查結果顯示，「麻省的消費者經常會在不知情的情況下，為他們完全不願或者較為不願購買的海鮮品項支付過高的價格，甚至購買到與廣告宣傳完全不同的海產」。這項研究還顯示了另外一個存在於海產業的普遍現象，那就是即便被抓到，零售商和餐館也通常只會被警告，卻沒有任何其他懲罰。《環球報》寫道：「九號公路附近一家生意興隆的高級自助餐廳『米納多』承認，他們用吳郭魚來取代紅鯛。這間餐廳每天製作無數壽司和生魚片。『不是因為我們想要耍花招，』米納多總經理亞歷山大．波萊帝表示，『而是大家都這樣做』。」

「消費者總是問我，那我該怎麼辦？我只能建議，永遠不要購買紅鯛。紅鯛是最常被冒名頂替的海鮮，你購買這種魚的時候，幾乎沒有一次會買到真品。」馬克．斯多克博士搖著頭對我說，我們正一次坐在紐約的咖啡廳吃早餐。他之所以搖頭，是因為他唯一能對美國消費者提出的具體建議竟是逃避問題，而不是解決問題。斯多克博士警告我不要點紅鯛來吃的時候，其實只不過是重申了我採訪過的每一位專家所提出的論點，但沒有任何人能提出一種吃到真紅鯛的辦法。

斯多克博士的專長是流行病學，他是康乃爾大學威爾醫學院的副教授，也是洛克斐勒大學人類環境研究計畫的資深研究專員，他花了數年的時間在「生命條碼研究計畫」上，這是一個國際性的資料庫，致力於繪製出地球上所有生物的DNA。正因為研究生物DNA，他一股腦兒地栽進了假魚的世界中，隨之而來的是更大的假食物世界，早在大洋海洋保護組織著手進行研究之前，他便已經開始鑽研了。而當年啟發他的，是他就讀高中的女兒。「二〇〇八年時，我正在做某一個DNA研究計畫，我女兒和她的高中同學問我，能不能幫她們的壽司進行DNA檢測。我從來沒聽說過有人想要檢測這種東西，於是就答應了。她們在附近的幾家餐廳買了一些壽司，而我幫她們把這些食物送進實驗室。結果其中四分之一的壽司與標籤不符，而且通常都是用便宜的魚來代替昂貴的魚。顯然這個問題不是只存在一家商店、一間餐館、一個城市，這是一個普遍存在的問題。」

這兩位年輕的女孩凱特・斯多克和露易莎・史特勞斯當年是高年級學生，正在進行一個科學研究計畫，她們透過DNA鑑定測試了六十個紐約海鮮的樣本。最終結果顯示，有一半的餐廳和超過一半的零售商店出售假魚。除了紅鯛，她們還發現了許多常見的慣犯，其中也包含了常在壽司店被冒充為鮪魚的吳郭魚。她們的樣本數很少，但她們的調查獲得《紐約時報》（*New York Times*）的報導，隨後，許多更大規模的調查陸續出現，獲得了更多具有統計意義的數據，但這些數據卻顯示了情況更加糟糕。「她們的調查激發了許多更大規模的研究，」斯多克博士說，「大洋海洋保護組織做了一項影響最深遠的調查，發現全美國幾乎三分之一的海產名不符實。」

假冒海鮮不僅是佛羅里達的問題，也不僅是麻省或紐約市的問題——它無所不在。大洋組織在二○一三年進行了全美國境內的研究，發現在大城市裡，違反食藥監管局規範的冒名問題更為嚴重。這份報告的摘要中指出，「大洋組織在其檢測的所有地方都查出海產詐欺，包含南加州的冒名問題高達52%、奧斯汀與休士頓為49%，波士頓為48%，紐約為39%，北加州與南佛羅里達為38%，芝加哥為32%，華盛頓為26%，而西雅圖則為18%。」也許是因為擁有知名的派克市場，專門販售阿拉斯加鮭魚和現撈首長黃道蟹（Dungeness crab），西雅圖人可以自豪地認為他們表現得很棒，每五條魚中「只有」一條是假的。

在一系列肉眼難以辨識的假產品中，替代和摻偽是最簡單的造假手法，尤其白色的魚片更是容易。市場上販售的魚經常被切為薄片，消費者總是看不到完整的魚。在餐廳裡情況更糟，在魚被端上桌之前，顧客往往什麼也看不到，甚至盤中的魚還淋滿厚厚的醬汁，或裹上一層麵包粉下去油炸過。試想一下你有沒有辦法從義式燉海鮮湯（cioppino）中分辨出魚類的品種。「美國國家漁業協會（National Fisheries Institute）最近做了一些研究，發現這麼多問題的原因之一是大多數人不懂如何挑選海鮮，甚至不知道海鮮長什麼樣子。」墨西哥灣野生協會（Gulf Wild）的TJ・泰特在台上說道。這個協會專門推廣與宣導墨西哥灣沿岸地區的野生海產，他們來參加蒙特雷灣水族館所舉辦的研討會，而我也正好在席間。不肖廠商不太可能向消費者聲稱牛排是雞肉，或將馬鈴薯假扮成小黃瓜，但美國有許多消費者都搞不清楚常見的食用魚類是什麼顏色或型種，更不用說去辨別其他細微的差異。像我自己就不知道長壽魚（orange roughy）長什麼樣子，雖然這是菜單上一道受歡迎的餐點。因此，餐廳可以把任何魚端到我面前來，聲稱這就是長壽魚，我也會不疑有他，更沒有能力分辨出端倪。事實上，在為了寫這本書而展開研究之前，我一直以為長壽魚是一種珍貴的魚，但其實這只是一個發明來刺激行銷的虛構名稱，好取代原本「大西洋胸棘鯛」這個聽起來一點也不美味的名字。

智利有著長長的海岸線，是世界上最大的海產國家之一。它的國土像是一位超級名模，又高又瘦，最寬的地方只有二百英哩，從北到南卻足足延伸了兩千七百英哩，海岸線幾乎相當於整個美國的寬度，讓每個智利人也幾乎都生活在離太平洋不到一小時路程的地方。狹長的海岸線從亞熱帶一直延伸到南極氣候區，水域中的生物種類極為廣泛。首都聖地牙哥中心有一個海鮮市場，類似於東歐常見的傳統美食街，是一個華麗而壯觀的鋼骨建築，由巴黎鐵塔設計師古斯塔夫・艾菲爾（Gustav Eiffel）親自操刀。如果你有機會來到聖地牙哥這座被埋沒的美妙城市參觀，務必要在梅卡多海鮮市場多加駐足，雖然此地的規模比東京著名的築地市場小上許多也低調許多，但仍然是一座令人驚豔的水產世界，而各式各樣海鮮攤的周邊，一排排特色餐館也使這個市場更顯獨特。

我第一次造訪這個市場，是和一位朋友一起到大受好評的「奧古斯都餐館」（Donde Augusto）用餐，而菜單簡直像是一冊水底居民名人錄一般，所有必嚐知名海鮮一應俱全。我記得我們吃了一道當地的醃漬名菜，用一個陶碗盛裝，服務生會端著陶碗兩旁的小把手，把碗從烤箱裡端上桌來。碗裡有多條細小的鰻魚，每條只有一兩英吋長，醃漬在大蒜和奶油中，嚐起來十分精緻美味，並且，顯然是貨真價實的鰻魚。不過，這間餐廳最受歡迎的還是智利巴塔哥尼亞帝王蟹（Patagonian king crab），這是阿拉斯加帝王蟹住在南半球的親戚。除了在巴塔哥尼亞和聖地牙哥之外，任何其他地方都很難找到這種螃蟹。牠的姿態如此威武，以至於在烹飪之前，服務生總會驕傲地將牠展示在餐桌邊，並伸展牠的長腿，好讓客人們讚嘆於牠的英姿。用雙手將這種甲殼動物兩側的腿完全拉開時會比一個男人的肩膀還要寬，大約長達五英呎。

煮好之後，螃蟹就會被送回來，外觀是鮮紅色與白色相間。兩個服務生端著牠，他們都戴著手套，手裡拿著各種特殊的螃蟹簡單和工具，接著運用宛如炫技一般的熟練手法把我們面前的螃蟹朋友給拆開了。我覺得這種超群不凡的甲殼動物應該要有個尊稱，於是從此以後，我都叫牠「螃蟹老爺」。他們把老爺的每條長腿都剪裁成大約八英吋的小段，接著再劃開蟹殼，我們面前便擺滿了易於食用的美味蟹腿棒，上面還點綴著融化的奶油。這頓豪華午餐簡直如同一場令人難以忘懷的歌劇，而我至今對螃蟹老爺也依然念念不忘。

兩年後，我帶著妻子回到聖地牙哥，在對她訴說了無數螃蟹老爺的故事之後，我覺得她必須親自體驗一下，於是我們回到奧古斯都餐館吃午餐，但令我懊惱萬分的是，當天他們沒有供應智利巴塔哥尼亞帝王蟹，而我卻從未想過要事先打電話確認。回想起來，當天沒有供應是可以理解的，因為這種螃蟹是相對罕見的海產，按照智利的標準來看，這也是非常昂貴的佳餚（但以美金來計算仍在合理範圍）。服務生看到我垂頭喪氣的模樣忍不住關切了一下，我向他們解釋說，我們千里迢迢前來，就是為了吃這道螃蟹。於是，這位服務生派了另外一名工作人員到海鮮市場去看看，幾分鐘之後，他帶著巴塔哥尼亞帝王蟹回來了。而我太太也因此得以親身體驗全部的過程，從優雅地繫上吃螃蟹專用的塑膠領巾，到餐桌邊的華麗展示，再到最後，她心滿意足地舔舔嘴唇。這就是來自原產地的真食物，牠就在你的眼前，毫無疑問。你絕對不會將之與美國壽司店供應的詭異假蟹肉棒混淆，你打從心底知道這是真的，你眼見為憑。

一般以動物學來說，通常是專家透過肉眼觀察樣本就可以進行物種鑑定，但在超市裡，業者卻很少將一整條全魚賣給消費者。「當然你不可能帶著一片魚肉去自然歷史博物館要求他們進行物種鑑定，」斯多克博士解釋道，「DNA 測試可以讓你做到一些原本無法完成的事情。而我們進行 DNA 測試之後，最令我感到震驚的是，許多假冒的魚都是一些只存在於東南亞的奇怪物種。你可以去看看魚類棲息地的地圖，有一些是來自澳洲與中國之間的特定區域。我總想知道牠們是怎麼來到這裡的，又被賣到哪裡去了？這些都不是商店裡應該販售的魚類，我甚至不知道這些魚到底能不能食用。」

身為一名醫師與傳染病專家，這些發現讓斯多克博士擔心假冒海鮮會產生健康風險，尤其這些海鮮可能是來自於養殖場。「沒有人知道這些於是在哪裡被飼養、如何被飼養，又是如何來到美國，或者使用過那些抗生素。現在的消費者越來越想知道食物的產地，但業者甚至沒有在廣告中指明這些食物究竟是什麼樣的物種，兩者之間的鴻溝越來越大。」

從健康和環境的角度看來，偽造產地來源可能是比偽造物種更糟糕的問題。許多詐欺都源自於非法轉運，意思是，產品從原產地出口到美國之前，中間還途經一個或多個其他國家，並在過程中貼上偽造的標籤，用以隱藏其真正的產地。就算不經過轉運，根據美國法律，業者也只需要在標籤上標註出加工地點即可，而許多海鮮都有經過加工手續。正因為因此，就算你購買的冷凍蟹餅或炸魚片上面標示著美國、加拿大或歐洲，你也永遠無法肯定其中的海鮮是否來自中國養殖場或任何其他地方。更何況，所謂的「加工海鮮」，手續遠遠不如微波食物那麼複雜，只要剝除螃蟹殼，或把鮪魚放進罐頭裡，這就已經叫做加工了。而正如同用便宜的品種來冒充昂貴的魚一樣，這些轉運或加工通常是為了盡可能掩蓋那些消費者亟欲避免的真相，以海鮮來說，大多是想要掩飾中國或泰國等原產地。

大洋組織的沃那博士告訴我，「有些物種含有天然毒素，有些則是非天然的，就像我們常常看到汞含量很高的魚類，食藥監管局都會提醒民眾不要誤以為牠們是安全的魚而誤買到。還有其他風險，像是有些特殊品種的海鮮會造成人類過敏，另外，也有像是熱帶和亞熱帶水域的魚類容易有雪卡中毒（Ciguatoxin），嚴重的會造成神經損傷，有些人永遠無法康復。而且要事先篩選測試出來並不容易。」落後國家更有可能跳過這些測試和保障措施。「還有麻痺性貝毒、病毒引發的疾病和霍亂等等。不過美國對貝類的監控比較小心，因此這些貝類中毒不太會發生。」

美國90%的海鮮都是進口的，而這些進口海鮮中，又有一半是養殖的。然而，只有千分之一的進口商品被檢查出海產詐欺。此外，還有其中大約三分之一的進口海鮮是來自非法捕撈，更加無法追溯出這些海產的原產地。我參加一年一度蒙特雷灣水族館永續海產研討會時，其中一位發表人艾瑞克．施瓦布是國家水族館巴爾的摩分館（*National Aquarium in Baltimore*）現任資源保護首長，過去曾經擔任美國國家海洋暨大氣總署（National Oceanic and Atmospheric Administration）助理秘書。他解釋道，「我們消費的海鮮中，大約有一半是水產養殖產品，有些來自非常精心的飼養，有些則不然。此外，我們有很大的標籤問題。我們不僅有大量非法捕撈的海鮮，還讓牠們進入我們的食物供應鏈，無法追溯其原產地，甚至也不知道是什麼物種。我認為這是產業當前面臨的最大問題。」

養殖基本上沒有什麼關係，然而，大多數的養殖場都大有問題。海外的水產養殖業充滿了各種健康、環境與社會問題，而這些養殖場的產物會破壞健康與環境，將大量廢棄物倒入海洋中。美國國內流通的魚類通常都被餵以非法或未經批准的藥物，並殘留在牠們的體內，更糟糕的是，在美國國務院二〇一四年中發表的一份報告顯示，泰國的養蝦業充斥著販賣人口和奴役勞工等問題，而泰國迄今為止仍是美國最大的蝦類供應國。

鯰魚養殖的投資報酬率尤其高，這也是為什麼許多假魚通常都是進口的養殖鯰魚。進口魚與美國境內養殖的鯰魚有很大的不同，而美國的鯰魚的其實是最安全、最環保也受到最多監管的食品生產形式之一。軟體動物也很適合水產養殖，若是飼養在海岸，牠們可以為海灣和海洋提供自然的過濾。就像飼養肉牛一樣，養殖漁業其實可以以健康、負責、永續的方式來進行，但不幸的是，以生長激素、抗生素和染料來飼養成本低廉許多。

「整體來說，並不是所有水產養殖都很糟糕，」蒙特雷灣水族館的發言人與我共進午餐時向我解釋。這間水族館是永續海產、海鮮製造與漁業領域的世界翹楚。「問題是，有些魚類是像鮭魚這樣的肉食性動物，而業者們就必須去海裡捕撈野生小魚拿來當作鮭魚飼料。不僅必須從海洋中榨取大量的魚資源，兩者間的轉換率又非常低，可能會需要十磅的野生小魚才能生產出一磅的人工養殖鮭魚（其實三到五磅是比較常見的數字），於是，就如同畜牧場，有的養殖場就會開始使用藥物。尤其以鮭魚和蝦類的養殖場最為嚴重。」二〇〇四年，一項研究調查了來自五大進口國的數百份養殖鮭魚樣本，研究發現，大多數鮭魚受到戴奧辛和多氯聯苯汙染，而研究員建議人們每個月不要食用鮭魚超過一次。不同於有問題蝦類和鯰魚多半產自較落後的地區，一些毒素含量最高的鮭魚竟然是來自蘇格蘭和挪威等已開發國家。

只有一間位於智利的頂尖鮭魚養殖場獲得了蒙特雷灣水族館得認可，因為他們很少使用抗生素。當然，野生鮭魚是不會被投餵抗生素的，更不必被人為染成粉紅色。大多數養殖場並沒有以磷蝦來餵養鮭魚，但其實這才是鮭魚最主要的食物來源，天然的蝦紅素也讓鮭魚身體呈現獨特的色澤，至於養殖業者則會用人工色素將自己養的鮭魚染成野生鮭魚的顏色。《今日美國》就在一篇有關人工養殖冒充野生捕撈的報導中，給了消費者一個非常有用的提示，幫助牠們辨別出假冒的產品：「當你烹飪野生鮭魚時，魚身會一直保持原來的顏色，而養殖鮭魚的染劑會在烹煮時浮出來。」

其中一個大問題是，大多數人都認為野生鮭魚自己能吃到最好的魚之一。「阿拉斯加鮭魚的漁獲量受到妥善的管理，可以持續捕撈，牠們體內富含 omega-3 脂肪酸，還有各式各樣很好的營養素，」沃那博士說。由於鮭魚的外觀十分容易辨識，就算被切成魚排或魚片，也很難用其他物種來代替，然而，若真要假冒也並非不可能。二〇一四年，司法部指控總部位於邁阿密的「真天然海鮮有限公司」（True Nature Seafood, LLC）從智利進口了六噸虹鱒，並蓄意將其標籤為鮭魚，並轉售給其他顧客，從中賺取25％的差價。這間公司後來承認罪行，並同意支付一百萬美金的罰款並接受社會服務懲處，成為一則罕見的假魚懲罰案例。

這種冒名頂替的行為在鮭魚詐騙中比較少見，更常見的是用養殖鮭魚假冒野生鮭魚，尤其是以養殖的大西洋鮭（牠們已經在野外滅絕了）來代替更受歡迎的阿拉斯加鮭魚和太平洋帝王鮭。在阿拉斯加地區，養殖魚是違法的，因此真正的阿拉斯加鮭魚一定是野生捕撈的。野生鮭魚價格不斐，調查也清楚指出，大多數的消費者對牠們有明確的偏好。然而，《消費者報告》曾於二〇〇五年至二〇〇六年對全國各地二十三份野生鮭魚樣本進行測試，卻發現其中只有十份是真正的野生鮭魚。

如果壽司上的冒牌鮭魚、紅鯛和鮪魚就是全部的假魚了，那我們還算幸運。但完全不是這樣。蝦類也是美國銷量最高的海鮮單品，美國每人平均每年會吃掉四磅的蝦子，而其中大多都是養殖與進口蝦。「由於各種因素，進口蝦可能是消費者最糟糕的購買決定之一。」肯恩・彼得森對我這麼說的時候，我正在蒙特雷灣水族館品嚐著令人直吮指的劍魚排。自從劍魚被廣泛認定為非人道的飲食選擇之後，我想不起上一次吃到劍魚是什麼時候了。牠們被過度捕撈到瀕臨絕種，變成一種政治不正確的美食，而這也是為什麼我在館內的辛蒂濱海餐館（Cindy's Waterfront）菜單上看到劍魚的時候會感到如此震驚。蒙特雷灣水族館以出版全彩的年度《海鮮指南》（*Seafood Watch*）聞名，這份指南會告訴消費者哪些魚類可以安心食用，哪些則應該避免。

彼得森解釋，劍魚真正的問題是被當作兼捕漁獲，經常被意外大量困在其他國家的漁網中。水族館的館內餐廳供應的則是在加州海岸單獨捕獲的劍魚，可以永續捕撈，我盤子裡的就是這種劍魚。辛蒂濱海餐館由名廚辛蒂・鮑爾金（Cindy Pawlcyn）經營，她曾經榮獲詹姆斯比爾德烹飪獎，在納帕郡還經營了一間知名的「芥末燒烤餐館」（Mustard Grill）。三十年來，她一直致力於推動「從農場到餐桌」的理念。而在濱海餐館中，她將出色的烹飪技巧與水族館的科學研究資訊相結合，提供了全美國最為「正派」的吃魚體驗——也就是完全沒有假魚。他們為消費者做了許多研究，因此顧客完全不需要為菜單選項感到困擾，因為你絕對不會從中找到兩個最糟糕的犯人，那就是養殖鮭魚或養殖蝦。

「在美國以外的許多地方，業者會將養蝦場設在紅樹林沿岸地區。紅樹林棲息地對許多其他魚類和鳥類來說非常重要，也是大自然抵禦海嘯的緩衝區。然而，業者大量砍伐紅樹林做為養蝦場，將蝦子養在人造的蝦塭中，然後將牠們的排泄物倒進海裡。」彼得森說。這樣的環境破壞手法已經造成許多人避免進口亞洲養殖蝦，但除此之外，還有剝削勞工、使用抗生素及禁用藥物的問題。

在為這本書做研究的過程中，我發現了許多令人震驚與不快的事實，因此我自身的行為也做了許多改變，其中，有關養殖蝦的部分做得最為絕對。我現在只買真正的天然草飼牛肉來烹飪，但我偶爾還是會到餐館吃穀飼牛的牛排或漢堡。我也只購買真正的希臘費達起司，但有時外出，我也會冒險吃一份希臘沙拉。然而，我對蝦類畫了一條嚴格的界線，無論是養殖或者進口，我一概不購買。除非我到查爾斯頓（Charleston）、希爾頓黑德島（Hilton Head）、肯納邦克波特（Kennebunkport）、比洛克西（Biloxi）或格爾夫波特（Gulfport）這幾個地方，否則我一概不在餐廳裡吃蝦，或者除非我來到一間像法語佬的燒烤吧那樣產地直送的餐廳，並且我能夠確信他們採買的是真正的本地蝦時，我才會點餐。我更不會在大多數美國國內的亞洲餐廳吃蝦。我現在，我只買美國「本地」的「野生捕撈」蝦，並且還要能夠確信業者對這兩個條件的聲明並非謊言，我才會付錢，而這機率非常之低。我設立了很多規則，但我的標準比一些某些人還要再靈活一些，像是，食品詐欺專家與律師史蒂芬·克倫伯格就認為，他已經完全放棄蝦子這種食物了。

「我個人對進口蝦很有意見，尤其是其中的化學殘留物。養殖場的環境也太糟糕了，足以構成社會正義的問題。但消費者可能不會去想到，因為這些問題並不會寫在食物的包裝上，像是標示『奴隸製造』。但我真的很擔心。他們只檢驗了大約2%的進口蝦，還有許多研究表明這些蝦子可能來自更多不同的地方，而不是包裝上所寫的那樣。有大量經過轉運的蝦隻都含有藥物或非法化學物質。」克倫伯格顯然已經看了太多相關資訊，以至於不願意再冒著被欺騙的風險。

根據美國食藥監管局統計，國內共有四十一種不同甲殼類動物，包含養殖和野生的，來自世界各地，牠們都能被簡稱為「蝦」。有一些更具體的名稱，像是「白濱對蝦」（white shrimp），就僅能用來稱呼某一種特定物種，白濱對蝦通常指出現在北美。假設標籤都是真實的，那麼從消費者的角度來看，這些特定品種就會是最可靠的「真蝦」，但我們距離這一點還有很長遠的路要走。在真蝦之中，最珍貴的就是「皇家紅蝦」（Royal Red shrimp），有時也會被標示為「紅蝦」，這兩個名字都是專指一種稀有且美味的品種，拉丁文學名為「Pleoticus robustus」。

皇家紅蝦可說是擁有神話般的地位，就連許多虔誠的美食家們都未曾親自品嚐過。牠是墨西哥灣沿岸地區美味的地方特產，從狹長的佛羅里達州一路延伸到阿拉巴馬州，那一帶有許多出色的在地餐館和市場專門供應這種蝦子。牠們幾乎只出現在佛羅里達州的彭薩科拉（Pensacola）和阿拉巴馬州的格爾夫海岸（Gulf Shores）兩地，此外，牠們還生長在寒冷的深水中，通常距離海岸一百英哩或者更遠，這也使得牠們成為一種昂貴的漁獲。康乃狄克州的斯托寧頓（Stonington）海岸附近的深水中也有發現皇家紅蝦，但奇怪的是，他們在商業上卻不怎麼重要。皇家紅蝦在科學研究上仍然相對少見，但牠們的美味絕對值回票價。與其他蝦種相比，牠們的肉質更絲滑、層次更豐富，有著明顯近似龍蝦的品質，蝦肉既多又嫩。我在密西西比州的格爾夫波特吃過一次，吃完後，發現自己迫不及待地還想再吃一次。這種蝦子體型大而肥，滋味美妙，從海裡撈出來時，身體呈現不尋常的粉紅色或紅色，看起來幾乎像是已經煮熟了，也因此得到「紅蝦」之名。牠們是軟殼蝦，不太適合遠行，也因此很少被運送到外地去，而且至今在世界其他地方都還沒有見過牠們的蹤影，所以牠們一直是炙手可熱的當地美食之一。如果你來這一帶，一定要嚐一嚐，但如果你在其他地方的菜單上看到牠們，那麼可就要警覺了。

很少有人能親嚐皇家紅蝦，畢竟只種蝦只能在特定地點吃到，但是我們還是可以嚐嚐墨西哥灣的其他野生蝦，這些蝦「一直是世界上最昂貴的食用蝦，是四星級和五星級餐館的選擇。」邁克・摩爾船長說。他是密西西比州比洛西克的一名捕蝦漁民，擁有自己的漁船，還將這艘船取名為「旗魚」。我和他一起出海去捕蝦，希望能瞭解更多關於這個行業的知識。「蝦子生活在淤泥和略暖的水中，所以墨西哥灣沿岸的密西西比灣是最理想的棲息地。密西西比河挾帶著營養豐富的土壤，不斷為海灣注入泥漿，平均水溫為攝氏二十九度，蝦子在攝氏二十二度以上的水溫中最適合生長。因此這裡的蝦子更大、更肥，肉質更鮮甜，也更容易剝殼。這個地區一直是美國的首要漁場，全國75%的野生蝦獲都來自墨西哥灣沿岸，而我們的野生蝦獲在國際上也一直獲得最高的價格。」

這些健康的甲殼類動物被大量出口，美國國內市場卻絕大部分都是以販售養殖蝦為主，而且通常品質還非常可疑的，另一部分則是進口，並且經常被貼上不實的標籤。二〇〇七年，美國食藥監管局禁止進口包括蝦在內的五種中國養殖海產，因為在此前的許多檢測中，海產中通常含有大量未經批准的藥物，而這也就是史蒂芬・克倫伯格和馬克・斯多克博士所指出的問題。由於遭到禁止，中國養蝦業者竟開始將印尼當作中轉站，非法轉運他們的蝦隻，並用「產自印尼」的標籤養殖蝦運送到美國。這種手法能讓他們將價值六百萬美元的蝦運往海外，直到美國發現來自印尼的廉價蝦隻數量激增，並開始徵收反傾銷關稅。沒想到，這些被禁的中國蝦隨後又被轉運到馬來西亞，並貼上了「產自馬來西亞」的標籤，捲土重來繼續出售給美國消費者。美國海關再度發現這一系列非法轉運，並開始加強檢測「馬來西亞蝦」——但晚了一步，已有大量蝦隻在境內銷售並被購買——果不其然，他們發現了最初被禁止的藥物污染。

當時整起事件之所以會曝光，是因為美國政府問責署（GAO）展開對海鮮詐欺行為的審查，並發表一份對食藥監管局持高度批評立場的報告。這份報告的結論是，此類非法轉運且具潛在危險的蝦隻不僅逃避了關稅，還對「健康和食品安全產生影響。食藥監管局有責任確保食品的安全、健康、衛生，並要有正確的商品標籤……食藥監管局低估此類檢測的重要性，投入過少的資源。在食藥監管局所發佈的專案指南以及高級官員的指示中，均未見該單位將任何資源運用於打擊海鮮詐欺的相關工作。」最後一句的意思是「完全沒有」，一點也沒有。

在經典情景喜劇《歡樂酒店》（*Cheers*）中，主角之一諾姆非常喜歡一間名為「饑餓小牛」的廉價餐館，這家餐館時常供應「G排」之類的代用食品，諾姆說那是「饑餓小牛」的招牌餐點，是一種經過加工、合成的組合肉類，「只花四美金，你還想吃到多高級的食物？你有聽到我抱怨過他們的『籠』蝦嗎？」而現實生活似乎也經常模仿藝術創作中的情境，二〇〇五年，在魯比奧連鎖餐飲公司的聲請下，食藥監管局批准了「海螯龍蝦」（langostino lobster）這個商用名稱，但這種批准卻似乎是偷偷摸摸的，食藥監管局沒有將這個名稱加入美國官方的可販售海鮮名冊中。他們不顧波士頓龍蝦出口促進委員會的強烈書面反對，執意做出這些決定。波士頓龍蝦委員會抗議說，這項批准將會讓這些價格低廉的海產品得以利用美國龍蝦的聲譽與價格優勢。「海螯」在西班牙文中原是「大蝦」之意，是數種蝦和螃蟹的泛稱，根本不是一種「龍蝦」。但即便如此，魯比奧連鎖餐飲公司卻始終聲稱他們製作的是「龍蝦」墨西哥卷餅，而當加州法院對這間總部設立在聖地牙哥的公司提起命名不實的訴訟，卻依然敗訴了。

這起敗訴使得「紅龍蝦餐廳」（Red Lobster）和「海滋客」（Long John Silver's）等多間關注此案的連鎖餐廳，得以跳進來分食這塊假龍蝦市場大餅，並不遺餘力地使用「龍蝦」一詞來指稱那些根本不是龍蝦的食物。根據《內幕報導》（*Inside Edition*）在二〇一六年的一項調查，在美國最大的海鮮連鎖餐廳「紅龍蝦餐廳」的多家分店中，他們聲稱為「龍蝦」濃湯的料理 DNA 檢測結果均是「海螯」。《內幕報導》記者麗莎．格雷羅表示：「紅龍蝦餐廳告訴我們，他們的龍蝦濃湯裡可以有波士頓龍蝦或海螯蝦的肉，或者都有。」這其實一點也不令人意外，畢竟海螯的成本低廉許多。就像那些自稱松露油的產品成分表上經常可以看到「松露風味劑」一樣，你也會在菜單上看到龍蝦捲、龍蝦塔可或者龍蝦酥餅，但食材中卻完全沒有龍蝦。

《內幕報導》檢測了全國共二十八間餐館，從獨立餐館到最大的連鎖集團都有，檢測目標則是餐廳提供的各式各樣龍蝦料理。結果，超過三分之一的龍蝦料理中沒有龍蝦，經常是以其他更便宜的海鮮代替，尤其以沙鮻（whiting）最為常見。比如位於康尼島的奈森餐廳所提供的龍蝦沙拉三明治正是沙鮻做的，根本沒有龍蝦。而在紐約小義大利區的某間餐館裡，龍蝦義大利餃中甚至完全沒有包含任何海鮮，只有起司而已。

有些龍蝦騙術十分精湛，例如某些餐館會在店內展示活體美洲螯龍蝦（波士頓龍蝦），但餐盤裡提供的卻是別的東西。這種極具代表性的甲殼動物一眼就能被辨認出來，而其中最為搶眼的正是波士頓龍蝦，如果你點的是一份全蝦，或你親眼看著蝦子被從水裡撈起，並在你面前烹調，那麼通常就沒有任何被欺騙的風險。不過，在凱爾賽．提默曼（Kelsey Timmerman）所撰寫的《我在哪裡吃飯？》（*Where Am I Eating?*）一書中，作者追溯了許多流行美食的地理起源，過程中，他發現貨真價實的食物實在非常罕見。「紅龍蝦餐廳外頭總是大排長龍，等待的客人們也因而有時間好好欣賞店內冒著泡泡的魚缸，裡頭活生生的龍蝦也會與他們大眼瞪小眼。這些在魚缸裡悠游的正是美洲螯龍蝦，主要生長於美國東岸。然而，客人們在紅龍蝦餐廳裡吃到的龍蝦，卻不是魚缸裡的這些龍蝦，而是來自遙遠異地的物種，名叫『岩龍蝦』（rock lobster），牠們長年被從南方溫暖運送到客人們的盤子裡，或許店內的大魚缸正是為了瞞天過海，讓客人完全不知道他們的盤中之物源自何處，最終又是如何送達他們面前的。」

提默曼指出，有90％產自尼加拉瓜的龍蝦都被送到美國，其中最大的兩個買家分別是紅龍蝦餐廳的總公司和食品批發巨頭西斯科公司（Sysco）。人們也經常會在超市購買到這些產自尼加拉瓜的龍蝦，通常是以帶殼的蝦尾形式出售（腳已經被去除）。這些龍蝦尾或暖水龍蝦嚐起來並沒有什麼異狀，除了它們通常是冷凍的，而且味道不太好。然而就像亞洲鯰魚、油魚和海螯一樣，大量的尼加拉瓜龍蝦抵達美國海岸，被廣泛銷售食用，消費者卻渾然不知。全球有許多餐館都自豪地宣稱提供「波士頓龍蝦」，而大概除了尼加拉瓜本地以外，從來沒有人大張旗鼓地宣揚自己使用的是尼加拉瓜龍蝦。

波士頓龍蝦相關產業團體估計，海螯每年造成龍蝦漁民高達四千四百萬美元的損失。緬因州參議員奧林皮雅．史諾擔任參議院漁業小組委員會的主席，她強烈反對食藥監管局針對「海螯」一詞的核可，她表示，「使用此一名詞將會誤導消費者，使海螯被誤認為真正的龍蝦，對於龍蝦產業極為不公。海螯不等於龍蝦，更不該作為龍蝦銷售。若食藥監管局允許餐館或其他實體店面延續這一騙局，將令波士頓龍蝦及美國的海鮮消費者付出慘痛代價，實為失職之舉。」順道一提，「美國海鮮消費者」指的正是我們。儘管如此，史諾參議員至今仍未成功扭轉食藥監管局的決策。監管局這一項令人髮指的決定，也證實了以「龍蝦」之名來販售龍蝦堡和其他速食產品實在「太划算」，即便這些食物不含任何龍蝦，它們依然合法。

更糟的是，就連「海螯」後來也不是「海螯」了。由於產自中國的淡水龍蝦數量過多，加上被徵收了高達百分之兩百二十三的反傾銷稅，刺激了中國的出口商將這些甲殼動物重新貼上了「龍蝦」的標籤來出口。食藥監管局官員拿到一份進口「海螯」樣本，並證實那其實是淡水龍蝦之後，他們旋即展開初步調查，並發現市面上早已經流通著至少二十三種冒牌的海螯。由於美國消費者很少會刻意購買海螯，故而可以大膽猜測，假的海螯正準備加入真的海螯，一起在速食店扮演「龍蝦」的角色，製造出一種「二度假冒」的假食物。

如果說蝦子和龍蝦經常遭到冒充，那麼與之價格及地位均不相上下的貝類呢？一直以來都有傳言說，餐廳會使用餅乾切割刀來將鰩魚或鯊魚肉切成干貝的形狀，但專家認為這只是個都市傳說而已。然而，貝類市場也有自己獨門的詐欺方式。餐廳菜單總是喜歡在昂貴的主菜中使用「潛水手摘干貝」這樣的名詞，表示這些干貝都是潛水夫們手工新鮮採集到品質最優良、體積最大的干貝。但緬因海灣研究中心（GMRI）所發表的消費者手冊卻指出：「無論實際產地或捕撈方式，經銷商經常將U10級大干貝或特大干貝一律標註為『潛水手摘』。」蝦和扇貝類是根據每磅所含的數量來編號，因此「U10」指的是干貝的體積及重量較大，每磅僅有十個或更少的數量。當每個干貝的重量超過一點五盎司[7]時，零售商或餐廳就會將其美化為「潛水手摘」，而又因為緬因州以干貝聞名，這些干貝又會被再更進一步修飾為「潛水新鮮現摘」或簡稱「緬因新鮮干貝」，尤其是在夏季，也就是海鮮的旺季之時。然而干貝的生長時間其實是從十二月持續到三月，也就是說，一年之中的大部分時間其實是沒有新鮮緬因干貝的。

想從消費者口袋裡榨取更多鈔票，還有更陰險的方法，那就是在干貝（還有蝦類）中摻偽。透過添加水和磷酸鹽這種無機化學物質來增加干貝的重量，畢竟海鮮通常是按照磅數出售的。消

7 註：1盎司約為31克。

費者除了被收取了每磅十五或十八美元的「水費」，添加這兩種物質也會大大降低干貝的品質。磷酸鹽會使貝類吸收更多的水分，可佔干貝總重量的25%，意即你所付價格的四分之一都只是生水而已，但你卻不會在食品標籤上看到磷酸鹽、水或者任何其他成分。

美國國內出售的大多數干貝都是這種作法，並且因為這種作法極度普遍，許多商店會用更高的價格來出售乾燥的干貝，也就是「正常」的干貝。這些昂貴的乾貨之所以如此「特別」，僅僅是因為它們沒有被添加過其他成分，除非連這點也是個謊言——事實上，根據GRMI的報告，以更高價格出售的乾燥干貝確實也可能是曾經浸泡過磷酸鹽的濕干貝。只要濕度低於82%，就可以被合法貼上「乾燥」的標籤。GRMI的一位發言人告訴我，一些供應商還是會在乾燥干貝中加水，直到濕度快要達到82%為止，然後以高價出售這些還是含有近五分之一水量的乾燥干貝。

我找到一家更高級也更有良心的小超市，那裡的海鮮區非常好，幾乎總是能買到很棒的乾燥干貝。我一將這些干貝下鍋，立刻就能分辨出它們與摻偽干貝的不同。在煎鍋裡，這些干貝會慢慢變成褐色，形狀和大小也始終保持不變，起鍋後，它們如此鮮甜可口，有新鮮的干貝的紋理，內裡則呈現乳白色。相較之下，當你烹煮濕干貝——也就是坊間大多數的干貝時，業者額外添加的水分就會在烹飪過程中滲出，使干貝無法完全煮至褐色，接著剩下的水分被煮乾時，干貝會變小、變乾枯，甚至變得無味，你會在烹煮過程中看到白色的液體流出，讓你的鍋子裡像是裝了一灘脫脂牛奶，而整個干貝都是白色的。

美國還有各式各樣偽造的高價值海鮮持續在市場上流通著。舉另一個例子，像是費盡心思走私進口的俄羅斯白鱘魚子醬，就連走私販們都不知道自己進口的東西其實是贗品，那些魚子醬根本不是來自俄羅斯，而是中國貨，將高品質的白鱘卵和價值較低的魚卵混合在一起。另外，馬里蘭州以乞沙比克灣（Chesapeake Bay）美味的藍蟹聞名，還有當地充滿代表性的蟹肉餅。但這些美食的源頭卻大有問題，即便是在藍蟹的產地範圍內，當地餐館因經濟考量而傾向以進口蟹或不同種類的螃蟹來替代，因為若使用真正的馬里蘭藍蟹作為主菜食材，要價可能超過三十美元。二〇一五年的一項研究表明，在馬里蘭州的安那波利斯（Annapolis）、華盛頓和乞沙比克灣一帶，十間餐廳中就有四間以其他低價的螃蟹來代替當地的藍蟹。馬里蘭州自然資源部於二〇一二年展開了一項名為True Blue的計畫，專門認證提供真材實料的餐廳。為了獲得認證，當地餐館也同意讓政府審核他們採買螃蟹的發票。一位參與審核的餐廳老闆對《首府新聞報》（*Capital Gazette*）表示：「明明已經身在馬里蘭州，大多數的餐廳卻都沒有供應真正的馬里蘭藍蟹，客人們對此都感到很驚訝。大家都有權知道自己吃的究竟是什麼東西。」

許多消費者的困惑正是由食藥監管局的海鮮名冊所引起的。名冊中包含超過一千種可食用的海產銷售名稱，而前面討論到的「海螯」也就是被以「龍蝦」之名加入其中。這份名冊內有海產被用來銷售的「市場名稱」，也備註了某些特定海產的「俗稱」。例如，所謂的「鰈魚」其實是二十幾種不同魚類的通稱，其中有幾種是真正的鰈魚，但也有許多毫不相干的品種，像是 魚（brill）或者一些不同種類的大比目魚，這些都能合法被稱為「鰈魚」。在這一千多個名稱中，只有八個名字受到禁止冒名的特殊保護，甚至其中還有三個是罐裝食品。至於最值得一提的就是鯰魚了，它成為了專有名詞，用以保護美國境內的鯰魚生產商。就法律而言，只有美國當地生產的鯰魚才可以被稱為鯰魚。而以理論上來說，當業者想要以任何名字出售任何一種海產，這個名字都必須包含在這份海產名冊中，消費者可以在網路上找到完整名冊。然而實際上，根據美國政府問責署的報告，在過去十六年間，食藥監管局一共在名冊中增加了大約四百個海產名稱，部分是真實的，部分則是行銷手法編造出來的名稱，甚至這些行銷名稱通常是因應大企業要求而加入，並且這四百多個名稱從未正式對大眾更新過。

海產業務大多是由食藥監管局來監督，而美國農業部（USDA）則負責制定肉類和農產品的「有機」標準。正如我們在接下來的章節中即將討論的豬肉、牛肉和雞肉，美國農業部最新的有機認證其實為消費者提供了一些長期所需的信心。偏偏，只有海產並非如此。商店和餐館裡的海鮮經常都被貼上「有機」的標籤，但在美國農業部制定出國家規範之前，海鮮的有機標準其實是根據當年美國舊西部法規制定出來的「肉類」標準來判定的。也就是說，海鮮根本沒有一套合法的有機標準，也沒有任何法律可以制裁海產業對於「有機」一詞的濫用。某些海產公司聲稱他們遵循第三方的「有機」規範，也有一些聲稱他們是根據歐洲的標準來判定的。但這些都不重要，因為他們其實根本沒有任何標準可循，可以隨意在任何海產貼上「有機」標籤，就連那些摻有藥物的泰國養殖蝦也可以。美國農業部目前正在考慮發表水產養殖的有機規範，海產圈養也會被包含在規範之中，但由於農業部制定任何重要規範往往都需要很多年的時間，這漫漫黑夜似乎還要許久才能見到曙光。

更令人嘆息的是，消費者購買海鮮時感到不知所措，因為他們不知道這些海鮮實際上來自哪裡、是養殖或捕撈，又是如何被養殖及捕撈的，還有，它們是否含有潛在的危險化學物質或毒素，更不知道眼前的究竟是哪個品種。甚至，隨著海鮮品質被吹捧得越高，情況也變得越來越糟糕。正如我們從其他真正的食材產業中所得知的那樣，這些問題在餐廳中更為嚴重。餐廳不受大多數規則約束，更擁有另一項額外的優勢，那就是他們能以加工的方式來進一步掩蓋食物的真相。

沃那博士在大洋組織最近的一項海洋專案是要針對「全球的研究進行研究」。她和同事將對各國不同機構曾經進行的假魚研究來作全面分析，其中包含了六十七項同行的評議報告、七份各國政府報告和二十三篇新聞文章。他們的研究結果，就是得出一頁又一頁更多、更令人不安的詐欺資訊。她用兩句話為我作出結論：「所有調查海產品詐欺的研究都發現了這一點。用一句話來總結就是，只要有人有心在市場上找出冒名頂替和掛羊頭賣狗肉的產品，無論他們何時去找，無論他們去哪裡找，一定都會找到。」在一個接著一個的案例中，要是他們從餐廳老闆、廚師、零售商和經銷商那裡找到假產品時，這些人幾乎都會本能地將責任歸咎於更上游的供應商，說那些人失誤、貼上假標籤或者訂單出了錯。海產業錯綜複雜的本質使得冒名頂替變得很容易——平均每條進口魚要經過五千四百七十五英哩的路程才會到送進餐廳裡，而且很難去究責。然而，這些假海產實際上從來都不是一個「失誤」，在我找到的每一項研究和案例中，都有大量的證據顯示，他們最終的目的都是要用一種更便宜的海鮮來取代另一種更昂貴的產品，從來沒都不是個「意外」而已。

目前，這些令人不安的研究似乎讓政府開始針對海鮮採取一些行動，在此之前，政府始終不願意對許多其他假食物作出任何動作。二〇一三年三月，就在拜登副總統發表演講，並宣佈歐巴馬政府決定開始打擊海產詐欺的一年多之前，參議員艾德・馬基（Ed Markey）就重新引入《海鮮安全法案》（SAFE Seafood Act）並獲得兩黨支持，用以替代之前的《海鮮安全與詐欺法案》（Safety and Fraud Enforcement for Seafood Act），並打擊一系列海產詐欺。這些詐欺「欺騙漁民與消費者，同時對孕婦和人民造成健康風險」，他補充道，「海產詐欺是全國的問題，需要國家解決方案。」這條法案最終讓海鮮與魚類詐欺犯明白，美國政府將保護從麻省到阿拉斯加的美國漁民和消費者。但兩年之後，這條法案甚至還沒有進入國會審查流程。在當局採取行動之前，海鮮仍然是最容易讓人混淆的食物。也許政府永遠不會對此採取行動，因此，我在這裡提供一些關於海鮮的建議。

第三方認證

對於消費者來說，若想輕鬆購買到真正的海鮮，找到第三方（通常是非營利組織）的認證標章是簡單的方式。製造商和商業團體經常會自行創造出一些自吹自擂的標章來讓他們的產品看起來更好。在第三方認證之中，其中兩個最具口碑的認證分別是自海洋管理委員會（Marine Stewardship Council, MSC），標誌是一條形狀看起來像打勾的藍色小魚，專門認證野生捕撈的海產，以及全球水產養殖聯盟的最佳水產養殖規範。蒙特雷灣水族館就是根據這兩項認證來編纂他們的《海鮮指南》，另外再加上水產養殖管理委員會（Aquaculture Stewardship Council）的認證。還有一些比較不常見的認證，像是紐約石溪的薩菲娜中心（Safina Center）的藍海研究中心（Blue Ocean Institute）評鑑，以及墨西哥灣野生協會的標章，能確保墨西哥灣野生海產的真實性，尤其是野生蝦。緬因海灣研究中心「海產責任認證」（Gulf of Maine Responsibly Harvested）也非常傑出，所有印上其認證標章的產品都有受到第三方廠商的監管，證明這些產品確實來自緬因灣，此外，它們的加工還必須在緬因當地進行。大多數的美國海鮮其實都在海外加工，然後再進口到國內。

購買阿拉斯加海產

也許所有海鮮標章中，最可靠的就是「阿拉斯加海產：野生、天然、永續」了。一九一五年，「永續」就被寫入阿拉斯加的州法律之中，其中一項規範範圍便包括了當地豐富的海產，而這也使得阿拉斯加海產在美國如此獨一無二。阿拉斯加州也完全禁止養殖水產，意即，世界上不存在任何「阿拉斯加人工養殖海鮮」。所有的水產都是野生的，該州的漁業也普遍被認為是經過優良管理的，可以防止過度捕撈、污染和環境破壞。阿拉斯加擁有地球上最大的野生鮭魚貨源，但其中沒有一條是被過度捕撈上岸的。野生阿拉斯加鮭魚——也就是真正的阿拉斯加鮭魚，幾乎沒有污染物的痕跡，重金屬和有機氯的含量一直很低，比世界上大多數地方的魚都要純淨。「阿拉斯加海產」標章由寰宇認證機構（Global Trust Certification）監督，而這個機構則獲得國際標準組織（International Organization for Standarding）的 ISO 65 認證，從捕獲到零售的整條生產鏈都會受到控管。「阿拉斯加海產」認證的範圍有阿拉斯加鱈魚、帝王蟹、雪蟹、銀鱈、太平洋比目魚，還有五種阿拉斯加鮭魚：帝王鮭（又名大鱗鮭魚）、紅鮭、銀鮭、鉤吻鮭（又名白鮭）和粉紅鮭。我如果要買鮭魚，一定會找有阿拉斯加標章的魚。

購買本土海產

基於健康、環境和真實性的考量，你最好購買本土海產。在許多其他假食物的案例中，我們經常不得不求助於其他國家，尤其是加拿大和歐盟國家，有時甚至遠至烏拉圭或日本，以獲得真實、安全、美味、優質和消費者保護方面的靈感和建議。但海鮮卻絕非如此。美國在本土漁業的管理、安全、永續發展和責任方面都遙遙領先，從美國本土的野生海洋捕撈到本土貝類養殖場，再到本土養蝦場（很少見），都可說是全球典範。「美國的漁業管理是全世界最好的。」邁克．貝爾說。他在大自然保護協會（Nature Conservancy）負責加州沿岸及海洋計劃（California Coastal and Marine Program）。美國國內對海產環境監管有方，產品供應鏈也不會太過複雜。像是阿拉斯加的螃蟹和鮭魚、密西西比州灣岸的野生蝦、緬因州的龍蝦、干貝和魚類，以及美國養殖的鯰魚都是不錯的選擇——如果它們都有被貼上真實標籤的話。

購買野生捕撈海產

這項建議只有少數例外，除了國內養殖的鯰魚和全球養殖的淡菜、牡蠣和蛤蜊之外，其他海鮮最好盡量購買野生捕撈的貨源。另外也有一些專門販售高級海鮮的精品級手工養殖品牌可以購買，例如智利的維拉索（Verlasso）和溫哥華的斯庫納灣（Skuna Bay），前者是唯一一個獲得《海鮮指南》認可的鮭魚養殖場，後者則獲得了全球水產養殖聯盟（Global Aquaculture Alliance）的「最佳水產養殖規範」認證（Best Aquaculture Practices, BAP）。但這些都是少數例外，平時要特別注意避免外國的養殖蝦。

干貝

可以購買乾燥干貝，但也要注意，並非所有干貝都是真正乾燥的。因此要避免冷凍、色澤渾濁、白色的或半透明的干貝。真正的干貝有著奶油或鞣革般的顏色，而經過加工處理的干貝則往往是亮白色的。

在外用餐時

美國的海鮮有70％都是在餐廳裡售出的，但餐廳的海鮮品質始終比零售商店還要差，尤其是壽司。除非你在全美國最好（也最貴）的壽司店用餐，否則請你要假設自己正面臨到最糟糕的情況，而且你的假設肯定是正確的。用餐時，務必要避開那些最常被冒名頂替的海鮮，除此之外你沒什麼可做了，千萬不要去點長鰭鮪魚或紅鯛，你最後吃下去的一定是假的。至於鮭魚和蝦類可能是養殖海產，而螃蟹通常也是替代品。在海鮮餐館用餐，最好非常明確地詢問盤中的食物來自哪裡，要警惕石斑魚，並且永遠不要吃紅鯛。最好點一整條魚，則可以讓你親眼看到自己正在吃些什麼。

保持警覺

要特別注意「新鮮」、「天然」或「有機」這些沒有法律意義的商品標籤。還有像是壽司和生魚片的「等級」也要特別小心，業者經常使用這些詞彙來暗示自己的產品具有更高的品質，但其實這些「等級」並不存在。

去「全食超市」消費

如果要為假海鮮的問題找到一個最簡單的解套方式，我會說，請去「全食超市」（Whole Foods）購買海產。這家連鎖超市雖然並不完美有待改進，也當然有其賺取利潤的方式，但這家業者確實用更高的標準來進貨更好的海鮮，當然賣給消費者的費用也會更高。如果真海鮮對你而言實在太貴，那麼就少吃點吧。我自己就是這麼做的。

並非全食超市出售的所有東西都是我會購買，像是進口的養殖魚就不會出現在我的採買清單中，但至少，你可以確定它是進口和養殖的，因為這間連鎖超市的標籤、資訊透明、資訊落實的方式都十分得當。所有海鮮的標籤都會表明這些產品是否為冷凍或者是否曾添加人工染色劑，所有的冷凍蝦也都會清楚標示出產地，以及牠們是養殖或野生捕撈。全食超市十分仰賴第三方的認證和審核。蒙特雷灣水族館的肯恩．彼得森就說：「全食超市公司已經對海鮮產品做出了一個永續發展的承諾。」對於野生捕撈的海鮮，這間超市使用的是「黃金標準」，也就是海洋管理委員會的野生捕撈認證。在阿拉斯加野生鮭魚的季節中，全食超市還會在當地雇用負責採買的員工，並在船上為新鮮現撈的鮭魚一一貼上條碼。此外，他們也仰賴蒙特雷灣水族館的《海鮮指南》和藍海研究中心的資訊來採購東岸的水產。全食超市公司更有自己的養殖水產認證標章，名為「責任養殖標章」（Responsibly Farmed Seal），並在網頁上公佈了非常詳細的認證標準，其中的幾項最重要的準則包括「不含人工色素、抗生素、生長激素、亞硫酸鹽及磷酸鹽等防腐劑，以及飼料中不可含有動物副產品」。

在大型超商購物時

雖然我們經常批評沃爾瑪、好市多和BJ等零售商，但這些追求數量的連鎖大賣場卻對製造商和供應商有著巨大的影響力，甚至，他們會迫使生產商和供應商提供更高標準的商品。在我為這本書進行研究時，我驚訝地發現，從蔬菜到海鮮，無數的產業專家士都大力讚揚這些大賣場業者。在《波士頓環球報》的海產調查中，雖然有大約一半的零售海鮮商店和餐館都魚目混珠，但這些大賣場巨頭卻做得非常好，有時甚至是非常完美的：「大賣場裡的冷凍海鮮很少會被誤認，包含沃爾瑪、喬氏超市（Trader Joe's）和BJ批發俱樂部（BJ's Wholesale Club）等大賣場業者幾乎全數合格。」二〇一五年，美國食藥監管局准許將基因改造鮭魚在美國銷售（並且不必特別註明），好市多、全食超市、喬氏超市和其他幾家大賣場立即宣佈他們不會出售這種產品。我在離我家最近的BJ批發俱樂部購物時，我發現他們販售的許多海鮮現在都有第三方認證標章，並且通常是由永續水展同盟（Sustainable Fishery Partnership）及全球水產養殖聯盟分別來認證野生捕撈和養殖的海產。這也使得真食物變得更加經濟實惠。

布里妮．福洛是全球最大零售商沃爾瑪公司的永發展部門總監，而沃爾瑪在全球二十八個市場中擁有二億四千五百萬名顧客。「當顧客走進商店時，」她在蒙特雷灣水族館的研討會上告訴聽眾，「他們不希望為安全的食品支付額外的費用，『安全』不該是一個罕見的價值。我們在食品領域看到最大的趨勢是，消費者越來越想弄清楚他們的食物究竟來自哪裡。食物的產地之中包含太多人為因素，使我們的消費者對此毫無頭緒。但現在，資訊透明度也有上升的趨勢，我們的海鮮採購流程是我們從一開始就致力改善的項目之一，我們要求供應商都要擁有認證，或者要去積極爭取認證。我們也制定出他們執行標準的時程，至今，我們有90%以上海產供應商都已經拿到認證，或者有參與漁業改善計畫。」

4 敗壞的油：橄欖油與「松露油」

所有人都認為這叫做「特級初榨橄欖油」！然而這東西卻正在扼殺真正的橄欖油，還令誠實的橄欖油製造商破產……特級初榨？這種劣等油怎能和初榨扯上邊？簡直亂來。

——湯姆．穆勒引述法拉維歐．佐拉梅拉，《特級初榨》（*Extra Virginity*）

「你現在聞到的，是果實中散發出來的太陽味。」美國廚藝學院的主廚兼老教授——比爾．布里瓦。（美國廚藝學院被認為是「烹飪界的哈佛」，是全美國最重要的專業廚藝學校。）

我面前放著三個杯子，裝有世界上最古老、最重要的食物之一，足以讓任何一個美食家著迷。杯中之物正是橄欖油，是地中海盆地的命脈，也是哲學家和統治者視為珍寶之物。這種「魔法之水」是地中海飲食者長壽和健康的秘訣，也是一種畫龍點睛的利器，使得托斯卡尼地區那邪惡的美食「佛羅倫斯牛排」（bistecca alla fiorentina）得以超越地球上其他任何牛排。此外，它也是各種海鮮、蔬菜和乳酪的靈魂伴侶，組合出天堂般的滋味。它更是最高級的食譜成分，是無與倫比的調味聖品，並且對希臘人來說，它還是一種飲料。

我面前的三份樣品都是最新鮮也最高品質的，分別代表了加州、西班牙和托斯卡尼最亮眼的特色。其中，托斯卡尼不像其他歐洲地區喜愛單一品種的橄欖油，他們擅長將各種橄欖油加以混和，創造出獨特的風味。托斯卡尼的油明顯質地較為輕盈，顏色較金，也較為透亮，顏色十分接近帶有濃郁橡木味的加州夏多內（chardonnay）白酒。而加州的橄欖油顏色較深、較綠，但也十分透亮。至於西班牙的版本，與其它兩者相較則宛如一窪沼澤，顏色極深，宛如苔癬般的綠色，完全不透明，帶有神祕感，是成熟的顏色。

三杯橄欖油在我眼前一字排開，像是一場品酒會，不過世上沒有任何一種葡萄酒擁有如此濃烈的氣味，當布里瓦主廚將杯子放在我面前一分鐘之後，一股無法忽視的成熟果香便已從玻璃杯中升起，直至完全將我包圍。我很快地就徹底融入了油香之中，只不過一開始的感覺正好相反，彷彿這些杯子正卯足全力要將我拽入它們的氣味之中——想來這其實是個不錯的溺斃方式。我迫不及待地想嚐嚐這些橄欖油。

布里瓦主廚在美國廚藝學院納帕郡校區的灰石學院負責新的橄欖油教學計畫。由於人們想探索更健康的飲食，也對美食更感興，橄欖油的銷量在過去幾年間迅速增長，但這種古老且近乎神秘的液體在美國卻普遍遭到誤解。包括布里瓦主廚在內的許多專家們都認為，大多數美國人可能從未真正品嚐過高品質的橄欖油，一次也沒有，就連那些充滿熱誠的美食家和經常外出用餐的饕客也一樣。這次品嚐過後的幾個月，我開始會經常注意「高級餐廳」裡供應的油，又看見特色超市的貨架上各種各樣其實早已過期的橄欖油，每瓶價格卻高達三十至四十美元，我開始有些理解布里瓦主廚和其他專家的觀點。

這樣的「無知」可說是無處不在，甚至是頂級餐廳的廚師也不例外，比起橄欖油，他們通常更理解不同種類的鹽巴。由於美國廚藝學院的任務是培養未來最傑出的專業廚師，他們最近在課程中加入了橄欖油。甚至，他們還翻修了本就令人印象深刻的附設商店，在販售烹飪設備與烹飪書籍的店內挪出一個區域，模仿葡萄酒吧的形式打造出一間「橄欖油吧」。這是一個溫暖而迷人的空間，有舒適的沙發和椅子，遊客可以在此放鬆，點一杯特級初榨橄欖油（通常被簡稱為「EVOO」），還能搭配熟食、起司、巧克力和一杯葡萄酒。

若你有機會造訪納帕郡，請務必利用這個機會來此一親芳澤，尤其這裡的橄欖油保存機制在美國可稱得上是空前絕後。為了拜會極具專業知識的布里瓦主廚，也因為灰石學院是世上少數擁有先進的「OliveToLive橄欖油保鮮系統」之處，我橫越整個美國來到此地，在布里瓦主廚的帶領下體驗了一次橄欖油品鑑。請回想一下酒吧是如何處理生啤酒的，將啤酒保存在具備溫控、密閉和加壓的機器中，好讓氧氣和輕盈的口感不致消失。接著，將機器裡的百威生啤酒想像成新鮮、充滿香氣的西班牙橄欖油，你就明白這個保鮮系統是怎麼運作的了。

每一個喜愛橄欖油、對橄欖油充滿濃烈熱誠的人，都曾經歷過「原來如此！」的時刻。當他們意識到，更高層次的烹飪能夠保留住真正好的東西時，便是他們恍然大悟之時。我的頓悟發生在十五年前，那時我前往義大利南部訪問聖多米尼克鄉村度假酒店，而這間酒店正好位在以橄欖油生產聞名的普利亞（Puglia）。普利亞的橄欖油產量遠遠高於義大利其他地區，當我開車前往酒店，沿路放眼望去盡是橄欖樹林。當地大約有六千萬棵橄欖樹，其中更不乏已有數世紀歷史的樹株，有一些甚至可以追溯到更古早之前。

T．J．羅賓森，人稱「橄欖油獵人」，是世界上最傑出的橄欖油倡導者之一，也是全球知名的品鑑專家和評審，並經營一間以郵購為主橄欖油的公司，名為「鮮榨橄欖油俱樂部」。出貨時，他還會附上一份品鑑筆記和橄欖油小報，內容一部分是對橄欖油愛好者的諄諄教誨，一部分則寫滿了對橄欖油的讚美歌頌。沒有人能像羅賓森這般捕捉到橄欖油的浪漫韻味，他的其中一份品鑑筆記上就寫道，「手工生產的橄欖油自羅馬帝國時代以來就是義大利文化的中心，橄欖樹可以存活數千年，遠至羅馬統治世界之時，或者當帝國遭到外來者洗劫之際，又或是在漫長的黑暗時代，然後是十字軍東征、文藝復興，直到現在。某株至今仍在開花結果的橄欖樹，可能曾為凱薩大帝的餐桌或某為神鬼戰士最後的一餐供應了橄欖油。」

開車穿過普利亞的路途中，很難忽視這片「橄欖之海」的迷人魅力，與比鄰的湛藍地中海相互輝映。我沒有經過太多偏僻的農村或農作區，但是我經過的每一戶家庭幾乎都種植著自己的橄欖樹，而且數量龐大。在普利亞，沒有橄欖大概就像在美國沒有網路一樣。聖多米尼克鄉村度假酒店就是用自己種植的橄欖樹製造自己的橄欖油，並供應給酒店內的所有餐廳。我第一次品嚐到他們的油是在露天泳池邊吃午餐的時候。這種「魔法之水」被慷慨地淋在烤章魚上，我至今仍然記得那一刻，就像昨天才剛發生一樣。液體一進入我的口中，我的整個世界彷彿瞬間變成了一片新鮮的綠色，充滿濃郁的香味。過了一會兒，這爆炸性的滋味退散了，剩下些微熱辣但美妙的口感。它迷人的醇厚質地與濃稠度充盈在我整個嘴裡，有著迷人的絲滑質感，一點也不油膩，彷彿在我的舌頭上塗了一層光滑的材質。那是一個令人愉快的時刻，接著便慢慢消失，一點也沒有肥肉殘留下來的那種油脂感。

橄欖畢竟是一種水果，在最好的情況下，橄欖油就是一種鮮榨的果汁，就像布里瓦主廚所說，杯裡盛裝的正是太陽的光亮與能量。來自加州的黛博拉．羅傑斯在全美最好的橄欖油製造商「麥克沃伊農場」工作，她將橄欖油的體驗描述得如此真實：「如果你能聞到並品嚐『綠色』的感覺，那就是真正的橄欖油了。」

打從那足以改變人生的頓悟時刻之後，我在義大利、西班牙、葡萄牙、智利、澳洲、南非和許多其他橄欖生產大國都分別待過一段時間，對橄欖油也有了更多的體驗，好壞皆有。在歐洲當然比在美國更容易買到優質橄欖油，尤其是餐廳裡更是如此，但仍不到唾手可得的地步。最頂級的橄欖油並不是用來當作沙拉淋醬或調味料的成分——美國人大多數人以為如此，而是它本身就是一種淋醬和調味料。其中一種經典的頂級橄欖油用法是用於新鮮的布拉塔起司上，將其中一個起司球被刺破，並淋上大量的橄欖油。也可以大量淋在章魚、蝦、生或熟的蔬菜上。事實上，幾乎沒有什麼的食物不能與真正的橄欖油的相互搭配，我甚至吃過橄欖油淋在霜淇淋上。

「橄欖油是最好的油脂，除了對健康有益之外，作為一種佐料，它還能讓其他食物嚐起來更加美味，」布里瓦主廚說，「我們會供應未經調味的甘藍菜絲，只需加一點鹽、檸檬和大量特級初榨橄欖油，味道就會非常棒，如此一來，你就能完全明白好油有多麼重要了。」這一點在托斯卡尼最著名的地方菜肴「佛羅倫斯牛排」中表現得最為明顯。沒有什麼比得上以木柴生火來燒烤厚厚的丁骨牛排，烤至肉排表面變得酥脆，而內裡仍保持在兩分熟狀態，此時便起鍋切片，淋上大量橄欖油，簡單的肉、火和油，交融成不可思議的美味組合，而這完全取決於兩個因素：好牛排和好油。但在美國，我們更傾向把牛肉浸泡在番茄醬或牛排醬裡，從來不會用橄欖油來搭配。這種奇妙的組合對美國人來說幾乎是未知的。如果你能找到好油，就用你的下一塊牛排來試試看。

然而，「好油」其實也就是問題所在。

儘管美國是世界第三大特級初榨橄欖油市場，但相較於世界其他國家，我們卻還只算是新手。在希臘，平均每人每年消費二十三至二十四公升的橄欖油，也就是說每兩週就會購買一大瓶。而義大利和西班牙，橄欖油消費量則約為希臘的一半，大約十二至十四公升，等於每個月購買一瓶多一點。西班牙橄欖油生產商「迪里歐」（Deoleo）的北美執行長約翰．艾克森指出：「美國平均每人每年只消費了一公升多的橄欖油，這個市場仍大有可為。」迪里歐旗下在各國均擁有最暢銷的橄欖油品牌，包含在義大利的「卡拉佩里」（Carapelli）、西班牙的「康寶娜」（Carbonell）、美國和全世界的「貝爾托利」（Bertolli）。如同葡萄酒，橄欖油是由數百顆果實製成，因此各地區的成品也都會有所不同，有好壞年分之分，也有專門的雜誌、新聞報導和重要評鑑。

然而，研究一再表明，美國消費者對橄欖油的認識只侷限於「價格」和「義大利製造」而已，幾乎不瞭解任何橄欖油的品牌或品質。然而與此大相逕庭的是，癡迷於橄欖油的T．J．羅賓森能對橄欖油作出如此評價：「生薑、綠番茄、新鮮歐芹、嫩芝麻菜、青草、茴香球莖、野薄荷和少許鼠尾草的香氣充斥鼻腔，還有一抹淡綠色蔬菜的香甜，就像手撕的奶油萵苣……口感圓潤而甜美、明亮而清新。」

對於美食愛好者來說，很少有任何視覺畫面能像橄欖樹林這般引人入勝，它們的葉子如此顯目，在陽光下閃爍著耀眼的色彩。橄欖是人類最早種植的樹木之一，對氣候十分敏感，因此在宜人的地區往往能生長得更好，林木交織成一幅美妙的鄉村景致，就像托斯卡尼、普羅旺斯、西班牙的太陽海岸和藍白相間的希臘群島一樣迷人。橄欖果實和橄欖油在西方美食中都是不可或缺的要角。若你有在家中烹飪的習慣，櫥櫃裡多半會有一瓶橄欖油。然而，你的橄欖油很可能是贋品。

「只要嚐試過真正的特級初榨橄欖油，不分男女老少，任何有味蕾的人，就都永遠不會再購買贗品。因為那將會是你嚐過最獨特、最複雜也最新鮮的食材，使你對於劣質的贗品完全失去興趣，只要你吃過一次真正的橄欖油，就會如此。」格蕾絲·德卡洛說道，她在普利亞地區擁有一座四百多年歷史的家族手工橄欖油農場。

在我「第一次」品嚐到真正的橄欖油之後，我便從聖多米尼克鄉村度假酒店帶回了四大罐橄欖油，回去與我的朋友和家人分享。而即便大家都自認早已吃過許多「特級初榨橄欖油」，所有人都在此之後都經歷了如我一樣的「頓悟」時刻。一般超市品牌和普利亞當地購買的橄欖油之間，根本完全不能比較。

當我在普利亞初嚐他們的橄欖油時，它在我的喉嚨後部留下一股辛辣溫熱之感，後來我才知道這種感覺叫做「橄欖刺激」（olive sting）。這種刺激之感代表著橄欖油的新鮮度，一般在美國銷售的橄欖油基本上都沒有這麼新鮮。即便美國餐館經常供顏色呈金黃的橄欖油來當作麵包蘸醬，但那些油通常根本不是真正的特級初榨橄欖油，甚至可能也根本不是以壓榨的方式製成的。

大家普遍認為特級初榨橄欖油是最健康的油脂，但真正的特級初榨橄欖油其實十分少見。二〇〇四年，美國食藥監管局批准業者可以在特級初榨橄欖油標籤上註明其健康效果。就像認證新藥品一樣，這個過程十分艱難。真正的橄欖油對於極富美名的地中海美食來說是必備要角，它的飽和脂肪含量極低，omega3 脂肪酸則含量較高，可大為降低心臟病風險。與芥花油等其他植物油不同的是，橄欖油還有許多其他有益成分，包含了抗氧化劑，還有多酚，是一種抗發炎的化合物，能使心血管功能保持健康。全球還有無數針對橄欖油好處的研究，像是可以打擊某些特定癌症，包含了乳腺癌、結腸癌、卵巢癌和前列腺癌等等，也能幫助維生素吸收、促進消化，並降低膽固醇。橄欖油的油酸含量比任何植物油都還要高，尤其是在真正的特級初榨橄欖油中，油酸的含量更是最高，而這種單元不飽和酸有助於降低心血管疾病風險。特級初榨橄欖油還含有固醇和脂溶性的維他命A、D和E，對身體具有保護和抗氧化作用，可以預防動脈阻塞和癌症，並延緩衰老。而其中包括多酚在內的諸多抗氧化劑，也被認為具有對抗腫瘤效果。最近，科學家從橄欖油中分離出一種稱為「橄欖油刺激醛」（oleocanthal）的化合物，更證明可以減少類澱粉蛋白質衍生可溶性配體（amyloid-beta-derived diffusible ligands）所帶來的不良影響，這種配體可能會導致阿茲海默症。

「販賣劣質橄欖油不僅僅是一種詐欺，更是一種危害公眾健康的犯罪行為。」橄欖油組織「米蘭品油師協會」主席法拉維歐．佐拉梅拉如此說道。佐拉梅拉特地為了《特級初榨》一書作者湯姆．穆勒在義大利舉辦了一場橄欖油品鑑會，就像我在美國廚藝學院參加過的那場一樣。《特級初榨》一書內容豐富，但書中揭露的事實也十分令人不安，寫滿了橄欖油行業的種種詐欺行為。更糟糕的是，假橄欖油中幾乎沒有——甚至可能是完全沒有——真橄欖油的風味和對於健康的益處，並且美國市場中大多數橄欖油都是假的。

如同法國波爾多一級酒莊所產的葡萄酒，或美國農業部認證的特級牛肉一樣，「特級初榨橄欖油」被認為是目前市場上最頂級的橄欖油。就合法與否而言，「真正的」橄欖油，不過是指從高品質、新鮮的橄欖中榨取出來的果汁，未經加工，風味與健康益處完全保持原樣。至於「假的」橄欖油，則大致上分為三種。一種是用較便宜的油來稀釋，通常是經過加工的種子油，例如大豆油或葵花籽油。就好像毒販會將爽身粉等其他白色粉混和在海洛因或古柯鹼裡頭，這種稀釋法十分簡單（當然也非法），能將廉價原料變為昂貴產品，並且大為提高利潤。有時這些稀釋用油是安全的，也有時並非如此。然而近年來，這種稀釋問題已經不那麼常見，因為批發橄欖油的價格大幅下降，與稀釋過的價格相去不遠，更何況，只要經過氣相色譜法等現代化的檢測，這種非法摻偽的行為就很容易被發現。食藥監管局會定期進行產品供應鏈的分析，而大部分檢測則是由消費者團體或研究人員來進行。

第二種假橄欖油是現在比較常見的，業者會以等級較低的橄欖油來稀釋特級初榨橄欖油。這些低等級橄欖油通常會經過化學加工，破壞原有的風味與健康益處，且更難被發現。

上述兩種做法當然都是違法的。至於第三種特級初榨橄欖油造假，正是我在前面第二章中討論的「灰色地帶誤導」。試圖誤導消費者的廠商，會以合法範圍最邊緣的方式生產特級初榨橄欖油。他們經常使用上一季大量收成並製造的特級初榨橄欖油來加入新的橄欖油中，那些舊油往往早已經接近腐敗。然而從技術來說，這些混合油在上一季裝瓶與貼上標籤之時的確是通過了「特級初榨」的標準，但由於摻入劣質油會導致整瓶油加速變質，等到送達消費者手中時，通常早就已經失去特級初榨橄欖油的特質。這種做法沒有違反任何法律，但任何有行業經驗的生產商都知道這種混和會使橄欖油快速變質。

橄欖油詐欺的歷史悠久，根據《食品科學雜誌》發表的一項綜合調查結果，從一九八〇年至二〇一〇年間，學術文章中最常提及的摻偽食品正是「橄欖油」。在加州大學戴維斯分校的「橄欖中心」和美國貿易組織「北美橄欖油協會」的消費者研究中，我們可以清楚發現，美國消費者購買橄欖油最大宗的兩個原因是「有益健康」和「美好的風味」，然而這些假橄欖油完全沒有這兩種特質。

自二十一世紀初以來，美國的橄欖油消費量增長了50％以上，以美元來計算的話，它可說是迄今為止最有價值的油。美國橄欖油的消費量幾乎比一般植物油高出三倍，橄欖油的市場價值可說是奇高無比。與其他廣泛使用的食用油相比，橄欖油的成本較高，然而也正如我們反覆看到的那樣，昂貴的產品更有可能遭到假冒，尤其是當人們無法輕易用肉眼分辨這些產品的品質時更是如此。這個幾乎不受監管的市場吸引了無數黑心的經銷商。

假的特級初榨橄欖油不僅缺乏真橄欖油廣受好評的健康益處，甚至還在全球造成了數百人死亡。其中，最著名的事件是一九八一年發生在西班牙的「毒油症候群」，造成兩萬多人中毒，約八百人死亡，並導致許多人遭到永久性的神經損傷和免疫系統損傷。當時那些有問題的「橄欖油」實際上是以苯胺化學變性的油麻菜籽油，苯胺是一種用於製造塑膠的化學物質。這當然是一個比較極端的案例，但正如湯姆．穆勒告訴我的，像花生油和大豆油這兩種較受歡迎的摻偽物質也可能引起人們嚴重的過敏反應。沒有人想要過敏，更不希望購買到的產品實際有包含兩種物質，成分表上卻沒有列出。

美國國內大多數橄欖油都來自義大利，不過當地的研究人員卻在橄欖油中查出各種氣味難聞的物質，包含碳氫化合物的殘留物質、農藥和最常見的摻偽用果渣油，有時還有礦物油以及多環芳香烴，這些都是已證實的致癌物，也會破壞DNA和免疫系統。諷刺的是，這些油之所以大受歡迎是因為它的抗癌特性，但人們實際上吃下肚的東西卻可能會致癌。不過從比較好的方面來看，你平常會購買到的更有可能只是腐敗、變質、非法加工或所謂的劣質橄欖油，而不是真的有毒的橄欖油。

坦白說，有些人認為這些擔憂沒必要。美國食藥監管局承認橄欖油的摻偽現象可追溯到七十年前，而且幾乎每一次檢測都會發現摻偽，但相較於沙門菌和大腸桿菌等更常見的食物中毒，橄欖油摻偽尚未被認為是高度優先的公共衛生問題。正如某偽食藥監管局專家（他要求匿名）告訴我的：「大多數情況下，從事經濟摻偽的詐騙販因為不想被抓，所以也不會做些太蠢的事情來讓自己成名，他們多半不會放一些太過有害的物質。但是，我們也不能總是指望他們一直都這麼好心。」他最後如此強調。

事實上，橄欖油詐欺事件層出不窮：無論是由學術單位、新聞媒體、法律機構或者政府機關進行的調查，幾乎每一次調查中都會發現贗品在市場中氾濫成災。而眼下最主要的問題是，究竟有多少特級初榨橄欖油是假的呢？身為消費者，我們又能做些什麼？第一個問題的答案是：很多都是假的，大約有三分之二左右的假橄欖油，這還只是保守估計而已。也就是說，美國市場中只有三分之一橄欖油名副其實，有些專家認為消費者在美國能買到真品的機率大約是十分之一，而這還是比較樂觀的情況，一項由德國主導的調查顯示，購買到真品的機率其實只有三十分之一。更糟糕的是，這項德國研究中，絕大多數的樣本不僅根本不是特級初榨，還不適合食用。還記得布里瓦主廚之前說過的嗎？許多美國人此生從未嚐過真正的初榨橄欖油，一次也沒有。

所以，身為消費者的你能做些什麼呢？首先你需要先瞭解一些知識，包括橄欖油的製造方法、橄欖油的優劣如何判定，以及橄欖油的品質是如何受到監管的。決定橄欖基本品質的三大因素是分別是：橄欖本身——橄欖有數百個品種、採穫時的成熟度、摘採與壓榨相隔的時間。如同釀酒葡萄，橄欖品種其實是十分主觀的喜好問題。如果你喜歡卡本內蘇維翁（Cabernet Sauvignon），那麼你可能就不會喜歡由黑皮諾葡萄製成的勃根第。不過，橄欖油對於消費者來說比較沒有那麼複雜，因為只要區分品種的標籤沒有那麼多，你就也沒有那麼多選擇。

因此，橄欖的成熟度成為人們選擇橄欖油最重要的考量因素。除了風味之外，橄欖油的多酚不但對健康有益，也會延長橄欖油的保存期限，兩者在橄欖生長的過程中，都很快就會達到最高峰。一顆橄欖的風味和多酚達到最佳品質時，通常是果實還沒完全成熟之際，摘採難度較高，榨出的油量也更少，而這表示，相同數量的半熟橄欖比全熟橄欖所能榨出的油更少，因此成本更為昂貴。「當成熟橄欖的顏色變深、能榨出的油更多，風味卻隨之減弱了，這就是生產者很難在成本與品質之間獲得完美平衡的原因，」美國廚藝學院的布里瓦主廚說道。以低成本獲得高產量的最簡單方式就是，等到果實自行從樹上掉下來，將它們撿起來拿來榨油，即便此時果實早已經腐爛，但有些生產者就是會這樣做。

橄欖在摘採的那一刻就開始變質，因此從摘採到壓榨之間的時間是關鍵。「甚至只要經過二十四個小時，這種果實就完全壞掉了，」義大利食品專家比爾．馬薩諾在義大利貿易委員會的研討會上如此說道，他也是一位曾榮獲「詹姆斯比爾德獎」的記者。最好的橄欖油應在十二小時內被壓榨出來，一些橄欖油狂熱分子甚至堅稱只能在一到四小時之內進行壓榨工作。澳洲目前已經成為最佳優質的橄欖油生產國之一，因為他們的許多農場都會在最短的時間內壓榨出橄欖油，此外，澳洲也擁有世界上最嚴格的橄欖油品質法。

麥克．布萊德利是維羅妮卡食品公司（Veronica Foods）的創辦人，這家公司是美國最大的特級初榨橄欖油進口商之一，在全國擁有五百多家專賣店。他拜訪了智利、阿根廷、歐洲、北非、南非和澳洲的手工橄欖油製造商，並向他們進口橄欖油到美國銷售。我到達他位於加州的辦公室時，他正好飛往國外採購。他撥空對我解釋說，這些手工製造商因為擁有自己的加工廠，能縮短果實的運輸時間，因此他們從摘下果實到加工之間的時間能縮短到四至十二小時。然而，身為「橄欖油先鋒」的澳洲農夫們甚至又再更超越群雄了：「他們有一種名為『巨人』的機器，能在十五秒內摘完一整棵樹上的橄欖，還可以在摘完一排果樹後自動轉彎，將這些果實直接送到加工廠裡。我們從澳洲進口的橄欖油都在摘採後兩小時內就被壓榨出果汁的。」

接著，布萊德利又向我介紹了一種更為「浪漫」的製造方式，西班牙最著名的手工製作商「皇嘉橄欖油」（Oro Bailen）使用的是這種方式。摘採工人們會端著桶子排成一排，桶子裝滿之後就往後傳，並在一小時內將果實碾碎。他們還會在季節之初就開始摘採，那時候的橄欖是最好的。「皇嘉會在十月下旬就進行摘採工作，而他們的鄰居甚至到了耶誕節前，都還沒走出門去看看自己的水果呢。他們在最好的時機就將橄欖採下，不可能製作出劣質的橄欖油。他們在國際市場上也極具競爭力，即便價格比其他橄欖油高出三倍，但物超所值，親嚐便知。」可惜的是，在這個充斥廉價油而非優質油的產業中，皇嘉只能說是個少見的「例外」，而不是一種常態。

由於製作時間緊湊，橄欖不能出口到國外製造，會被出口的通常已經是橄欖油成品。手工製造商大多會用瓶子來盛裝，但大多數則是桶裝送上卡車或油輪中運到義大利。這個國家有著全球最大的橄欖油配裝工廠，來自突尼西亞、摩洛哥、西班牙、敘利亞、土耳其和希臘等地的油都匯聚在此。這些產地的油其實本不該會有什麼本質上的問題，但參與這個不透明產業鏈的每一個種植農場、壓榨工廠、托運公司和任何經手的公司，都可能帶入晚採收的低品質橄欖、腐敗的果實、摻偽或添加人工油。再加上許多黑心經銷商和中盤商的作假手段，情況就更加惡劣了。已經有無數的例子證明，遭污染、摻假的和非法加工的橄欖油被偷偷送往全球最大裝瓶公司的手中，最後出現在市場上。

就算即將被裝瓶的橄欖油曾經品質優良，但因為經過不斷中轉，等到裝瓶之際，許多油早已經腐敗，這是一種鮮為人知但廣泛存在的產業現象。在豐收的年分中，當農場產出的橄欖多於銷售量時，他們會將橄欖保存起來並混入次年的產品中。穆勒和布萊德利都告訴過我，歐盟的某些橄欖油在瓶裝之前早已經保存了多年，而且許多超市的「特級初榨橄欖油」都是新舊橄欖油的混合物，幾乎所有主要的混和過程都發生在義大利。研究也清楚顯示，除了價格以外，大多數美國消費者選擇瓶裝橄欖油的主要原因正是因為它是「來自義大利」，無論這些橄欖實際上產自何處，又在哪裡製成。

義大利的橄欖油產業一直被積極推廣，並且擁有神話般的光環，他們也確實生產了一些全球最好的橄欖油。然而，許多最糟糕的橄欖油也一樣產自義大利，包含一些未通過美國例行檢測的超市品牌，以及過去十年間遭到美國食藥監管局扣押的摻偽橄欖油（只是冰山一角而已）。義大利本身並不是世界上最大的橄欖油生產國，西班牙才是，他們的產量只能勉強滿足自己國內需求而已。義大利在橄欖油產業中真正的角色，其實是世界上最大的進口國和出口國，他們會從地中海和非洲各地購買大量的橄欖油，將其裝瓶並貼上「義大利裝瓶」的貼紙，甚至還會貼上「義大利產品」這種充滿誤導性的標籤。

「世界上最大的三個品牌，分別是可口可樂、美國運通和『義大利製造』。」義大利橄欖油協會聯盟（UNAPROL）首席發言人蜜雪兒·邦加羅在義大利貿易委員會的研討會上如此說道。義大利橄欖油協會聯盟是真正使用義大利橄欖來製造橄欖油的一群人，就像我在普利亞和美國廚藝學院品嚐過的那種油。隨著品質下降進而使形象受到影響，義大利橄欖油一定會逐漸在市場中失利，對此，義大利橄欖油協會聯盟決定推出了自己的認證流程，讓貼有「百分百義大利品質」標籤的特級初榨橄欖油品質遠遠高於歐盟或美國。這是一件好事，但這種產品卻十分罕見。湯姆·穆勒也認為：「就是因為『義大利製造』在全世界太受歡迎，這個標籤因此成為了食品詐欺業者的目標。他們每年出售假冒或摻偽的義大利仿製食品，估計可賺進六百億歐元。」其中也包括了假冒的帕馬森起司和帕馬火腿。光是在義大利，假冒的橄欖油就使正規製造商每年損失超過十五億美元。人稱「神鬼會計」的傳奇黑幫會計師邁爾·蘭斯基（Meyer Lansky）是美國歷史上最成功的犯罪集團領導者之一，他與合夥人查理·「幸運」·盧西安諾（Charles "Lucky" Luciano）共同打造了一個橫跨全世界的賭博犯罪帝國，自認足以匹敵義大利黑手黨，還說：「我們比美國鋼鐵公司更龐大。」如果穆勒的推測是正確的，那麼「偽義大利製造」就是假食物產業中的蘭斯基帝國，並且產值早已經超越可口可樂、迪士尼或高盛集團。

二〇一〇年，加州大學戴維斯分校的橄欖中心對超市樣品進行了檢測，得出的結論是，標有「特級初榨」的橄欖油中，超過三分之二的進口橄欖油（約為69%）和10%的加州橄欖油都是假的。「這些不合格的樣品具有腐臭和黴味等劣質氣味。化學檢測表明，這些樣品並不符合特級初榨標準，有因高溫、光照和擺放過久而造成氧化，或以便宜的人為加工橄欖油摻偽，也有用腐敗和過熟的橄欖製成的劣質油，還有加工缺陷和儲存方式不佳所導致的不良品質等等」。但我們可吃得津津有味。

隨後，橄欖中心對食品服務業使用的橄欖油進行測試，並且也得到了類似的結果，甚至還發現，餐廳中使用的「特級初榨」橄欖油中，過半數被非法摻入了人為加工油，多半是便宜的低等級油品，透過溶劑來提取，以高溫除臭並加以漂白。我們大概不必再去想自己在外用餐時是否會吃到假橄欖油了，因為八九不離十，我們吃到的都會是假的。

接下來在二〇一一年，他們又針對超市進行了一項後續測試，為了提高結果真實性，他們也增加了檢測的樣本數，結果發現，美國五個最暢銷的進口「特級初榨」橄欖油品牌全部未達到基本法律標準，測試通過率只有27%。幾乎每間超市都可以找到這些未通過測試的產品，並且每個品牌的通過率只落在6%到44%之間。其中，寇拉維塔（Colavita）的通過是率最高的，接近50%，而龐貝安（Pompeian）的通過率則最低，幾乎從未達標。這項研究運用了一種最新的高科技測試方法，可以更精準檢測出摻偽，一共做了兩種測試，結果有一半以上的樣本兩項都沒有通過，或只通過了一項。

二〇一五年十一月，義大利杜林（Turin）地區的警方也展開了一項調查，檢查包含貝爾托利和卡拉佩里在內七個主要製造商是否有將劣質油貼上「百分百特級初榨」標籤，結果這七大製造商居然全部不符合歐盟標籤規定。同一年，義大利農業部的稽查人員沒收了價值一千萬歐元的假油。接著在二〇一六年，普利亞（Apulia）、卡拉布里亞（Calabria）和翁布里亞（Umbria）三個地區也分別採取行動，一共查獲了超過兩千噸的假義大利特級初榨橄欖油。四年前，《消費者報告》曾進行過一項研究，運用「化學分析」和「感官測試」這兩種特級初榨橄欖油的合法分類方式，他們也得出了差不多的數據，其中有61%的產品都不合格。「根據定義，特級初榨橄欖油應該是無瑕的，但是我們的專家品嚐的二十三種產品中，只有前九種沒有瑕疵。超過一半的專家都在樣本中嚐到發酵或腐敗的味道，甚至有其中兩個專家還嚐到了……就姑且說那是『穀倉』的味道吧。」西班牙安達盧西亞地區的相關部門進行的一項調查也發現，他們檢測的五十個品牌中，有一半不該被貼上特級初榨的標籤。

美國國內銷售的橄欖油中，只有極少部分是真正的特級初榨，而這就引出了一個問題：究竟什麼才是「真正的」特級初榨橄欖油？橄欖油業主要的管理機構是位於西班牙馬德里的國際橄欖油委員會（International Olive Council, IOC），會員包括大多數主要橄欖油生產國，產量占全球90%～95%。美國並不算是委員會中的生產大國，因為幾乎所有的美國市場中的橄欖油產品都來自加州，以及快速崛起的澳洲、南非和智利。國際橄欖油委員會於一九五九年由聯合國成立，制定了受全球廣泛應用的橄欖油分級規範。

在美國，農業部允許業者自行選擇是否要標記橄欖油等級，因此製造商也不必使用「特級初榨」或「初榨」等標籤，但如果選擇貼上標籤，就必須遵循農業部的規則，也就是要遵循國際橄欖油委員會的規範。因此，歐洲和世界其他地區（澳洲除外）的標準其實也是美國的標準。也有批評者認為這些標準太低，劣質橄欖油都可以評定為特級初榨，但大多數橄欖油都還是沒有資格被評定為特級初榨。

根據規定，所有「初榨」橄欖油只能以碾碎或去籽等物理加工方式來萃取，不能使用化學加工或加熱。在國際橄欖油委員會及美國農業部的標準中，初榨橄欖油分為三個等級：特級初榨橄欖油、初榨橄欖油和最低等級的「燈油」（lampante），燈油在更進一步精製之前，並不適合拿來食用。因此，理論上來說，你可以購買前兩種初榨橄欖油，也就是初榨橄欖油和特級初榨橄欖油。初榨的製作方法與特級初榨完全相同，只是沒有通過特級初榨的測試。你可以把特級初榨油想成是A級，初榨油則是B級，至於燈油就是F級了。在歐洲，初榨橄欖油仍然算是常見，就是一些常用於烹飪中的低價、低品質的橄欖油，但在美國，市場上幾乎已經找不到初榨油，並不是因為製造商不再生產這種油，而是因為這些業者商常常非法將初榨油貼上「特級初榨」的標籤來販售。這是赤裸裸的詐欺，但由於美國長期以來很少真的去應用橄欖油法規，使這類詐欺一直存在著。產業中多數人都知道這種詐欺根本不會被抓。

依據國際橄欖油委員會的規則，若產品想要被標籤為特級初榨，這些橄欖油必須通過兩個系列的測試，也就是前面所提及的實驗室化學測試和人工感官測試。實驗室測試會分析各種成分的客觀化學標準，其中最重要的是游離脂肪酸水平（要等於或小於0.8%）和過氧化物數值（數值或酸敗度每公斤不可超過二十毫當量），還要進行紫外線測試，橄欖油必須存放在穩定的溫度範圍內，以免受熱損壞。加州則制定了自己的標準，設定了更嚴格的游離脂肪酸水平（0.6%），但就如同美國農業部的規定一樣，這些嚴格的標準並沒有被廣泛執行。

至於感官測試，它是使橄欖油如此珍貴的原因。橄欖油的法律定義中必須包含主觀味覺測試，這在食品之中極為少見（除了橄欖油之外，還有帕馬火腿，以及帕馬地方乾酪）。法規規定，橄欖油應具有「味覺可檢測到的橄欖果味」，並有一共十六種帶有缺陷氣味是被禁止的，包括酸敗、發霉、腐爛、酒或醋的味道，還有髒汙味，以及其他類似的味道。理論上來說，缺乏果味或帶有十六種缺陷氣味都是違規的，只要違反其中的任何一項，就不能當作「特級初榨橄欖油」來出售。但實繼上，正如大量研究所顯示，感官測試只有在需要時才會偶爾進行，銷售、行銷和標籤時，這些產品缺陷常常是被隱藏的。

這些看似苛刻的規定其實反映的是特級初榨等級的卓越與優異的特質。我在西班牙參加的一次橄欖油品鑑會上，講師告訴我：「我們在西班牙生產的橄欖油中，只有8%，甚至10%是特級初榨橄欖油。」穆勒在書中提到的一位歐洲專家則估計，全世界的橄欖油中，只有2%是頂級橄欖油，8%是優質橄欖油，剩下的90%都很普通。然而，除了少數被標籤為令人困惑的「清淡橄欖油」（light olive oil）之外，美國市面上每瓶橄欖油都貼著「特級初榨」的標籤。即使你很想購買較低等級的橄欖油，你也買不到。當然你並不想。

與市面上其他食用油不同的是，橄欖油並不像葵花籽油、大豆油和芥花油那樣是從種子中提取的。提取種子油通常要使用諸如己烷等工業用溶劑，油脂提取出來後，再將溶劑去除。因此，種子油必須在精煉廠中進行加工，然後進行高溫脫溶、中和、除臭、漂白和脫膠，同時去除任何異味。特級初榨橄欖油不需要經過這些程序，因為它完全是由新鮮果實壓榨出來的。

那麼，那些被認為「更進一步精製之前，並不適合拿來食用」的低等級橄欖燈油會被用來做些什麼呢？這種被義大利食品專家比爾．馬薩諾稱之為「殘留在壓榨器底部的垃圾」的橄欖果渣、果皮、籽和果肉怎麼辦？按照美國國際貿易委員員（U.S. International Trade Commission）的報告，它們會像種子油一樣被處理和重新精製：「橄欖果渣油和橄欖燈油都是低等級油品，可加以精煉，利用熱能及化學物質來中和酸度並去除異味，同時進行除臭和脫色，製造為無色無味的食用油。裝瓶公司則會進而將這種精製油與初榨油相混合，製成被稱為『橄欖油』的產品來銷售。這種類型的橄欖油產品通常只含有3%～12%的初榨橄欖油。」

身為一位一般消費者，當你想要購買特級初榨橄欖油、初榨橄欖油，卻買到混裝其他油品的橄欖油時，不要感到太自責。但是，務必要警惕所有與食物相關的精美誇飾文字，好讓自己購買到安全的產品。由於很多產品都非法標記為「特級初榨橄欖油」，你可能永遠不會看到只寫著「橄欖油」的標籤。但是，如果你看到「橄欖油」，請記住紐約自然美食學院（Natural Gourmet Institute for Health and Culinary Arts）老師席琳．比奇曼告訴我的這句話：「如果標籤上只寫著『橄欖油』或『純橄欖油』，我不建議你買來食用，拿來給門鏈上油就好。」

比爾．馬薩諾簡潔地描述了這種「橄欖油」的製作過程：「製造這種油會用到化學藥品，溶解三到四次，然後再使用更多化學藥物來去除最初的化學藥物。」巧的是，我遇到馬薩諾時，他正好是義大利貿易委員會贊助的「尋找假貨」專案小組成員，他和小組專家們一起指導我們對四種橄欖油進行了盲測，其中有三種是真正的特級初榨橄欖油，一種是贗品。儘管許多贗品都有明顯的腐爛水果味，但如果不帶有這種味道，就有點難以分辨了。

當然，你永遠不會在超市貨架上看到「加工橄欖油」這種東西。因為這些加工油其中一些混入了特級初榨橄欖油的瓶子中，另一些則混入了「清淡橄欖油」或「純橄欖油」的瓶子裡。所謂的「清淡橄欖油」是另一個明目張膽的行銷騙局，研究指出，絕大多數的消費者——大約有84%——錯誤地認為，「清淡橄欖油」含有較少的熱量，並且只是品質、營養和風味較差一些。在業界，這種油被稱為「清淡口味」橄欖油。

另外，就像在法律上同樣沒有意義的「天然」一樣，「純」是假商標的最愛，業者常常利用一些具有正面意義但不受限制的術語來促進購買。加州大學戴維斯分校的一項消費者認知調查就發現，大多數美國人對橄欖油等級的認識有嚴重錯誤，幾乎一半的人認為「純」指的是最高品質的橄欖油，事實上它根本是最低的等級，也並非初榨。澳洲在二〇一一年頒佈的了一道最棒的消費者保護法規，禁止業者使用例如「優質」、「超級」、「清淡」或「純」等誤導性標籤術語，使他們成為第一個這麼做的國家，並大為提高了產品描述的真實性。

美國農業部制定了橄欖油標籤規則，而食藥監管局則負責管理標籤的真實性。但七十多年以來，食藥監管局發現假貨和摻偽橄欖油實在太過氾濫，竟然直接放棄對此進行監管，以削減管理成本。

一位要求匿名的食藥監管局官員表示，當局非常看重預算支出，就算想做一些事情來改善情況也什麼都做不了，而這一切都要歸咎於當局「鬼打牆」般的邏輯，那就是：「食藥監管局若想在橄欖油等級的監管上有所作為，就必須去參考一些定義，好證實某些產品不合規定。偏偏當局沒有這些的定義，沒有特級初榨、初榨、果渣等定義，也就無法要求業者說這些就是規矩。而也因為當局沒有任何參考標準，便也沒有遵循這些等級規範。」懂了吧？由於美國農業部的標準是採用自願原則，因此不算在內，而且食藥監管局還拒絕提出橄欖油的正式定義，讓大家束手無策。

食藥監管局對整個橄欖油產業只有一條規則：如果混合了其他油種，就必須在標籤上註明。他們每隔幾年就會針對食物供應鏈進行一次摻偽檢查。

「我見過標有『美國農業部有機』、『特級初榨』和『義大利製造』的橄欖油，但它們實際上卻是有色有味的大豆油，」穆勒告訴我，「如果沒人去檢查，你可以在標籤寫上任何內容。」猜猜看？還真的沒人在檢查。這些問題非常普遍，以至於當有參議員提議要將新的消費者保護法規加入最新《農業法案》中，最終卻在國會遭到否決時，加州共和黨代表、本身也是一位農夫的道格·拉馬爾法氣得大罵，進口橄欖油的標籤應該要寫上「特級腐臭」而不是「特級初榨」，他說：「這才更接近真相！」

那麼更仔細的執法究竟會不會對美國消費者有益呢？加拿大的經驗證明，的確會。加拿大食品檢驗局在二〇〇六年制定了一項計畫，會定期分析產品樣本來檢查摻偽情況，並確保橄欖油達到初榨和特級初榨橄欖油標準，這讓不合格的樣本比例在短短三年內急劇下降，從47%降至11%。

如果你知道市面上的很多橄欖油都是假的，那麼你很容易就會放棄尋找並拒絕購買「特級初榨橄欖油」了。但是，如果你真的熱愛美食，那麼，只要一小口真食物就會讓你從此不願放棄，因為真正特級初榨橄欖油的風味是如此令人難忘。我在布里瓦主廚的帶領下，在美國廚藝學院的

「橄欖油吧」品嚐了三種油，都是真正的初榨橄欖油。它們的濃稠度、色澤和味道差異十分明顯，但它們——全都非常美味——和普通超市的「特級初榨」之間的差異更加鮮明。如同所有專家的認知，我也非常確定，吃到真食物的時候，你馬上就會知道那是真的，然後，你也能分辨假食物了。布里瓦主廚給我的起司、熟食和麵包都塗上了橄欖油，而且就像葡萄酒一樣，橄欖油也能直接引用，滋味同樣美妙。

布里瓦主廚在成為美國廚藝學院的老師之前，也是這裡的學生，但在他一九八〇年畢業之前，美國對橄欖油看法和現在有些許不同。「我非常清楚地記得，當時的義大利料理的老師要我們多加注意，因為當年美國沒有人喜歡橄欖油。他還告訴我們，這油很貴，所以我們應該用其他油品來進行混合，好節省成本。他們會在爐子上方的置物架放三加侖的橄欖油，但那些油整天都受高溫加熱，結果當然是壞掉了。那就是我們當年對橄欖油的認知。之後的三十年，人們對橄欖油有了更多的關注，但仍然存在很多誤解。不幸的是，現在有太多摻偽和錯誤標籤。這也是我們教育任務的一部分，橄欖油之所以如此容易摻偽，唯一的原因就是人們沒有獲得相關知識。」

幸好，世界上還有許多真正的特級初榨橄欖油，而且也有許多人致力使它們更加優質。布里瓦主廚不僅是一位癡迷於橄欖油的廚師、美食愛好者和知名烹飪老師，還會自己手工製作橄欖油。「當我決定親自動手製作的時候，我才真正實現了轉變。這種轉變花了我十年的時間，而現在對我來說，相較於奶油，我更喜歡在麵包上淋上橄欖油，我今天早上才剛吃過。」現在，我的大部分橄欖油都是向T・J・羅賓森的鮮榨橄欖油俱樂部郵購的，每次開瓶，我的廚房便會瀰漫著鮮榨橄欖的氣味，從瓶中一湧而出，彷彿衝破了種種阻礙，將我直接帶往義大利、西班牙或智利。只要學習了本章結尾的知識和購物技巧，你也能享受真正的特級初榨橄欖油，身心和味蕾都將因此獲得滿足。

雖然橄欖油市場的形勢如此嚴峻，但它甚至並不是長期欺騙美國消費者最糟糕的「美食」油。這種諷刺的「榮譽」要歸功於所謂的「松露油」，它正迅速而悄悄地影響著我們的烹飪習慣，更被列入鄰近小酒館和高級餐廳的菜單上，尤其會被加在十分過時「松露薯條」中。松露油幾乎全是假的，但它的市場如此之大，使它能在競爭激烈的假食物產業中也能脫穎而出。它甚至根本不能稱之為「偽造品」，因為根本沒有真正的松露油，它們通常是化學製造的油，而不是某種真貨的仿造品。

如同龍蝦或魚子醬，松露是最奢侈的食品之一，也是高成本和高品質的代名詞。但是，餐館自稱所提供的產品和你實際吃到卻兩種截然不同的東西。辨識真假的線索常常是價格，但並非總是如此。從成本來說，酒吧不太可能將松露爆米花拿來當作零食販售——如果真的有含松露的話。當然，松露爆米花都不含松露。不過，昂貴的價格也並非就是真食物的保障，那只是業者賺得更多罷了。我們當然不能直接一竿子打翻一艘船，說市面上任何含有松露油的食品都不含松露，但現實幾乎就是如此。不同於餐飲業者經常搞不清楚特級初榨橄欖油的真實性，大多數餐廳廚師其實都心知肚明他們所賣的東西並不是阿爾巴（Alba）當地由豬隻採收的白松露，而是實驗室裡製造出來的廉價化學混合物。儘管消費者不瞭解松露油的真相，但餐飲業其實眾所周知。

二〇〇七年，創立米其林二星級寇依餐館的舊金山灣區名廚師兼烹飪書作者丹尼爾．派特森，在他擁有大量讀者的《紐約時報》專欄中，寫了一篇名為「一杯松露與連篇鬼話」的文章，公開了關於松露油的真相。他指出：「在全美各地，無論餐館規模，菜單上的『松露』料理，越來越多是添加了松露油。但這些菜單沒有寫明的是，與真正的松露不同，松露油的香氣並非天然，大多數商用松露油都是將橄欖油與二甲硫基甲烷等一種或多種化學製造的的物質混合而成。這種物質的單一風味也改變了人們對松露味道的認知。」至於其中的那種橄欖油，則是只能用來為門鏈上油的橄欖燈油。

他承認，自己其實刻意對松露油如此猖狂的原因視而不見，他諷刺地寫道：「我想我應該要去思考，如果能以每盎司一美元的價格，購買到每盎司六十美元或更貴的食材，那為何不？」最後，他也在文章中提出了一個可能在十年後仍然得不到解答的問題：「有些廚師，他們明明不會去用香草醛來代替香草莢，甚至還會特地去採購昂貴且有機新鮮的蔬菜和精製飼養的肉類來烹調，但究竟為什麼他們還是會選擇使用這種化學松露？」

不過，也並不是所有廚師都喜歡這種嚐起來像松露的化學混合物。榮獲米其林之星及諸多榮譽的名廚尚喬治．馮格里奇頓就曾對《華爾街日報》表示：「最過譽的食材就是松露油。那種東西跟汽油沒兩樣，我從不在我的餐廳使用它。」另一位同樣全球知名的主廚高登．拉姆齊，擁有世界排名第二多的米其林之星總數，他也在烹飪節目《地獄廚神》（*MasterChef*）第二季的某一集中針對松露油發表了憤慨的言詞。與他共同擔任節目評審的是餐飲大亨喬・巴斯提許，他名下的餐廳遍及紐約、拉斯維加斯、洛杉磯和海外各地。當一名參賽者在某一道菜中添加松露油時，拉姆齊便批評說這種液體是「廚師們認為最噁心也最可笑的成分之一，我簡直不敢相信你剛剛把它倒進去了，你這動作就是一把火燒了自己的勝出資格。」巴斯提許也附和說，使用這種油就表示「你根本不知道自己在做什麼……你知不知道這東西是某種化學香料製造廠做出來的東西？裡面根本沒有任何白松露成分。一般來說，如果你走進某間餐廳，在菜單上看到『白松露油』，那就代表你應該馬上走人。」如果菜單上有「黑松露油」或者「松露油」，也要馬上離開。

詹姆斯・肯吉・洛佩茲奧爾特是美食評論網站「嚴肅的美食家」（Serious Eats）的總監，也是《食物實驗室》專欄作者，榮獲詹姆斯比爾德獎提名，他曾寫道：「不知何種原因，松露油在九〇年代成為了最受廚師歡迎甚至是廚師們最理想的配料。問題是，松露油根本不是由松露製成的。使用松露油就像用雞肉湯塊來做湯一樣，甚至比這還要更糟糕，至少湯塊是真正的雞肉做的。」他也提到，波士頓名廚肯・奧林格擁有「克利奧」及「多羅」兩間知名餐館，而他唯一禁止在廚房中使用的材料就是松露油，因為這種東西嚐起來有一股人工合成的味道。最後，他以「嚴肅的美食家」創辦人艾德・萊文曾經寫過的一句話作結：「松露油與真松露完全無法相比，就如同偷聞髒內衣與真槍實彈的性愛，這兩者也相去甚遠。」

廚藝學院的布里瓦主廚則說得更為直接：「沒有什麼比松露油更加『不天然』了，所有松露油都是人工的。很少有人真正品嚐過的松露，也因此很容易就被人工製造的贗品替代……如果你過度添加在料理中，你的食物嚐起來就會充滿化學味。」

就像許多假食物的問題一樣，松露油的亂象要歸因於標籤法規普遍無法落實。收費較昂貴的裝瓶公司喜歡使用那些消費者熟悉，但其實毫無意義的標籤：天然、純淨、百分百。我在搜尋網購資料的時候發現，網路商店「威廉斯所羅莫」（Williams-Sonoma）有販售一種來自義大利的「百分百有機白松露特級初榨橄欖油」，品牌名稱是「法西亞松露」。這「百分百」的定義就是大家各自說了算，甚至，就算產品名稱上有「白松露」三個字，成分表中卻完全沒有任何有機白松露，只含有「松露調味劑」。但根據美國食藥監管局的標籤法規，「調味劑」是指像「紐約風味」披薩這種歸類口味風格的名詞，指的是食材本身以外的其他東西。另一個市場上常見的品牌「羅蘭」，則宣稱他們的松露油中有「白松露香氣」，這又是另一個漏洞了，因這個名詞可以用來描述多種天然或合成的物質。

真正的松露油極其少見，部分原因是成本高昂，但最主要還是因為，許多專家認為真正的松露無法在油脂中留下香味。真松露油的成分本該只包含了兩種物質：特級初榨橄欖油和松露。你平常看見的松露油，僅僅只是低等級的橄欖油，添加了「天然松露調味劑」、「人工調味劑」和「松露香氣」，這些都是合成的添加劑。而所謂的「天然」松露調味劑，更不是指「真正的松露」，而是某種仿製松露味道的化合物。

幸好，要解決松露油真偽問題其實很簡單，那就是不要再食用任何松露油。松露油的最佳用途其實是將之當作一種「警告」，提醒你要避開任何供應它的餐館，而它也我在這本書中，唯一不想在浪費力氣去追本溯源的假食物。然而，真正的特級初榨橄欖油卻非常值得你不斷尋覓。以下是一些購買真實橄欖油的相關建議。

可靠的製造商

加州的麥克沃伊農場專門生產高品質的真特級初榨橄欖油，可以透過郵購，或在美食商店購買到。他們公司其中一名廣受好評的橄欖油製造者戴布拉．羅傑斯還另外推薦了澳洲品牌的「巨石莊」（Boulder Bend），在美國的品牌名稱叫「科布拉姆莊園」（Cobram Estate）。科布拉姆莊園是澳洲最受好評的橄欖油，在評鑑比賽中贏得了一百五十幾個獎牌。且他們的頂級橄欖油都是在摘採後四個小時之內就進行壓榨，在網路上也能購買得到。另外，西班牙的皇嘉橄欖油也備受讚譽。

零售商

麥克．布萊德利打造了一套全新而特殊的橄欖油銷售模式，他將手工製造的橄欖油存放在大型金屬容器中，並在容器上安裝水龍頭，顧客來店內採購時，可以取一個玻璃瓶，根據自己的需求來裝瓶——橄欖油最佳購買方式是少量購買。他的商店中提供多達四十種特級初榨橄欖油，每種產品也都有註明詳細資訊，包括製造商、產地、摘採日期、化學資料和橄欖品種。這種銷售模式現在已經遍及全美國多數一線與二線城市和旅遊城鎮，你一定能在走進商店的當下就立刻辨識出來。

另外，T．J．羅賓森的鮮榨橄欖油俱樂部甚至還會販售一些梵蒂岡御用的精緻小量的橄欖油。這間俱樂部每季會從全球各地採購三種濃度的橄欖油，包含淡、適中和濃，全都是最新鮮的，品質卓越，但價格昂貴。而位於密西根州安娜堡的知名郵購和實體美食零售商「辛格曼」（Zingerman's），也有販售許多上等的橄欖油，隨便挑選都能買到好貨，因為所有的油品都是他們會精心挑選採購的。至於法國的專業橄欖油零售商「橄欖有限公司」（Oliviers & Co.）也有提供郵購，還會在紐約、紐澤西和十八個國家和地區舉辦品油會。最後，湯姆．穆勒的網站 www.extravirginity.com 經常會更新他推薦的橄欖油購買資源，也十分可靠。

標籤：產地

味道是辨別橄欖油品質的最好方法，在購買前最好能嚐嚐看，不過目前只有少數零售商願意讓顧客品嚐。如果你光憑標籤「盲目地」購買橄欖油，那麼標籤上的資訊要越詳細越好，因為注重品質的製造商往往會願意註明更多的細節。與葡萄酒不同，橄欖油並不會越放越香醇，只會越來越酸敗。因此，查看摘採日期十分重要，雖然也只有少數瓶裝橄欖油上會註明這一點，摘採日期最好不要超過一年，至於「最佳賞味期」或「裝瓶日期」則都可以忽略。「特級初榨」標籤不能保證瓶中之物就一定是特級初榨，但是，如果連這種標籤都沒有，那更加不會是特級初榨。永遠不要購買標有初榨、純淨、清淡、極淡、橄欖油風味、地中海風味或只寫上「橄欖油」的商品。很少有標籤會寫明化學成分，但如果有寫，麥克．布萊德利建議大家購買游離脂肪酸值為0.3％或更低的橄欖油，而過氧化物數值最好是八，或者更低。歐洲的橄欖油，尤其義大利出口，都可能會標上「原產地名稱保護」（DOP）、「原產地名稱管制」（DOC）或相關的地理標誌（GIs），雖然這種辨別方法並不是萬無一失，但至少能讓你有更大機率購買到好的橄欖油，理論上來說，這些產品都是在指定的品質區域內種植橄欖，並在監督之下進行生產。

標籤：萃取方式

經常誤導消費者的標籤包含「初壓」、「冷壓」和「初次冷榨」等等，這些名詞都不具有實際的意義，因為現在大多數橄欖油根本不是真正手工壓榨的，而是使用機器來提取，兩種方法都是合法的。根據定義，「特級初榨」不能使用二次提取出來的原料來治做。穆勒告訴我，「初次冷榨」是他最喜衷研究的誤導詞彙，「這個術語由三個虛假的詞彙拼湊起來，和實際情況已經完全脫節，而且是毫無用處的典型行銷術語。」

標籤：認證單位

相較於國際橄欖委員會及美國農業部的規則，有一些第三方認證機構具有更高的標準和約束力。麥克沃伊農場的羅傑斯告訴我：「在加州，業者可以去申請新成立的加州橄欖油委員會（California Olive Oil Council, COOC）所頒布的認證。根據加州法律，他們的『特級初榨認證』表示已經通過實驗室化學測試和人工感官測試。」她口中的這個認證標籤上頭寫的正是「COOC特級初榨」。另外，特級初榨聯盟（Extra Virgin Alliance, EVA）也是一個優秀的全球認證組織，而義大利橄欖油協會聯盟則有「百分百義大利品質」的認證，這些都是極好的認證標章。反觀，我提到的每位專家都不太信任美國農業部自己的認證，他們會針對國內外生產的橄欖油進行「有機認證」。二〇一六年初，義大利橄欖油協會聯盟與義大利鑄幣局合作，推出了全新的反詐欺標章，專門貼在百分之百特級初榨瓶裝橄欖油上，就像葡萄酒上的標章一樣。標籤上還包含QR碼，可以查詢到橄欖油的經銷資訊。

產地

各地都有好與不好的製造商，產地國其實並不能保證產品品質。但是，如果你手上唯一的依據只有產品標籤，而標籤上又只有註明產地，別無其他資訊，那麼請選擇產地是智利或澳洲的橄欖油。這兩個地方很少會像歐洲那種樣用舊油混裝，澳洲的標準也最為嚴格，更是唯一會使用先進測試技術來檢驗摻偽的國家。美國國際貿易委員會的一份報告中，針對各國特級初榨橄欖油的平均品質進行全面考察，而澳洲和智利這兩個產地分數最高，美國自己則緊追在後。

季節性

歐洲的橄欖油是在秋末或初冬萃取，並且很少會在冬末之前就送達美國。年底最不適合購買北半球生產的橄欖油，因為根據時程計算，這些橄欖油多半已經接近腐敗。因此，要在春天和夏天購買歐洲產的橄欖油，而秋季和冬季則購買來自智利、澳洲和南非生產的油。越接近製造時間越好。

保存方式

許多消費者會在大賣場購買一大罐橄欖油，然後一直擺在家裡。但請記得，橄欖油其實極為容易腐敗，因為它其實是一種鮮榨的果汁，這是一件經常被遺忘的事實。「消費者和零售商都應該記得，這種商品是極易腐壞的，」美國廚藝學院的布里瓦主廚說道，「我看過有些高檔的美食商店會在櫥窗中陳列透明瓶裝的橄欖油，這犯了兩大錯誤：暴露在陽光和高溫下。」橄欖油不適合光照，更不適合高溫，最好要存放在陰涼避光之處。也因此，橄欖油包裝大多會用不透明的玻璃瓶，有些還會用鋁箔紙包起來，許多專業愛好者更喜歡罐裝，因為可以完全遮光。氧氣則是橄欖油第三大敵人，未開封的橄欖油可以存放較久，但一旦開封，甚至只打開瓶蓋一次，橄欖油就會開始快速變質。正因如此，橄欖油專賣店經常會販售小瓶裝的橄欖油，消費者購買時，分量最多也不要超過六週。如果要每多一些，最好買好幾個小罐，而不是買一大罐，橄欖油在未開封的情況下可以保存六至十二個月。麥克·布萊德利說：「我們家最多三週就會將開封的橄欖油扔掉——但實際上不到三週就已經全部吃完了。」

佛羅倫斯牛排

這是一道經典托斯卡尼料理，更是橄欖油最著名的運用方式之一，用來當作主菜中最主要的成分。雖然佛羅倫斯人認為這道料理一定要使用當地契安尼娜牛肉（Chianina），但任何好牛肉都可以用來搭配優質的橄欖油。本食譜為二到四人份。

1份優質（依美國農業部標準至少為「Prime等級」）的紅屋牛排或丁骨牛排，約二至三磅，切為2英吋厚／粗海鹽／新鮮磨碎的胡椒／特級初榨橄欖油

作法

1 讓牛排靜置四十五到六十分鐘，退冰至室溫。

2 將烤架預熱至高溫（使用木柴或天然木炭來烤是最好的，瓦斯也可以）。

3 用鹽和胡椒來調味牛排。將牛排兩面各烤五分鐘，烤至兩分熟（這就是托斯卡尼式的牛排！），或每面多烤二到三分鐘，烤至三分熟或五分熟。外層要烤至酥脆。

4 將牛排從中間的骨頭兩側切下，再依著肉質纖維垂直切為大約一英吋厚的肉片。將大量特級初榨橄欖油淋在牛排上。上菜啦！

5 真食物來自真產地

提起這個重點，再囉唆也不為過：食物的特性來自它生長的土地、滋養它的氣候，以及食物工匠們精湛的製作技法……我也曾經欺騙過自己，假裝密蘇里州的聖路易斯火腿（prosciutto di St. Louis）也一樣美味，但事實並非如此。

——亞瑟施瓦茨，《義大利食品標籤》（*Italian Food Labels*）

位於茂宜島的費爾蒙酒店（Fairmont Kea Lani）是一座海濱豪華度假勝地，有二十二英畝精心打造的樂園，放眼還能望見美麗的太平洋沙灘。就像許多夏威夷度假勝地一樣，這裡深受新婚夫妻歡迎，會專程前來度蜜月。而令人印象深刻的是，費爾蒙酒店不但是觀光客必訪景點，就連當地人也十分喜愛。這少見的景況主要歸功於酒店內曾榮獲大獎的「科歐餐館」（Ko Restaurant），裡頭的食材90％以上都是由夏威夷當地農人提供的。在餐廳主廚彭泰倫的帶領下，科歐餐館在二〇一三年被評為茂宜島年度最佳餐廳，在一個擁有多家大型酒店與超過八百間餐廳的島嶼上，這算是一個不小的成就。

科歐餐館的網站上寫道，他們是「茂宜島上唯一以夏威夷甘蔗種植園時期為靈感來設計料理的高級餐廳」，根據這個脈絡，彭主廚目前是運用他父親教導他的第二代食譜來烹調。「其中一個我最喜歡的料理是『薑蒸綠鰭魚佐亞洲香腸與青蔥』，這道菜十分清爽，更能讓你品嚐到鮮美的魚味。這是我父親的創意料理，他以前會在家庭聚會這樣的特殊場合烹調一整條魚，對我來說很特別。」

我從沒聽過綠鰭魚（kumu），所以打了通電話給我的妹夫，他一九五〇年代在檀香山出生長大，我問他知不知道綠鰭魚是什麼。他說他已經十多年沒吃過了，但他向我保證，這種魚非常美味，而且他至今仍然記得他母親烹調這種魚的手藝。他感歎現在這種魚變得十分稀少，只能以魚叉獵捕，不能使用網撈，所以他認為自己當年很幸運，能夠品嚐到牠的滋味。這種鬚鯛科家族中的紅色夜行動物是如此美味，古代，牠們專門被用來當作祭品獻給神明。除了統治階級的酋長們，其他人都不允許食用這種魚，只有身分尊貴的人才能享用得到。到了近代，綠鰭魚變得大受歡導致過度捕撈，還有人將牠拿來當作早餐食材，以奶油燒烤，做成夏威夷版的煙燻鮭魚。現在，牠們已經越來越少見，離島的人們也從來沒有聽過。

夏威夷擁有許多當地特有魚類、植物、昆蟲，甚至哺乳動物，數量驚人，且在地球上其他地方都找不到，不過夏威夷並非唯一擁有物種的地方。海椰子（coco-de-mer）一度被稱為「億萬富翁的水果」，是土豪美食家們竭盡全力想要吃到的東西。現今，這種水果仍舊十分稀有，並受到保護，就算你用一大筆錢也買不到。這種水果內有世界上最大的種子，並且只生長在塞席爾（Seychelles）的兩個印度洋島嶼上。

另外還有雖並不稀少但極受重視的一種植物，那就是楓樹，能製成美式早餐必備的楓糖漿，這種樹只有在北美氣候較冷的地區才能看到。美國人大多已經把楓糖漿視為稀鬆平常的食物，尤其是我所居住的佛蒙特州，而嚴格說起來，這也確實算是一種「美洲限定」的產品，對歐洲、亞洲、非洲、南美和澳洲人，以及世上幾乎所有其他地區的人來說，這就是一種外來食物。還有稀少的皇家紅蝦，可說是現存最美味的蝦子，世界上只有兩個地方有出產，而且這兩個地方都離美國東岸很遙遠。至於世上最有價值的蜂蜜則是麥蘆卡蜂蜜（Manuka Honey），之所以如此命名，是因為蜜蜂會為麥蘆卡茶花樹授粉，然後才產出蜂蜜，麥蘆卡茶花樹則是一種只在紐西蘭和澳洲東南部才能找到的植物。另外，你可能不太想把袋鼠放在你的菜單上，但有些人很愛吃，袋鼠只來自於世上最知名的肉類生產國：澳洲。還有許多我們不會拿來吃的生物，例如狐猴，只生長在馬達加斯加，大猩猩則居住於非洲中部極為特殊的生態系統中，而世上最大的蜥蜴——兇猛的科摩多巨蜥，只發現於印尼其中五個島嶼上，最著名的棲息地就是與牠同名的科摩多島。

這些動植物的存在，正是大自然給我們的提醒，地球是多樣的，並非所有地域都一模一樣。生態系統非常複雜，氣候、地理、地質到昆蟲和微生物，都極為多元。這也使得某些地區在種植特殊作物時，會種得比其他地方更好或更差。歐洲有許多森林看起來和佛蒙特州的森林很相像，卻無法讓楓樹生長。猶他州西南部的某些地區也和澳洲內陸十分類似，但是猶他州從來沒有出現過袋鼠，澳洲則沒有北美特有的響尾蛇，而光在猶他州就至少有六種不同的響尾蛇類。甚至在視覺上，無數熱帶島嶼和海椰子生長的小島看起來似乎根本沒有什麼區別。

「風土」和不同的土地運用方式也體現在食物上。像是咖啡在地球上許多地區都能生長，但像是牙買加藍山等特定地點產出的咖啡豆，就會比其他地方更受到好評。任何人的花圃裡都能種植羅勒，你甚至還能種在窗臺上，但義大利的利古里亞海岸（Ligurian）的羅勒最為美味，那裡也是羅勒青醬的發源地。

「『風土』二字是法文，很難找到相應的英文單詞，不過，這個拉丁字背後面的概念十分簡單：產品的品質『因地域而異』。而用不太詩意的詞語來描述，風土可說是一個『土地與品質的基本關係』，也就是說，特定地理環境能生產出其他地區無法模仿的物產特徵。」紐約卡多佐法學院副教授兼智慧財產權學程主任賈斯汀．休斯寫道。

特殊物產的產地通常會具有一個明顯的風土特徵，比如說，生產「香檳」的法國香檳地區，坐落於擁有七千萬年歷史的白堊礦土上，沒聽過「白堊土」，等於完全不了解香檳入門級知識。但是每一個地域中，都還會有其他特殊的因子，形成一個難以複製的複雜風土系統。光是在你的土壤裡添加一些白堊土，是不可能重建蘭斯（Reims）或埃佩爾奈（Epernay）特色的，要構成香檳地區的特質，還有很多要素：這個地區十分多雨，緯度也很高，是世界上最北的頂級葡萄酒產區，比納帕、托斯卡尼或勃根第都還要更加涼爽、濕潤，植物品質受到季節的影響甚大。

風土幾乎是當地一切條件的組合，高山、小丘或山谷等土地形式，還有淡水或鹹水等水質、晝夜的溫度、季節變化、陽光、風，還有土地上的居民，包括鳥類、昆蟲、動物、植物和細菌，以及人類。比如綠鰭魚居住的海域，就有特定的海水深度、溫度和清潔度，珊瑚礁的健康和豐富程度，還有其他肉食性動物以及合適的食物鏈，包含魚類和所有微小的浮游生物。夏威夷遠離塵囂的環境也能成為風土條件之一，甚至在人為因素加入之前，風土就早已具有大量變數。

法國南部有許多風格與外觀都十分雷同的小城鎮，狹窄的街道、點綴著鮮花的彩色房屋，排列在溫暖肥沃的南方土地上。然而，這些城鎮表面上看起來相像，卻有其中一個小鎮極為特殊。這座小鎮之下有一個奇怪的地底世界，裡頭佈滿洞穴，完全沒有光線，並且無論外面的世界發生了什麼事，這些洞穴中的天氣永遠一模一樣：黑暗、攝氏十度、濕度95％。這種氣候在大多數的情況中都並不理想，但對某一項極為特殊的任務來說，卻再適合不過了，那就是：製作陳年藍紋起司。

這個小鎮名為洛克福（Roquefort），是法國第一個被認證且有特產保護法的地方。藍紋起司是一種易碎、黏稠、潮濕的羊奶起司，點綴著獨特的藍綠色黴菌，又名為洛克福起司。據說，這種起司至少是從西元一世紀開始就開始出現在這個地區，當時很受牧羊人的喜愛。就像許多地區的特產一樣，洛克福起司的背景故事可不僅僅是長年如一的洞穴氣候所促成的。如果洞穴裡沒有那些特有的天然黴菌孢子，也就不會有藍紋起司，因為正是這種黴菌孢子製造出那些極具代表性的藍綠色紋理。

洞穴和黴菌雖是不可或缺的條件，但是若周圍的土地沒有出產適合放牧羊群的青草和植物，或是如果牧民沒有選擇在這裡牧羊，並找出最適合保存羊奶的方法，也就不會製成這樣的起司。所有完美的自然條件都無法與人文因素切割，「人」同樣是兩千年來小鎮風土的一部分。

這種自然和人文環境如此特殊，使一四一一年的查理六世以皇家法令立定了法國第一個「原產地命名」：洛克福起司只能在洛克福當地生產。這是世上最知名的起司之一，也是法國第二受歡迎的起司種類，但是所有的洛克福起司都只能在這個城鎮製作。受到保護六百年之後，全世界仍然只有七個製造商獲准製造真正的洛克福起司。現在，黴菌可以在實驗室中培養出來，但是根據法國法律，只有這種洞穴中自然產生的黴菌才可以用來製成洛克福起司，而且還有許多其他規定，像是羊奶只能來自三種特定的品種，這些品種都必須生長在地區範圍之內，並以天然且受到管制的草地飼育。此外，從擠奶到製作起司的時間也受到嚴格管理，甚至，從成熟到切割到包裝這整個製作過程中的所有步驟，都必須要在當地進行。

法國人長期以來一直是「風土」最狂熱的擁護者，始終站在最前線維護風土對食物品質的影響，並且確保法律界定與法規編纂。為了達成保護風土的目標，他們制定出《原產地命名控制法》（Appellation d'Origine Contrôlée, AOC），優質品僅能在具備特定地域條件之處合法生產。這一切過程的始於正是十五世紀的洛克福，不過以現代法律的角度來看，《原產地命名控制法》直到一九一九年才正式頒佈，羅列出得以生產某些重要產品的地區或城鎮。一九三五年，法國農業部成立了一個特別分支機構來管理這些原產地命名控制的物產，到了一九三七年，第一個原產地命名的食品標籤誕生了，即是生產於隆河地區的「隆河丘紅酒」（Côtes du Rhône）。休斯教授表示：「法國法律定義出這種原產地產品，而它的品質及特徵則是由當地地理環境決定的，自然與人文因素都包含在內。」

這樣的概念，我們前面討論義大利帕馬地區相互關聯的生態循環就是最好的體現，帕馬同時在許多不同的人為與自然層面上運作，且沒有一個層面可以獨善其身。正如休斯教授所言：「原產地命名傳統上來自於風土概念，當地製造商有權獨家使用某個產品名稱，畢竟除了當地以外，沒有其他人能真正生產出一模一樣的產品。」

法國的《原產地命名控制法》系統當初可說是專門為葡萄酒設立的，後來才擴展到食品領域，立下了前導的典範，其他國家許多類似的品質認證機制也陸續誕生，最著名的就是義大利三個等級的機制：DO，原產地名稱（Designation of Origin）、DOC，原產地名稱管制（Controlled

Designation of Origin），以及最高等級的DOCG，原產地名稱管制保證（Controlled Designation of Origin Guaranteed）。葡萄牙、瑞士和奧地利也都採用了類似的監管結構。以正式法律來說，西班牙的原產地名稱保護法是全歐洲最古老的葡萄酒法律，源自於一九二五年的里奧哈（Rioja），法國則是以非正式法律的形式發展了好幾個世紀。就連通常並不支持風土與品質概念的美國，也將《原產地命名控制法》的框架應用於自己的葡萄酒命名系統——美國葡萄栽培區（American Viticultural Areas）。無論是當地法律或者國際法條，也無論是葡萄酒、食品還是烈酒，這些規範都被統稱為「地理標誌」（Geographic Indications, GIs），而主要重點就是「產地」。

說真的，這些名稱也並非萬靈丹，也不是所有歷史悠久並具AOC保護的產品都是頂級產品。我喝過很多標有AOC或DOCG的劣質葡萄酒，並不是每一瓶里奧哈都很美味。許多美食令我不遠千里地前去品嚐，其中，最教我難以釋懷的是就是「傳奇」布雷斯雞（Bresse chicken），又被稱為「雞中女王」或「國王御用雞」，我長期不斷尋覓，想找到最美味的布雷斯雞，但最終結果卻不斷令我失望。這種雞在一九五七年首度獲得AOC保護，牠們的產量如此之小，需求量卻如此之大，因此很少被出口到法國以外的地區。在法國的國內市場，牠們的價格是一般雞種的至少五倍。而根據法國法律規定，每隻自由放養的雞必須擁有超過一百平方英呎的生活空間，這基本上是紐約的一間套房的尺寸，除此之外還有許多其他嚴格規定。從名廚師赫斯頓・布魯門塔爾到《衛報》，這種養尊處優的家禽受到無數人的擁戴，媒體更巧妙地稱牠們為「頂級中的頂級」。

多年來，我一直想嚐嚐傳說中的布雷斯雞，但牠們的「御所」都位於里昂附近，在其他地方很難看見牠們的蹤影，就連巴黎也找不到，只會偶爾出現在米其林星級餐廳的菜單上作為一道特色料理。想吃這種雞，可不像是出去吃塊披薩那麼簡單。我數度往返法國，但每次都不走運。直到有次我去拜訪勃根第的旅途中，在博訥（Beaune）發現了一家餐館，他們的常規菜單上有一道兩人份的布雷斯雞料理。更走運的是，我提前幾週預訂到了座位。我和妻子到了餐館，熱切地期待能親嚐這種傳奇風味。那國王御用雞被隆重地從廚房裡推出來，放在一個底部有輪子的大型砧板上，一位面容莊嚴的服務生站在餐桌旁，慎重地為我們切肉。他甚至自豪地向我們展示了貼在雞腿上的金屬標籤，證明這是真正的布雷斯雞。當年是二〇一一年，我吃的這隻烤雞的價格是一百二十五元美金，盤子裡除了薯條之外，沒有其他任何配菜，但我們還是大啖了起來。結果，它的味道和我當地超市裡買的八元烤雞沒什麼不同，就只是「雞肉」而已，倒是薯條還不錯。

但是布列斯特雞肉是個例外，許多歐洲地理標誌產品確實是同類中最好的。歐盟成立後，一九九二年還制定了新的認證與保護地理標誌的法律框架，並於二〇一二年底進行了大規模修訂。歐盟採取三個等級的保護，最低級別是「傳統特產保護制度」（Traditional Specialities Guaranteed, TGI），並非保護原產地，而是保護食品製作的方式，這些被認定為「傳統」的食物必須以傳統方式製作和銷售至少三十年。

其次則是「地理標誌保護」（Protected Geographic Indication, PGI），保證產品是在特定地方，以特定知名方式生產。

最高等級是「原產地名稱保護」（Protected Designation of Origin, PDO），識別特定的地方與特殊的品質水準，如歐盟法律所述：「原產地名稱用於標識源自特定的地方或地區，甚至是特定國家的產品，品質或特色基本上或完全是受到特定地理環境及其固有的自然與人為因素影響，且生產步驟都在規定的地理區域內進行。」

這三個級別的認證都擁有詳細的生產管理條例背書，受到認證的產品則會獲得一個歐盟製作的獨特標章。雖然法國和義大利仍然繼續使用他們既有的 AOC 和 DOCG 標章，但 PDO 目前是真食物最廣受辨識且最重要的標章。在一大堆令人困惑的認證縮寫之中，這也是最值得記住的一個。

PDO 可以授予任何在地產品，即使它的產地國家並非歐盟成員，像是中國和多明尼加共和國等地也成功獲得過 PDO 或 PGI 的認證，另外像是印度、斯里蘭卡、挪威、泰國、土耳其和越南等國也都取得過。二〇〇七年，歐盟甚至首次批准了一種美國產品「納帕郡葡萄酒」，使這種酒在歐洲市場獲得保護。這與美國處理「香檳」、「勃根第」、「奇揚地」等歐盟葡萄酒的方式完全相反。另外，哥倫比亞咖啡也是歐盟之外最引人注目的產品之一，它也被授予了 PDO 標中。要記得，這並非表示此品種的咖啡不能或不該在其他地方種植，只是哥倫比亞以外的咖啡不得以「哥倫比亞咖啡」之名出售，這個概念其實十分簡單，很難想像有人會反對。然而，確實有許多人都反對 PDO 認證，尤其是最熱愛生產仿製品的美國製造商，從卡夫食品的「帕馬森起司」便可得知。

與歐洲相比，美國很少見到地理標誌，但只有少數具備。最大的差別在於，美國的法律體系將這些標誌視為一種「商標」，而不是管理生產方法或品質的「法規」。美國受地理標誌保護最知名的例子是佛羅里達柳橙、納帕郡葡萄酒和愛達荷馬鈴薯，它們均已在世界貿易組織註冊，其名在全球都受到保護。但無論是佛羅里達柳橙還是愛達荷馬鈴薯，都是將產品與範圍極廣的地區名稱連在一起，讓人聯想到這些地區有著高品質的物產，但卻不知道它們具體是哪一種馬鈴薯或柳橙，不知道它們生長在這兩州的什麼地方，也沒有受到任何品質保證監督。

佛羅里達有五種主要的柳橙品種，每一種都不一樣。而十八世紀時，業者原本根據風土條件選擇了一些特定地區來進行商業種植，但到了今天，整個州內有無數地點都在種植柳橙。另外，從消費者的角度來看，買到愛達荷州馬鈴薯也並不表示什麼，你只知道這種馬鈴薯來自愛達荷州的某個地方，但不知道它如何生長、品質好不好，或者是否新鮮。至於納帕郡，本身是一個十分受到重視的葡萄種植區，照理說應該要與勃根第等地非常相似。然而差別在於，釀造勃根第紅酒的葡萄全都必須勃根第種植，它的品質正是來自當地的風土，然而「納帕郡」這個地理標章卻允許高達25%的葡萄在其他地方種植，甚至可以使用進口葡萄。雖然高品質的製造商通常使用百分之百當地葡萄，但消費者已經很難區分哪些是真正的納帕郡葡萄酒了。

因為像這樣的例子實在太多，我們很容易就忽略，其實大多數時候，「產地」也表示「製造方式」。在洛克福起司的案例中，不僅是羊群在何處生長，就連羊群吃的是什麼樣的草，這些都是地理標誌的條件之一，還有起司輪的尺寸也都有嚴格規範。與愛達荷州馬鈴薯形成鮮明對比的是，當英國消費者購買帶有PDO標誌的「英國皇家澤西馬鈴薯」（Royal Jersey potatoes）時，他們很確切地知道自己買的是什麼。一個多世紀以來，這種獨特、細長、帶綠色的早栽馬鈴薯一直只在英吉利海峽中部的英屬澤西島種植。當地大約有四百位農民，但所有的馬鈴薯都源自於一八八○年的同一個塊莖，從一種名為「皇家腰子」（International Kidney）的品種繁殖而來，從技術上來說，這種馬鈴薯應該稱為皇家腰子品種澤西馬鈴薯。

這種馬鈴薯未曾在世上其他任何地方種植，而農人也必須自己為下一季節的栽種來培育他們自己的塊莖。傳統上，這些馬鈴薯會用營養豐富的海藻來施肥，且由於澤西島的緯度偏南，加上它們生長在光照充足的朝南斜坡，這裡的馬鈴薯是整個不列顛群島最早成熟的。由於它們十分脆弱，收成與品質檢驗也有十分具體的規範，英國的農漁業部甚至在這些馬鈴薯的種植地中安裝了「電子馬鈴薯」，專門用來監控收成的時機。另外，一共只有四家包裝公司專門負責處理和包裝所有要送離澤西島的馬鈴薯。在英國的商品交易清單上有自己完整的頁面，而且價格也比其他馬鈴薯都還要高。就像美國部分地區的新鮮蘆筍預示著春天到來，每當皇家澤西馬鈴薯收成，英國媒體就會刊載斗大的標題，寫道：「第一批皇家澤西馬鈴薯來了！」

這種植物與故鄉如此緊密相聯繫，使得澤西島的農夫即便種植其他品種的馬鈴薯，收成後也不得被運送到島外，以防消費者搞混。愛達荷馬鈴薯的情況就完全不同了，這裡的馬鈴薯可能擁有極高品質，也可能非常普通，更可能是二十多種不同品種中的任何一種，包含育空黃金馬鈴薯（Yukon Gold）、紅皮拇指馬鈴薯（red fingerlings）或紫皮馬鈴薯等等。然而當消費者購買皇家澤西馬鈴薯時，他們會很確切地知道這種馬鈴薯的品種，也知道在哪裡種植，如何採收與包裝，更知道它是非常新鮮的。正是因為地理位置與生產技術的結合，再加上嚴格的規章制度和監督，才使得真食物如此真實。

美國人從義大利度假回國之後，一定不可避免地會去思考，即便是一些最簡單的料理，為什麼在義大利當地吃總是比在美國的義式餐廳還要美味？這正是因為，他們在義大利吃到的是真食物——而且通常是他們第一次吃到。以番茄醬為例，它在義大利可能會令你備感驚豔。義大利以番茄聞名，尤其是傳奇的聖馬札諾番茄，它生長在肥沃的火山土壤中，十分特別，也被授予PDO標章。聖馬札諾番茄並非用於沙拉或即食。雖然世上很少有事情會獲得所有人一致認同，不過聖馬札諾番茄倒是被所有廚師——不僅僅是在義大利——普遍認為是世界上最好的番茄醬原料，並且它的地位又因為被廣泛模仿而更加提升了。「正宗拿坡里披薩協會」（Real Neapolitan Pizza Association）也規定，唯有獲得PDO標章的聖馬札諾番茄番茄才能用來製作正宗拿坡里披薩的醬汁。

聖馬札諾番茄是一個很有啟發性的例子，能說明了原產地保護或PDO標章對消費者的真正意義。在產地保護法規中，列舉出幾個重要因素，正是這些因素使聖馬札諾成為種植出知名精緻水果的絕佳地點：富含有機物、磷和交換性鉀的火山土壤，以及當地的氣候、大量優質的地下水、鄰近地中海的影響，以及從不下冰雹。

但是規則可不是只包含地理條件，法規中還列舉出極為具體的定義，像是必須符合PDO品質的植物和水果的特徵，包括大小、形狀、顏色、酸鹼度、折光率、傾斜度、果柄形態和乳酸值等等。也規範了味道與氣味的品質、植物的緊密度、手工摘採方式，還有這些番茄可以用什麼類型和大小的容器來運送，番茄醬又可以裝在什麼樣的罐子裡，如果是罐裝番茄醬，裡面可以添加什麼其他物質。鹽和羅勒當然可以，而任何人工成分、色素或調味劑都是禁止的。

我並不是認為身為消費者的我們需要知道番茄的酸鹼度，而是想要讓人們知道，所有這些法規，以及義大利政府透過DNA檢測來抽查聖馬札諾番茄的真實性，這一切浩大工程都是為了消費者所做的。有些人嘲笑這些歐洲原產地名稱保護是一種保護主義或行銷伎倆，終極目的是想單獨哄抬某一件特定產品的價格，但請記得，義大利還有許許多多其他特殊的番茄種植在聖馬札諾以外的地區，而這些番茄全都因為聖馬札諾的崇高地位而相形失色，甚至會比美國本土番茄還要不為人知，就因為美國當地的番茄業者可以偷走任何他們喜歡的名稱或聲譽。PDO確實是增加了產品的地位，也經常因此提高了價格，但通常，主要效果在保護產地本國內的消費者，因為這些商品的品質通常確實更好。

你可以在美國買到「聖馬札諾」番茄，而通常貼有看起來很像義大利製造的標籤和名稱，但這些番茄通常只是仿冒品，既不是種植於火山土壤，更不是產自義大利，甚至，經常根本不是同一種番茄。幸好，如果你努力尋找，還是有機會在美國買到真正的PDO聖馬札諾番茄。

再回頭談談羅勒醬這義大利利古里亞海岸著名的地方醬料，它起源於利古里亞絕非偶然。這個地區以三種高品質食材聞名：松子、羅勒和橄欖油。相較之下，在美國出售的大多數松子，有高達80%是在中國種植的不同品種，無論是外觀或口味都與歐洲和北美的松子不同。正如《每日電訊報》（*Telegraph*）所報導，中國現在是世界上最主要的松子出口大國，並且，「歐盟委員會的食安專家認為這些松子並不適合人類食用」，是廉價劣質的松子。利古里亞羅勒醬的滋味非常美妙，而其成因與緬因州的波士頓龍蝦和阿拉斯加鮭魚完全相同。

義大利最大的兩個美食城是帕馬和波隆那，這兩大城市在美食之國義大利中可說是長年宿敵關係，擁有各自的代表美食，分別是帕馬地方乾酪和波隆那香腸。波隆那香腸只能在當地製造，具有嚴格的製程和極為特殊的成分。義大利的波隆那香腸被認為是一道珍饈，然而美國的「波隆那香腸」對饕客來說幾乎是一種懲罰。一九七〇年代時我還在讀小學，我至今依舊記得我當年的恐怖午餐，還有同學們帶來的邁耶牌冷凍香腸三明治，想必是因為我們的父母都買不起貨真價實的烤牛肉、火雞或火腿。整個美國對波隆那香腸的看法，以及這種香腸在美國的處境全都十分偏差，因為，美國人只吃假波隆那香腸。最終，我們的味蕾受到茶毒，我們的健康也遭到危害（法律規定，真正的波隆那香腸不得添加防腐劑和人工化學成分），還有世界各地製造真食物的匠人們也因此受到傷害。如果美國不要偽造這麼多食品，全球的農夫和他們的家庭一定會因此變得更好，不是嗎？當然。

另一個最顯著的案例子是奇揚地紅酒，它可說是世上最棒的葡萄酒之一，卻從一九六〇和一九七〇年代以來，就一直遭受到美國氾濫的冒名、低品質和摻偽的恥辱，至今依然無法擺脫陰影。真正的 DOCG 認證奇揚地紅酒是世界上最美味、最優質的葡萄酒之一，但美國的冒牌貨卻硬是要將這款酒與粉紅金芬黛葡萄酒（zinfandel）相連結，導致它變得不倫不類。如果你是在那個冒牌鼎盛的時代長大，你很可能會認為奇揚地紅酒根本不是一種令人陶醉的酒品，把液體倒空後做成燭杯都還比較實惠。那麼正宗奇揚地紅酒的釀酒師們會因此受到影響嗎？當然會。如果奇揚地紅酒的聲譽沒有受到如此廣泛的誹謗，它的價格可能會更高。更令人髮指的是，美國不僅僅染指了奇揚地紅酒，就連勃根第、夏布利（Chablis）和波特酒（port），當然還有香檳，這也許是世界上最廣為人知的奢侈酒品，全都在美國受到大量偽造。有一個部落格為這些冒牌產品取了個名字，我覺得非常有道理，就叫做「葡萄酒飲料」，畢竟它們的口味全都像鋁箔包飲品一樣廉價。這個部落格還稱所有盜用原產地保護名稱的品牌為「風土強盜」。

許多美國人會以「那又如何」的心態來看待這種產地詐欺，並且認為就算是卡夫食品的帕馬森起司粉造成了帕馬在地的起司製造商損失，或者紐約北部勃根第紅酒使法國的釀酒商虧損，也全都無所謂，因為——這裡就是美國。但同時，美國政府又認為保護美國的音樂、電影、技術和軟體產業是燃眉之急，全力避免這些智慧財產遭受國際「盜版」的侵害。這兩種行為幾乎可說是自相矛盾。更何況，無論你購買的是一份微軟的辦公軟體，還是一片格呂耶爾起司，又或者一夸脫的佛羅里達柳橙汁，購買真品對整個產業鏈裡的每一個人都會帶來益處——真的是每個人，除了偽造者以外。

當美國政府在真食物這件事情上幾乎沒有為保護消費者採取任何作為，反觀，正如我們一次又一次看到的，至少歐盟一直在為此努力，也為世界各地的產品想方設法，這些保護措施更使消費者的購物和飲食體驗變得更好也更加容易。

歐盟成立以後，像 AOC、DOC 等諸多令人混淆的縮寫已經被大大簡化為三個等級，每個等級各自代表著不同的品質，分別是 PDO、PGI 和 TGI。若想獲得最高等級的 PDO，無論是口味、成分和生產方法等條件都必須「卓越品質」，一般來說，PDO 等級的產品絕對不會是加工食品。「原產地與註冊資料庫」（Database of Origin and Registration, DOOR）中彙集了超過一千四百種產品，這些產品目前都已經獲得 PDO、PGI 和 TGI 標章，或者正在接受審查。

美國製造商剽竊這些受保護的名稱，但他們沒辦法剽竊歐盟的標章。因此，在購買這些商品時，請忽略「義大利瓶裝」的標籤，轉而去尋找 PDO、PGI 或 TGI 的標誌——我絕對不會購買沒有這些標誌的罐裝聖馬札諾番茄醬或其他產品，就這樣。而雖然這方法並非萬無一失，但採買時，若商品貼有以下三種標誌，那麼就更難出錯了。

6 神戶牛肉在哪？總之不在你盤子裡

美國各地餐館都在他們高級的菜單上聲稱供應的是神戶牛肉，饕客們也付出數百美金的代價享用眼前的佳餚，然而，這所謂的「神戶牛肉」其實是假的。

——奧莉維亞．佛萊明，〈一個漢堡 40 元，一客牛排 100 元……〉
（*$40 for a Burger and $100 for a Steak…*）

「怎麼可能！」我的好友派特雙手撐著桌面發出驚呼，語氣既是讚嘆又是憤怒。他緩緩搖頭，臉上是困惑與不可置信的神情。「我不懂，怎麼會這麼好吃？一點也不合理，」他似乎正絞盡腦汁想找出正確的措辭，「這味道就像是……牛排和鵝肝結婚了，還生了個小孩？」他舔著嘴唇，最終這麼總結道。以生物學來說，這當然是不可能的，但他說對了一件事——這一切都和「育種」有關。派特剛剛第一次嚐到神戶牛肉，而這也是他如此讚嘆的原因。至於他的憤怒情緒，則是因為他意識到，原來他以前吃過的所有「神戶牛肉」全部都是假的。

日本傳統牛肉之所以如此特別，正是因為它的油花，其中的獨特之處不僅在於脂肪含量，還有細膩和完美的紋理。神戶牛肉看起來與鮭魚生魚片很相似，與其說是鮮紅色，它的色澤更接近粉紅色。它的肉質中沒有條狀白色脂肪或是任何紋路與血管，只可見細小的斑點遍佈於肉片，彷彿這塊鮮肉被油脂製成的子彈連續射擊——我一直是如此形容的。

在美食作家馬克・沙茨克的著作《牛排：尋找世上最美味牛肉》（*Steak: One Man's Search for the World's Tastiest Piece of Beef*）中，沙茨克提到自己遊歷世界，只為尋找最上等的一塊牛肉（讓我劇透一下，最後他的第一名並不是神戶牛肉）。沙茨克先是嚐遍了美國、蘇格蘭、法國、義大利最好的牛肉，接著踏上日本之旅。他目瞪口呆地望著眼前的冰箱，裡頭裝滿的牛肉「肥美得無法再以『肉』稱之，一縷縷脂肪裝飾著牛腰肉，延伸到紅色肌理的每一個角落，看起來更像是一幅針勾編織的作品，是我見過最多油花的牛肉」。當時沙茨克看到的甚至還不是神戶牛肉，那讓他備感驚訝的牛肉只不過是一種較為次級的肉品而已，油花只能列為A3級。所有的神戶牛肉都是A4到

A5等級。

日本人對於油脂注重的程度近乎執迷，在他們著名的鮪魚拍賣會上，油脂較多的魚也會有較高的價格。然而，這些油脂含量高的鮪魚和神戶牛他們每次都只會吃一點點。根據我在日本的旅遊經驗，神戶牛肉在他們的飲食文化中並不會被當成一種「肉」，而更像是我們的奶油。旅途中，不斷有人告誡我別吃太多。一位擁有現今最大神戶牛牧場的老闆告訴我，一個月絕對別吃超過兩次，而我也很快地發現原因了。

我已經嚐過真正的神戶牛肉和其他高檔和牛（Wagyu）好幾次，每一次經驗都和第一次一模一樣：無法招架。日本人處理牛排及上菜的方式都與西方習慣不同，你永遠不會在日本的餐桌上看到一整大塊神戶丁骨牛排，也不太會看到一大盤牛肉，三到四盎司已經被視為很大的分量。至於美國餐館裡，一份牛排的盎司數則是日本的四到八倍。我在日本看到的神戶牛排，不論是紐約客、肋眼或牛腰肉，全都沒有骨頭，也沒有油脂。

某次，我前往神戶一間類似「紅花鐵板燒」（Benihaha）那樣的餐館用餐，主廚會先將生牛肉放在盤中展示一番。橢圓狀的牛肉只比一副撲克牌再大一些，厚度則與之相當。他手握銳利的刀，以迅雷不及掩耳的速度，將牛肉對切成大約半吋寬的長方形。正如剛才的比喻，在我看來，切過的生牛肉這時候看起來與生魚片無異，只不過再更像牛肉一些而已，令我想直接夾起來生吃下肚。主廚將牛肉片迅速放上炙熱的鐵板，每一面僅停留六十秒，將外層煎至焦糖一般的褐色，而內裡則依然相當生，上菜時，還會再切為一口即食的尺寸。

那肉質是如此完美滑嫩，幾乎完全不必咀嚼，絲毫沒有纖維感、不帶筋，而濃郁的牛肉香味會充斥口中，質地更是如同奶油一般滑順。不同於其他牛肉，和牛的油脂融點大約只有華氏九十八點六度以下，也因此只需稍加煎烤，那如同彈痕一般的細小油花便會完全融化在我的嘴裡。不久後，我看見餐廳來了一位肉質檢查員，他以極為戲劇化的手法讓我親眼見證了和牛這種細膩的特質——他切下一小塊和牛油脂放在掌心，脂肪立刻如同碎冰一般在他手裡融化。美國的牛肉絕不可能如此。

饕客們初嚐和牛必能立刻感受到這種美味，一入口，便會發現味道與質地呈現細緻的平衡，如此肥美、濃郁而多汁，難以想像世上會有比這更好的牛肉，但接下來每吃一口，剛才的刺激之感也會開始遞減，油脂逐漸在你的舌上堆積，當你吃完整整四盎司的牛肉時，你幾乎會感到無法再繼續承受，到了吞下最後一口時，你會感覺像是咬下一大口奶油。

我十分同意沙茨克和其他主廚們所言，神戶牛不一定比較好，也不一定是「最好的」，但不可否認它十分獨特，就像單一純麥威士忌一樣，有人喜歡強勁、充滿煙燻、泥煤和碘酒味的海濱大麥風味，有些人則不喜歡。而無論你喜歡哪一種，拉佛格列蒸餾廠（Laphroaig）或是樂加維林酒廠（Lagavulins）的威士忌都是其中極易辨認的種類，所有威士忌愛好者也都會至少嚐過一次，但只有死忠擁護者樂意天天享用。

我的好友派特時常旅行，更是我認識的人之中最愛吃肉的一個。他多年來在財經界工作，經常需要招待客戶，每次開銷也都是華爾街等級的水準。我最喜歡一間的紐約牛排館名叫「基恩斯餐館」（Keens），他一個月在那裡用餐的次數，可比我一整年加起來還要多。他嚐遍全國各地頂級餐館的乾式熟成牛肉，也會在家自製。此外，他也體驗過布宜諾斯艾利斯最高品質的草飼牛、愛丁堡的安格斯牛，以及「罪惡」的托斯卡尼佛羅倫斯牛排。正是他說服我不遠千里地踏上朝聖之旅，前往「朱利安之家餐館」（Casa Julian），一間遠在西班牙巴斯克（Basque）自治區的牛肉聖殿。這間餐館從一九五一年以來，就始終只提供一道菜——由炭火燒烤、原始人般超大分量的帶骨肋排，一生一定要嚐過一次。簡而言之，派特非常、非常熱愛牛排，也很了解牛肉，但他一直到最近才有機會前往日本。這表示，在此之前他其實從未嚐過真正的神戶牛肉，只不過多年在紐約高檔餐廳的用餐經驗，讓他誤以為自己早就吃過好幾次神戶牛肉。他絕對為此浪費了很多鈔票，更不是唯一如此的人。如同《華爾街日報》所寫：「隨著近年來號稱為『神戶牛肉』的產品出現在美國餐館的菜單上，許多美國人以為自己已經嚐過這昂貴的牛肉，但這是不可能的事。」

正因為我想見證派特第一次吃到神戶牛肉的反應，我邀請他到曼哈頓中城的二一二牛排館（212 Steakhouse）用餐。二〇一二年末解禁以來，這是日本神戶牛協會（Kobe Beef Association）在全美國少數認可的餐館之一，被允許進口並烹煮這種傳奇牛肉。當年另一間被許可的餐廳則是拉斯維加斯的永利酒店（Wynn Resort）。二〇一五年中期，夏威夷檀香山的銀座宮城鐵板料理（Teppanyaki Ginza Sumikawa）也獲得認可，成為了第三家。派特對這頓晚餐感到如此驚豔，隔天上班時，他還特地找了他的老闆——也就是公司的負責人，堅持要邀請老闆夫婦當晚到二一二牛排館用餐。他們應邀前往，想當然也得到了一樣的結論——他們從來沒吃過真正的神戶牛肉。

針對剛才提到的「解禁」，要先說明一些背景知識。在俗稱為「狂牛症」的牛腦海綿狀病變爆發之後，美國農業部在二〇〇一年全面禁止日本牛進口。過去，美國農業部只有曾經禁止過某個產業的單一產品，從未禁止過整個國家的特定產品輸入。當時的禁令是全面性的，無論牛肉產地是神戶市或其他地區，也無論是冷凍或冷藏、是否經過加工，或者是否帶骨，一律全面禁止。這條禁令從二〇〇一年持續到二〇〇六年，接著二〇一〇年時，再度因為狂牛症而重新頒布，最近一次解除則是在二〇一二年末。因此，二十一世紀大部分的時間，美國的食物供給史上可說是完全缺乏神戶牛肉或任何日本牛肉的。

奇怪的是，這段匱乏時期卻是「神戶牛肉」開始大受歡迎的時間，菜單上如雨後春筍般地冒出這種品項，並很快開始普遍出現「神戶牛肉迷你堡」，甚至是「神戶牛肉熱狗」。在禁令頒布之前，原本就只有極為且昂貴的特殊牛排館才會進口這種昂貴的牛肉，是少數中的極少數，正常來說，他們也是唯一會在菜單中列出「神戶牛肉」的餐館。禁令頒布之後，美國農業部將真正的神戶牛肉排除在外，卻張開雙手允許全美餐飲業者以「神戶牛肉」之名販售各種牛排。要價不斐、高達三位數美金的仿冒牛排紛紛躍上菜單，例如，紐約傑克叔叔牛排館（Uncle Jack's）就在禁令期間出售一客上百美金的「神戶菲力牛排」海撈了一票，《華爾街日報》記者凱蒂．麥克勞克林當時便曾經報導：「美國農業部目前因狂牛症而禁止日本牛肉的進口，因此你所吃的日本牛肉，很可能根本是產自愛達荷州的博伊西。」她也在文章最後提出了更多案例，從紐奧良到華盛頓州，有無數高價排餐都號稱使用這種禁止進口的牛肉。

禁令開始實施的一年多之後，紐約「老家園牛排屋」（Old Homestead）推出了訂價四十一美金的「神戶牛肉堡」，肉的重量令人吃驚，重達二十盎司，也就是一又四分之一磅，但價格卻比日本和牛產地的批發價還要低。接著，一間紐約日式餐廳「沙布里」（Shaburi）更斗膽在菜單上加入另一道高價的松阪牛，這也是禁止進口的牛肉之一。這分明和業者號稱的「神戶牛肉」一樣不實，餐廳卻宣稱他們的肉質「比神戶牛更棒」。日本牛之名成為了肉品中的至高標準，連漢堡王——沒錯，就是那個讓麥當勞看起來沒那麼糟糕的第二大連鎖速食餐廳——也為英國地區分店開發了一份要價一百七十美元的「和牛堡」，上面加的不是番茄醬和起司片，而是鵝肝和藍紋起司。當時的英國也一樣沒有神戶牛肉。

假冒風潮很快又因為饕客好評和熱潮而加溫，餐點款式千奇百怪，從假牛排到假漢堡都有，酒吧也開始出現平價的「迷你和牛堡」。神戶牛肉很快地從遙不可及的奢侈品，搖身變為菜單上必備的廉價品項，即使在連鎖速食店也能買到。甚至，你還能在亞馬遜上訂購到冷凍的「神戶牛肉」漢堡排，但事實上，神戶牛肉從來不以冷凍處理。

神戶牛肉在假食物產業中以黑馬之姿崛起，英國《每日郵報》記者解釋：「餐廳和肉舖利用神戶牛肉長遠的名聲來欺騙消費者，使他們相信自己花大把鈔票購買到這種特殊產品，而那遠非事實。真正的神戶牛肉是在世上最嚴格的食物管制法令下生產的。」記者以紐約一間肉舖為例，每份神戶牛腰肉要一百二十美元，與每份四十四美元的美國牛腰肉相比，價格幾乎是三倍，但其實，兩者根本是一樣的肉品。更糟的是，就算沒有被禁止，但「神戶丁骨排」這種東西也從來不存在，只有無骨的牛肉可以進口。

發生食物造假事件時，廚師和餐廳總習慣將責任歸咎到供應商上，宣稱自己也被騙了，但在神戶牛肉這種禁止進口的商品上，這種論點根本站不住腳。然而，這些謊言卻在崇尚美食的風潮之下，廣泛受到那些自稱為美食家的人背書，從來沒有任何一個頂尖食評雜誌的編輯或是知名餐廳評論家停下來思考，究竟他們為什麼要這個當時根本不合法的產品背書。

「現在神戶牛肉隨處可見，幾乎成為奢侈品的代名詞，神戶牛肉堡更是氾濫成災。過去兩年來，神戶牛肉在本報的餐廳評論專欄上出現了四十五次，此前兩年只出現過十一次。究竟發生了什麼事？一言以蔽之，因為他們吃到的都不是真正的神戶牛。」《洛杉磯時報》記者羅斯・帕森寫道。帕森的確注意到了這種亂象，但他沒提到的是，幾乎在他同事們撰寫的所有評論中，從未有人質疑過「神戶牛肉」的真實性，甚至反而讓大眾對於它「高檔」的刻板印象更深了。

如同奧莉維亞・佛萊明在《每日郵報》的文章中所提到的：「即便當時無論大量進口或私下購入的日本牛肉都違法，《紐約時報》始終不斷讚揚曼哈頓高檔餐廳所提供的神戶牛肉料理。」一直到二〇一〇年，《華爾街日報》還在繼續刊登錯誤資訊，在他們關於美國「神戶牛主廚漢堡」的報導中宣稱：「大部分的菜單上都有特別註明這些牛肉是產自美國的和牛，這種牛肉以均勻的油花而聞名。」其一，並沒有很多菜單上如此註明。其二，就算真的有註明，那也是錯誤的，因為神戶牛根本不是「美國和牛」，而且美國和牛既不知名，也不是一個品種。

若想要直接揭穿假食物，二〇一四年有個不錯的案例。當年，倫敦某位主廚推出一種定價高得能夠榮獲金氏世界紀錄的「奢華漢堡」，一份要價近一千八百美元。你沒看錯，一個漢堡要花你兩千塊美金，當然，因為他宣稱用的食材是要價不斐的神戶牛肉。當然還有其他稀有的食材，像是伊朗番紅花、加拿大龍蝦等等，我就不一一列出了，因為這間餐廳實在缺乏可信度，沒有理由相信其中任何一項食材是真的。這份漢堡獲得了世界各地媒體的關注，然而，所有的媒體和金氏世界紀錄的委員們之中，卻沒有半個人停下來去想想這個事實：奢華漢堡所用的「神戶牛肉」分量，可能全英國或是全歐洲的神戶牛肉分量加總還多更多，因為，整個歐洲根本就不能進口真正的神戶牛肉。「神戶牛銷售促進協會」（Kobe Beef Marketing and Distribution Promotion Association）向我保證，當年真的沒有任何一磅牛肉被運到歐洲。

美國、英國以及歐洲其他各地，太多人輕易地上了假神戶牛的當，因為沒人知道真正的神戶牛肉究竟滋味如何。為此，我前去造訪神戶市，想要挖掘出更多關於神戶牛肉的資訊，結果發現，我們並非唯一對此毫無頭緒的人。

「就算是日本當地，國人也不完全了解神戶牛肉，會相信各種傳言。比如說，他們以為牧場會幫牛隻按摩，還會讓牠們聽音樂。」日本農業部的專案人員田中酒井這麼說道，他在我的日本行程中協助擔任翻譯。神戶是日本第六大城，位在兵庫縣內。此縣是所有神戶牛肉的產地，相關規定極為嚴格，就像雷焦的帕馬地方乾酪，以及其他地區的在地產品。神戶牛肉只能來自但馬牛（Tajima）品種，並且牛隻僅能在兵庫縣出生、飼養及宰殺。牠們吃的飼料未含生長激素、動物副產品、類固醇，或大部分美國牛飼料中會使用的抗生素。雖然天然的飼料有助於產生自然的油花紋理，但還是有一些缺點。和牛所吃的穀物量遠比青草還多，而且大部分都是經過乾燥的，飲食並不均衡。不過，和牛飼養過程中的每一個步驟都被緊密控管，從牛隻的年齡到評等標準都十分嚴格，當然評鑑標準也遠高於美國農業部的極佳級（USDA Prime）。然而，最嚴格的限制還是牛隻的「基因」。和牛飼養的「風土」條件，與其說是兵庫縣擁有特殊環境，不如說，一直以來兵庫縣都很少有其他牲畜。兵庫縣多山而且偏遠，長期與世隔絕，並且數世紀來都是防治動物遷徙的天然屏障。

「和牛」兩字可以代表所有在日本的牲口，但除了像是「荷蘭牛」（Holstein）這樣的進口品種以外，傳統上，「和牛」被特別用來代表日本當地的四個品種，分別為：褐毛、無角、短角及黑毛和牛。日本85％到90％的和牛都是黑毛牛品種。但馬牛是百分之百黑毛基因的和牛，牠們出生於兵庫縣，而且每頭牛的父母、祖父母，以及歷代祖先，無一例外全都生長兵庫縣——牠們的整個族譜都必須要是純粹的兵庫縣牛。兵庫縣立農林水產技術中心（Hyogo Prefectural Technology Center for Agriculture）的牆面上，貼有一面追溯到一三一〇年的但馬牛族譜。

「但馬地區被陡峭的群山環繞，地勢自然地阻擋了動物跨品種繁殖，使牛隻品種單一，自從七百年至今始終如一。」農業中心的動物研究員岩本英治博士解釋道。在美國，為了讓動物適應環境、增加產量，並提高存活率，跨品種飼育早已相當普遍，日本某些地區也是如此，但在兵庫縣，他們的目標是生產出專有肉品，致力於打造出最好的牛肉。岩本博士說：「與其他地區最大的差別是，『血脈』在這裡最為重要，更受到小心翼翼地管理經營。」這可不是玩笑話，整個行政區中，總共有六千九百頭但馬牛，而其中只有十二隻是公牛。每頭公牛在度過精力最旺盛的時期之後，就會被下一頭優秀的公牛取代。牧場會購買公牛的精子，也就是說，兵庫縣所有神戶牛都是這十二隻公牛的後裔。

這十二頭基因完美的公牛後代能生長出均勻的油花紋路，牠們被分為兩批，飼養在兩個政府機關中，一個單位養六隻，保護牠們不受疾病侵害。光是要進入政府的農業園區，我就必須要消毒鞋子，就算我從頭到尾根本無法靠近飼養公牛的建築物。而雖然這裡的飼育方式有諸多嚴格繁複的規定，但這六千九百頭但馬牛中，也只有大約一半的數量擁有足以被評鑑為「神戶牛肉」的品質，每年總共只會有三或四千隻神戶牛。也就是說，每年全世界真正神戶牛的數量，比美國中型農場的牛隻產量還要少。神戶牛肉的年總產量也經常遠低於三百萬磅，其中的90％更留在日本境內，沒有被出口。再回頭看看美國國內，我們的養牛業本身已經規模龐大，每年還要再進口超過三十億磅的牛肉，而光是這些進口量，就是整個神戶牛肉供應量的一千多倍。

「說起日本和牛，一定會談到五個主要產區：神戶、松坂、近江、米澤及仙台。另外，雖然不在前五名，但也不得不提到北海道的褐毛牛。這些地區的和牛品質是最好的，而且品質和風味始終如一，其他地區可能就沒有這樣的一致性，就算依然美味，也無法像和牛一樣有品質保證。」東京柏悅酒店（Park Hyatt Tokyo）附設的「紐約炭烤」（New York Grill）餐廳副主廚小澤拓告訴我。喜歡電影的讀者看到「紐約炭烤」這家高檔餐廳，應該會立刻想起比爾·莫瑞主演的《愛情，不用翻譯》（*Lost in Translation*），片中頻頻出現他們的雞尾酒和現場爵士演出。

我在二〇一三年和小澤談話時，他正負責餐廳的牛排菜單設計，餐點包含產自各地區的和牛。後來他換了工作，但他告訴我：「這一生一定要吃一次真正的神戶牛，即便要價不斐，價格是其他牛肉的兩倍。當客人從美國遠道而來，問我推薦何種道地美食的時候，我總是建議他們試試神戶牛肉，因為我知道，他們此生從來沒有嚐過。我經常聽到美國客人說他們吃過神戶牛，但，也有99％的人在吃過了本地的神戶牛之後，都說他們不明白為什麼味道和美國的神戶牛肉完全不同。」我朋友派特就是個活生生的例子。

以牛肉來說，飽和脂肪酸越多，肉質就會越硬、越有嚼勁。神戶牛以極嫩的口感聞名，因為其肉質中充滿較為健康、且會融化於舌尖的不飽和脂肪酸，尤以油酸為多，而這也是神戶牛獨特風味的成因。其他和牛也有這樣的特性，但岩本博士說，與五大產區的和牛相較起來，兵庫縣所產的牛肉擁有最高含量的不飽和脂肪酸，他還強調，日本的評鑑標準也是世上最高的，我相信確實如此。美國農業部的評鑑標準幾乎完全只針對油花來作評比，完全不考慮其他條件，而日本的評鑑的要訴更加繁複。

在評鑑等級中，字母A、B、C用來區別產量或是牛隻可食用的比例。從買家和賣家的利益看來，A是最好的，雖然餐廳如此聲名，但客人吃起來多半沒有什麼感覺。英文字母後面會接一個數字，代表著每一頭牛肉質中的四種特性得分：色澤及明亮度、結實度與質地、油脂顏色及光澤，還有最重要的，牛肉脂肪交雜基準（beef marbling standard, BMS）。四個標準會以不同方式衡量，並以一到五分來評分，且最終的分數是以四者最低計算，而不是四種分數平均。最高的等級評分就是A5，表示這頭牛的肉在所有評鑑標準中都拿到了五分，而只有評分為A4或A5的牛肉才能被列為「神戶牛肉」。我親眼見證檢查員評鑑的過程，嚴格程度令人難以想像。還記得嗎？沙茨克剛到日本時說：「是我見過最多油花的牛肉」，但那塊肉的評級只有A3而已。

牛肉脂肪交雜基準則是一到十二分，一代表純紅色，而十二代表油花均勻遍佈整塊肉。在美國，我們會以名稱而非數字來評級，美國農業部的「Prime極佳級」——也就是最高等級，代表著全國前2%的高品質牛肉，對應到日本評級，牛肉脂肪交雜基準大概只有四或五分而已。《洛杉磯時報》估計，大部分美國國產牛肉在日本的評級中應該會落在六到九分之間，而真正的神戶牛通常會有十分或更高的評分。

產量原本就稀少的神戶牛肉，只有10%會被出口到其他地區，大部分是在亞洲，包含新加坡、香港、澳門和泰國。環太平洋以外，神戶牛出口的地區只有沙烏地阿拉伯和加拿大，二〇一二年後也再次開始出口到美國。目前香港的進口量是最高的，佔日本出口神戶牛的40%，澳門則緊接在後。進入美國市場的神戶牛肉量，有時候甚至進口量為零。在和牛進口合法之後的八個月，只有兩次少量進口，而且兩次之間還相差了三個月。在前四個月的時間裡，全美國進口量總和只有二十七點五磅——只能做出大約一百份的小小牛排。美國境內神戶牛之所以長期短缺，是因為神戶牛從不冷凍處理，加上宰殺後的保存期限只有四十五天，因此又更加匱乏了。

你可能會以為，當美國得以再次少量進口神戶牛肉之後，那些假牛肉應該就會消失了。結果非但沒有，情況反而更加嚴重，因為，合法進口給了廚師們一個不可靠卻有可能的立足點。現在，這些號稱為神戶牛的肉只不過是從「一定是假的」，變成「幾乎是假的」罷了。各家餐廳因此得以逃過一劫，因為現在至少有部分神戶牛肉是合法的，就像在加州生產「香檳」，或在紐澤西生產「帕馬森乾酪」一樣。我們是個法治國家，但牽涉到商標法或智慧財產權的時候，我們的法治系統卻與世界完全脫節。

在美國法律之下，商標基本上具有壟斷性，代表著個人或公司的權利，且持有者擁有獨家行使權。同樣地，商標權也可以被販售或轉移。然而，像「香檳」或「神戶」牛肉這樣的產品地理標誌，應該只有符合生產條件的地區才能使用，因為這應該是屬於一種「風土」，不能被販售或轉移。由於這些地理標誌與美國的法律系統存有根本上的差異，因此百年來，美國始終拒絕參與保護在地品牌的智慧財產權和他們推動的國際協議，造成美國人損失了許多合作夥伴，更有害我們的味蕾以及健康。

我們的商標系統其實不無道理，也是資本經濟中非常根本的一環，應該能鼓勵發明與創新，獨家權利能當作一種鼓勵，推動人們發想出更好的做法，並因此獲利。但事實上，美國的商標是「先搶先贏」，誰先趕到商標註冊局，誰就贏了，不論你到底有沒有發明任何東西。所以，就算神戶的牛隻和牛肉早已在日本註冊了商標，但日本的商標認證系統既不被美國法律承認，也不受美國法律保護。現在，日本也無法在美國的司法體制下取得商標權，因為在神戶牛成為盛名的一個世紀之後，「神戶牛」可能早就被美國法律系統視為一個尋常且非商標的詞彙。一樣的「邏輯」

也被應用到其他數百種產品上，例如「香檳」這個詞，由於受到廣泛運用，現在已經無法指稱特定產地的產品。我曾試著詢問美國消費者認知中「香檳」的意思，每個人的答案都不同，根據他們對法規的想像而定。同樣地，人們購買神戶牛肉的時候，都以為自己買的東西來自日本，而不是某些普通、低品質的牛肉，當然，他們都錯了。在假食物產業裡，商標系統反而經常被用來保護仿冒品，對美國消費者造成極大的傷害。

某種程度來說，美國人本身也自食惡果。例如，美國少數辨識度相當高的商標之一「愛達荷馬鈴薯」，到了其他國家就無法成為一種特色產品，因為在土耳其、墨西哥、阿根廷和德國，有人比他們更快前去當地的商標管理局，為自己的馬鈴薯註冊了「愛達荷」商標。另一個明顯的例子「納帕郡紅酒」，這個名稱被用在世界各產區，並且全世界都允許業者這麼做。納帕郡的酒莊直到最近才在中國——世上最大的消費市場——得到保護，但在其他地方還是一樣。很多這樣的保護是在國際協議中被單獨拿出來討論的，但因為美國經常直接拒絕其他國家的要求，因此美國本地的製造商也很難有立場去和其他國家協議。

正因以上種種原因，神戶牛的正牌擁有者很難在美國受到保護。美國唯一能受到法律以及稅制保護的，竟是一家叫做「菁英牛排」（Steakhouse Elite）的當地公司，他們生產了一系列名為「神戶牛製造」肉品。他們是第一個為自己的冷凍漢堡肉、絞肉和熱狗註冊「神戶製造」商標的公司。菁英牛排也發表了一番這種情況下最常聽到的狡辯之辭，聲稱他們使用的是「百分百美國飼的和牛」。這與「美國飼養的百分百和牛」明顯不同，頂多只能代表牛隻是百分之百在美國飼養的，不一定就是純種和牛。事實上，他們的媒體聲明稿中，直接寫出他們的牛隻是和牛和「傳統」牛（也就是非和牛）的混種。菁英牛排更進一步的聲稱，他們的熱狗原料是「百分百神戶牛製造牛肉」，這根本沒說明究竟是用哪種牛肉做的——食品標籤上還有很多其他的成分，卻沒有看到哪種成分是「神戶製造」，商標名稱本身完全沒有任何意義。這間公司對於「百分百」這種詞彙竟是此等著魔，使他們一次又一次地寫在包裝上，甚至熱狗標籤還要註明「百分百去皮」，不過這大概是他們所有聲明中最真實的一個。

「我在美國看到的這些『美國』神戶牛，到底是什麼呢？」智慧財產權律師麥可・艾特金斯在他的部落格中這樣問道。他位於西雅圖的事務所專門處理聯邦等級的商標法相關議題，艾特金斯也在華盛頓大學法學院教授商標法。「前陣子我和兩個日本來訪的商標法律師吃午餐，菜單上的品項著實讓他們捧腹大笑。但從美國的商標法看來，這樣的用語似乎誰都能拿來用。」

艾特金斯檢視了國內三個使用不同辭彙的註冊商標，其中一個是「美國認證神戶牛」，光看名字就明顯有問題：誰認證？又認證了什麼？還有「頂級美國神戶牛」，以及另一個我覺得最有趣的名字，修飾得天花亂墜，而且還語意重複：「由紀夫農場獨家超凡特殊和牛之美式風格神戶牛肉」，簡直像繞口令一樣。理應比一般民眾了解這個議題的艾特金斯，現在簡直和我一樣困惑：「『美國神戶牛』到底是什麼？這存在嗎？」

神戶牛肉正是一個極端的例子，消費者只能好自為之。在美國農業部的規定之下，要將某種東西稱作「神戶牛」唯一的法律要求只有：那東西必須是牛肉。神戶牛字樣的使用可以完全不受控管，且無論是美國農業局、美國食藥監管局或任何其他政府機構，沒有任何一個會去管理菜單品項命名。國內的任何一家餐廳都可以將他們供應的肉類標註為神戶牛、神戶雞、神戶豬、神戶羊，甚至是神戶龍蝦，我還真的看過有人寫神戶雞和神戶豬呢，而且也不會觸犯任何法律。身為一個消費者，這其實有點嚇人。而說起菜單上的不實資訊，神戶牛也絕對不是唯一，餐廳可以把所有能提高售價的標語放上去，聲稱他們的牛肉是四十八天乾式熟成、天然、人道飼養、有機、草飼——即便沒有任何一項是真的。

「很多不肖業者會把豬排偽裝成小牛肉端上桌，有機沙拉其實也不是有機……無良廚師可以聲稱供應的是和牛，或說這些雞肉是人道飼養，無論他說什麼，都不會受到法律制裁。」《紐約時報》如此報導。湯姆・柯里奇歐是知名主廚、餐廳老闆、食譜作家以及電視名廚，他說，使用來源清楚、天然飼養且不使用抗生素的肉材會讓他的烹飪成本上升30%，他也表示：「這問題從我開始烹飪以來就存在。當你認真加以研究之後，就會發現有太多食物都有標籤資訊不實的情況。巷底有間餐館聲稱他們使用有機雞肉，但其實不是，他們定價很便宜，比我的餐廳價格更低。這些全部都是誤導欺騙大眾的謊言。」而這也對誠實的餐廳造成傷害。

唯一能保護美國消費者的法律，是禁止使用「誤導性」行銷手法的通用法條，但這很難施以管制，更難以處以罰款。很多時候，你以為自己花三百美金吃了一頓神戶牛排，但那塊肉其實來自北達州，只要二十塊錢而已。理論上來說，你應該要取得兩者價差作為賠償金，也就是兩百八十美金。但實際上，假設一家高檔牛排館一年這樣做了兩千次，從其中獲利五十萬美金，這樣的金額對於大部分的律師來說還是太小，沒有什麼提告的必要性。

然而，假的神戶牛肉如此普遍，其中利潤更是價值連城，像是連鎖牛排海鮮餐飲品牌「密客餐館」（McCormick & Schmick's）全美有超過六十個據點，多年來販賣假牛排的收入金額高到足以集體上訴，原告方的代表律師指出，該餐館大張旗鼓地販售「神戶牛肉」的大約兩年間，正逢美國農業局完全禁止神戶牛進口的時期。因此，他們根本不可能販售真正的神戶牛，但「密客餐館」始終否認這些指控，只同意和解並退費。

原告代表律師名叫凱文．申克曼，或許是因為取得和解使他變得更加敢言，他接著將矛頭指向SBE娛樂集團，他們在洛杉磯和拉斯維加斯經營許多高檔餐廳和夜店。申克曼說：「集團旗下的餐廳用一般牛肉來假冒神戶牛，向客人收取高價，即便那些牛肉跟神戶牛肉天差地遠，客人卻仍然十分買單，以為自己吃到真正的神戶牛排。」同樣地，SBE集團願意給予近五年間受誤導的消費者們一些和解金，也同意不再使用「神戶牛」，但始終不願承認造假。此外「六壽司」（Sushi Roku）、「蟒蛇牛排」（Boa Steakhouse），還有萬豪國際酒店（Marriott International）等餐飲集團也都遭到提告，但類似的訴訟最終全都以和解收場。

即便申克曼在訴訟中屢次拿下和解相當令人印象深刻，但假食物供應商依舊佔上風，SBE集團現在仍可利用「真和牛」之名，還能繼續使用「美國神戶牛」這種不合邏輯的詞彙來銷售。既然受害人數似乎很重要，集體訴訟律師接下來可能會瞄準全國連鎖的「菲漢堡」（BurgerFi），這間餐飲集團每天都大量提供「百分百日式神戶牛熱狗」，即便他們的售價遠遠低於神戶牛肉的要價。

這些針對大型餐飲集團提起的假神戶牛訴訟雖然鼓舞人心，但仍對消費者沒有任何保護效果。消費者依然為此付出代價，訴訟也只針對最大、受騙規模足以構成集體訴訟、且口袋極深的企業。像位於紐約和華盛頓的「寶德杜琪」（Balducc's）這樣年代久遠的老饕餐館，你一定以為他們會供應真食物，然而，他們卻企圖賣給我一個（假的）烤神戶牛肉三明治，沒騙你，那道餐點名稱就叫做「煙燻神戶牛全麥三明治」。

業者會在菜單上寫「神戶牛漢堡」，而不是只有「漢堡」兩個字，唯一理由就是因為真正的神戶牛極富盛名，而且十分昂貴。對我來說，現在大部分市面上所謂的神戶牛連嗅覺測試都不會通過，而且毫無疑問，將任何其他肉品稱之為神戶牛都是一種誤導，而且都是刻意如此。

更令人困惑的是，當大眾越來越意識到神戶牛的謊言後，許多餐廳和廚師轉而使用另一個廣受歡迎的日本牛肉名稱來當作行銷手法，那就是「和牛」，這個辭彙對於消費者來說又更模糊和不精確了。和牛可能完全、部分或理論上屬實，但也可能徹頭徹尾都是騙人的，消費者絲毫沒有辦法立即判辨真假。這個詞彙在法律上幾乎沒有意義，甚至實質意義也有待商榷。當有這麼多人在使用、濫用「神戶牛」與「和牛」，眼下有個很重要的問題是，這些詞彙的意義究竟是什麼？這些詞代表的是什麼？又不是什麼？我決定回到日本，想要找出這些問題的答案。

「日本有很多真的上等牛肉，例如松阪牛。但在日本境外，只有神戶牛最為知名。」主廚特洛伊・李這麼說道，他主掌東京君悅酒店（Grand Hyatt Tokyo）裡的橡木門牛排館（Oak Door

Steakhouse）。世界各地有許多很棒的牛排館，包含我喜愛的紐約基恩斯餐館廳，還有西班牙的卡薩朱利安餐館，然而橡木門光憑它的菜單，就足以從一眾出色的餐廳中脫穎而出。餐廳的門面是一座透明玻璃肉櫃中，如同肉舖一般陳列著各種各樣的牛肉提供饕客們選擇，從神戶牛到日本其他地區的和牛都有，另外也有進口的混種和牛，甚至還有美國農業部極佳級的乾式熟成美國牛——美國牛肉在日本也算是受歡迎的進口產品之一。我從來沒看過任何一家餐廳能集結這麼多種類的牛肉，這種「牛肉自助餐」的形式，也能讓從世界各地遠道而來的客人得以嚐試不同風格的牛肉。

李主廚帶著我一起嚐試A5級的神戶牛、A5級的松阪牛、澳洲頂級F1混種和牛，還有褐毛和牛與荷蘭牛混種的北海道F1牛。所謂的「F1」，是指和牛與普通牛所繁殖的第一代，具有50％的和牛基因。在日本及澳洲——也就是日本以外最大的褐毛牛飼育場，和牛經常與荷蘭牛混種，荷蘭牛因為較能保存脂肪，原本通常是拿來當作乳牛飼養。牠們本來專門生產牛奶，直到年邁，再也沒有產量之後，就會被做成牛絞肉。「混種牛所產的肉脂肪較少，顏色較紅，價格也較低。我本身來自澳洲，而我國出產許多稱為『和牛』的牛肉，其實都不是真的和牛，因為澳洲並不是日本。」李說。

禁令解除之後，美國國內的神戶牛數量仍舊很少。有些良心餐廳開始進口日本其他地區的純種和牛，雖然較不知名，但質感也十分接近。老實說，如果第一次我嚐到的是松阪牛，經驗與初嚐神戶牛之時也不會有任何不同，甚至，如果你將兩種牛並列擺在我面前，我也要很努力才有辦法看出兩者差異。而如果當時我帶派特去吃的是A5等級的宮崎牛（Miyazaki），他也一樣會撐著桌面震驚地大喊：「怎麼可能！」所以，若真的想至少體驗一次與真神戶牛相似的美味牛排，饕客們現在有比較多的選擇，而且也確實應該要去嚐嚐看。一些有良心的業者堅持只進口真正且最高檔的日本牛肉，然而其實對於消費者來說，最高等級牛肉之間的差異幾乎是無法分辨的。

「談論真正的日本A4或A5級牛肉時，無論是神戶牛、仙台牛還是宮崎牛，其實只是在枝微末節上，作些近乎無意義的計較罷了。這些牛肉的品質全都很好，就像是兩支極度相似的葡萄酒，在盲測的時候，沒幾個人能分辨出來，」德布萊肉品（DeBragga）的其中一位老闆喬治．費森說。德布萊肉品又名「紐約肉舖」，是一間傳奇老字號肉品供應商和零售商，以自製乾式熟成牛肉聞名，還有許多特色產品，包含鹿肉和傳統品種豬肉。費森的顧客包含了四季酒店（Four Seasons）和勒伯納丁餐館（Le Benardin）等廣受好評的餐廳。在日本進口牛肉的禁令解除之後，費森飛往日本，談下獨家進口宮崎和牛的生意，使德布萊肉品成為少數能直接販賣日本和牛給消費者的零售商。神戶牛協會（Kobe Beef Association）指出，從日本出口的少量神戶牛肉，只會送往餐廳，為我擔任翻譯的日本農業部同仁田中酒井也很肯定地說：「美國消費者不可能在零售商店買到神戶牛肉。」費森同意這樣的說法，並且補充：「當然，我也很想要供應神戶牛肉和仙台牛肉，就像人們不可能每天都喝拉圖堡（Château Latour）的酒，有時也要喝喝瑪歌堡（Château Margaux）的。」他拿來開玩笑的，正是世界上最知名的兩個酒莊。

名廚麥可・米納擁有波本牛排館（Bourbon Steak）和紐約客牛排館（Stripsteak）兩個牛排館品牌，在全美數大城市都有餐廳據點。他也是在禁令解除後，最早開始進口真正日本牛肉的業者之一，甚至還為了仔細研究牛肉，而不遠千里地前往日本。曾榮獲詹姆斯比爾德獎肯定的米納主廚告訴我：「當時我們去日本，拜訪了養牛場、屠宰場和通路商，也找到了我們想要的東西。有些牛肉，像是宮崎牛，在美國市場還算是非常少見，但卻比神戶牛更容易取得穩定的供給來源。我們追求的並不是要給客人吃到最昂貴的食材，而是要給予他們美好的用餐經驗。禁令解除之後，有更多人得以嚐試這美妙的食物，尤其是那些以前從未嚐過的人。」

雖然有越來越多餐廳慢慢變得比較老實，也會以「美國和牛」、「美國神戶牛」、「國產和牛」等等用語來標示自己的餐點，但這些名詞所能澄清的，依然只是他們的食材「並非產自日本」，而實際上究竟從何而來仍舊是個謎。萬幸的是，美國和牛協會（American Wagyu Association）至少還會去督促飼育美國和牛的牧場不要再使用「神戶」兩字，以表達對該區的一點尊重——就像「香檳」的狀況一樣，但這還是無法讓這些名詞停止受到濫用。另外，協會也沒有強制要求會員去區分「百分百和牛」、「高比例和牛種」或「混種和牛」這些品種之間的差異，問題也因此變得更加複雜，這些標準不一的產品，全都以相同的方式被推銷給消費者，並且全部都被稱為「和牛」。

可笑的是，越來越多美國業者試圖把兩種名稱加在一起。比如說，拉斯維加斯的「嫩牛餐館」（Tender Restaurant）菜單上就有「和牛神戶牛肉堡」，或者像是食品供應巨頭「蛇河農場」（Snake River Farms）專門為餐館及主廚們供應「美食」材料，而他們的商品目錄中則有「美國風味和牛神戶牛肉」。我只想告訴這些公司，如果他們不想被當成詐騙集團，那就不要在用「神戶牛」的字樣了。法國名廚休伯特．凱勒在他的餐館「拉斯維加斯漢堡吧」（Vegas Burger Bar）推出一款要價六十五美金的漢堡，採用的則是一種「全包」的命名策略，這款漢堡名叫「來自澳洲的神戶風和牛堡」。這名稱看起來實在有點尷尬，但至少，客人們可以看出這個漢堡「不是」神戶牛。

在食品產業中當然也有很多和李主廚一樣的人，他們認為和牛是一種在地品種，因此從定義上來說，和牛並不能存在於日本以外的其他地區。對於這個論點，我一直保持中立，因為和牛包含許許多多的品種，雖然都源自於日本，但也不只侷限於一個特定地區。我反而比較認為「和牛」是指牛隻本身，而非牛所在的地區，就像我的黃金獵犬是純種狗，即便牠不是住在品種發源地蘇格蘭。但，如果我讓我的狗與其他品種交配，生下來的後代就不會是黃金獵犬，而是混種狗，搞不好我會幫新品種取一個很新潮的名字，叫做「黃金塗鴉犬」之類的。在和牛上也是一樣的，一旦跨品種進行繁殖，後代就不再是一樣的品種，有可能基因變得更優秀，也可能變得比較差，但無論如何，牠就不再是「和牛」品種了。

在這方面，美國農業部和我抱持不同意見。他們用來批准「和牛標註許可」的規範清單十分簡便：只要公牛或母牛其一，有至少93.75%的和牛基因即可。然而這換算下來，代表你購買的牛肉可能最低只有大約百分之46.9%的和牛基因，當然最高也可能有百分之百。意即，這之中的品質差異極大，而且你也無從得知。如同肉舖老闆喬治．費森所解釋的：「人們到超市裡購買『美國和牛』或更糟糕的『美國神戶牛』，結果油花竟比一旁的『美國農業部特選級』（USDA Choice）

還要少。」這聽起來實在太糟了，因為他說的「特選級」就是一般最常見的「超市牛肉」，等級比「極佳級」還低，在和牛評鑑標準中，得到兩分就算不錯了（別忘了滿分是十二分）。甚至，美國農業部模糊的和牛許可標準也無法規範餐飲業者，以至於那裡的和牛可能連 46.9% 的和牛基因都沒有，更可能根本是「0％」。

業者將和牛混種飼育的理由共有兩個：第一個當然是能夠削弱成本，大量產出價格較低的肉品。第二個是，想要使肉品風味更貼近其他國家的國產牛。常有人會說：「畢竟美國人的味蕾與日本不同」，或是「美國人比較喜歡本地風味的肉品，日本和牛味道太重、油脂太多」。對某些人消費者來說確實有可能如此，我個人也的確認為調整過的和牛比較適和一般消費者。不過，由於吃過真和牛的人實在太少了，這樣的論點其實也不見得能站得住腳。

「親愛的賴瑞，我很喜歡你去年在富比世網站發表的神戶牛與和牛文章。身為飼育和牛的牧場主人與餐館老闆，我想藉此告訴你，你說對了。許多媒體、主廚和美食家們經常被神戶牛與和牛的資訊誤導……然而，真的有一群誠實的酪農，努力想在日本境外的地區飼育出品種最接近日本和牛的牛隻，我就是其中一員。如同你的文章所述，並非所有酪農都以同樣方式養育和牛，因此我們正試著立定出一套可遵循的標準。」這是讀者皮特．埃謝爾曼寫給我的一段話，他不僅僅是一位牧場主人與餐廳負責人，還曾是被紐約洋基隊選入的球員，更是《美國和牛足跡》（*America's Wagyu Trail*）這本精彩書籍的撰稿者之一。他在書中介紹了數個與他同樣追求真實的家族經營牧場，對於想尋找可信賴貨源的人有莫大的幫助。只不過，你很難買到埃謝爾曼精心飼育的和牛肉，他只在自己的零售商店以及牧場附近一家名為「喬瑟夫德庫依」（Joseph Decuis）的高檔餐廳販售。這間餐廳位於印第安那州的羅阿諾克（Roanoke），據我所知是世界唯一自養和牛的餐館。

並不是每位讀者都會像埃謝爾曼一樣給予我禮貌的回饋，我也收到了好幾封措辭極為不滿的回函，直指美國當然有許多充滿熱誠、考慮周到且誠實的牧場，飼育著純正和牛基因的牛隻，育種的精液是合法從日本進口的，還有族譜可以回溯。因此，在開始討論國產和牛時，我希望能盡量表達清楚，雖然我收到的信件內容如此宣稱，但美國國內還是有很多所謂「國產和牛」牧場並不是以這樣的方式飼育牛隻的，而且，大部分以「和牛」之名販售的牛肉，其實都是基因早已被稀釋的混種牛，有些品質很好，有很多品質一點也不好。當然，若有心想在美國飼育純正基因的和牛，或至少基因極度相近的牛隻，是完全可以辦到的，也確實有一些很棒的牧場行之有年。

但回過頭來說，大多數美國純正基因的和牛仍會與日本和牛有一些差距。尤其是神戶牛，因為，真正的神戶牛會從數千隻牛中，挑選出十二隻基因最完美的公牛作為種牛，美國牧場的牛隻數量沒那麼多，當然就也無法作出如此精良的挑選。日本某些其他地區的和牛，甚至有著更大的基因庫可供篩選。再者，牛隻的飲食也是一個問題。美國牧場確實有可能複製日本神戶酪農的餵食方式，埃謝爾曼便是這麼做，但美國很少有其他和牛牧場會如法炮製。很諷刺——因為美國的飼育方法其實比日本更加天然。我本身是草飼放養的擁護者，認為這種飼養方式比較健康，而且我在家幾乎也只吃這種飼育方式產出的肉品。不過日本不太一樣，日本人認為，新鮮牧草中豐富的維他命A不利於油花的產生，所以他們盡全力在避免草飼，全面以穀飼來替代。神戶當地的牧場空間雖然比多數美國農場寬闊，但牛隻們幾乎終其一生都被關在牛棚內。美國的頂級和牛牧場則大多都採自然放牧、草飼的方式來飼養。

我吃過很多次美國純種和牛，雖然美味，但仍無法與日本和牛匹敵。我目前嚐過品質最接近的是科羅拉多州的「七倍牧場」（7X），他們以自然草飼和放養的方式餵養日本純種和牛的後代，也「沒有」以神戶牛之名來行銷。他們產出的牛肉現在廣泛流通，也成為當地高檔餐廳炙手可熱的菜單品項，線上也能購買得到。有些饕客們喜歡自然健康的草飼牛，又喜歡油花和豐富油脂風味，這便是很好的折衷選擇。

麥可．米納和喬治．費森等我訪問過專家們，許多都是國產和牛的愛好者，但他們也同意，美國和牛與日本和牛之間有著顯著的差異。「佳釀餐館」（Cru）的主廚席亞．嘉蘭特這樣告訴《紐約時報》：「美國和牛無法與真正的神戶牛相提並論。」而《美饌》（Gourmet）雜誌記者貝瑞．埃塔布魯則用了這兩種牛肉來進行品測，他寫道：「那晚我先是品嚐了日本神戶牛，再狼吞虎嚥一大份美國和牛——沒錯，上頭還用牙籤插了一支小國旗作裝飾。美國和牛也有著飽滿的牛肉風味，但卻沒有神戶牛肉那種柔嫩且融於口中的感覺。」而《紐約時報》資深美食評論家弗洛倫斯．法布里根雖大力讚美國和牛，但同樣也說，美國牛肉的顏色較紅、牛肉味較重，和傳統美式牛排使用的牛肉比較接近，只是更加軟嫩而已。德布萊肉舖的老闆費森則說：「美國牧場通常會將安格斯與和牛混種，嚐起來明顯與正統日本和牛肉不同。澳洲則會用荷蘭牛來與和牛交配，產生的油花比美國牛好許多，整體上嚐來也與日本和牛較為相似。」美國國內也能買得到澳洲和牛。

米納主廚會用奶油來烹煮美國和牛。如果他使用的是真正的松阪牛，其實並不需要這個步驟。「但你不能因為買了『和牛』，就期待品質一定優異。還必須要知道這是哪個牧場出產的。」他這樣告誡我，「牛肉的品質會因牧場而異，畢竟人們希望和牛能大量生產，變成一般商品，品質當然也會隨之下降，這沒辦法。作為一個消費者，你需要多加留意的是廚師和餐廳，要選擇一個可靠的地方用餐。」很可惜地，說的遠比做的容易，因為就連美國部分最高檔的牛排館和大師名廚們——這些餐館本被視為盡善盡美——也會使用假神戶牛或和牛來欺騙消費者。

其實用肉眼就能看出純正日本和牛與西方和牛的差異，神戶牛與西方和牛則又更加不同。當我在名廚查理·帕默在加州希爾茲堡（Healdsburg）開設的「乾谷廚房」（Dry Creek Kitchen）餐館看到那要價不斐的「美國神戶牛排」時，不必親嚐便知道那是假的。如果你想吃的只是美國傳統牛肉，那麼帕默的牛排並不會太糟，是一整片色澤均勻的紅肉，最外圍則有一圈白色脂肪，但完全沒有任何標誌性的和牛油花。

總而言之，在美國，若你想要知道自己正在吃的到底是什麼牛排，這問題相當複雜，但還是有一些解決辦法。

日本境內神戶牛

神戶牛協會有一份清單，列有獲得授權可購買及烹調神戶牛的餐廳，大部分的餐廳都位於日本境內。當然也並非只有日本餐廳能獲得許可，例如，美國的橡木門牛排館和紐約炭烤也有供應神戶牛肉。然而，世界上沒有比神戶市的「神戶美饌」餐館（Kobe Plaisir）更適合嚐試這傳奇牛了，神戶美饌餐館由日本農業部親自經營，可說是神戶牛肉的旗艦餐廳。

日本境外的神戶牛

這就比較難辨別了。全美國只有三個地方是我認為可以信賴的：拉斯維加斯的永利酒店、紐約的二一二牛排館，還有夏威夷的銀座宮城鐵板燒（Teppanyaki Ginza Sumikawa），神戶牛協會在全美國總共只認證了這三個地方。另外蒙特婁名廚安東尼奧．派克則在二〇一五年拿到全加拿大第一張神戶牛進口執照，他名下的派克餐館（Park）及拉凡德利亞（Lavanderia）餐館都可以供應正宗神戶牛。剩下的神戶牛只會出口到香港、澳門、泰國、新加坡，以及阿拉伯聯合大公國，所有其他地方號稱的神戶牛全都是假的，包括歐洲。

證明文件

自稱專家的人總會告訴你要記得看證明文件，而日產的所有牛隻也的確都會有血統與宰殺資訊，還有獨特的鼻印，以及一組十位數的辨識碼等證明。然而，除非你會日文，而且真的很了解牛隻，否則那些文件無法讓你更了解你的盤中之肉。那些對你來說如天書一般的日文文件，頂多只能證明業者曾經拿到某種文件罷了，更何況，歷來已經有那麼多食物詐欺案件，做一份假文件應該非常容易。業者可以讓你看一張神戶牛的證書，但擺在你盤中的卻是一般的超市牛肉。

神戶牛小常識

真正的神戶牛絕對不會以冷凍販售，絕不會帶骨，而且絕對、絕對不可能很便宜。只要帶骨，那絕對是詐騙的神戶牛，任何一家供應帶骨神戶牛排的餐館都是詐欺。根據神戶牛協會所言，每一盎司的進口神戶牛都會透過四個被認證的通路商經手，並且所有貨源都會直接送往餐廳，絕不會流入零售商手裡，更沒有所謂「便宜賣」的神戶牛。即便是供貨源頭兵庫縣，價格也依舊是每磅一百二十到兩百元美金，這還是全世界最便宜的價格。

神戶牛肉堡、神戶迷你堡、神戶熱狗……等等

近年來，眾人熱議著一份完美的漢堡肉中，瘦肉與肥肉的理想比例究竟是多少。最後幾乎大家都同意，70％到80％的瘦肉最好。因此，真正的神戶牛肉其實太肥，無法做成一塊好的漢堡肉，即便是瘦一點的美國和牛，許多餐館也會因為口感，而在肉中摻入較瘦的一般牛肉。價格低廉的神戶牛漢堡不可能是真的，貴的也不會是真的，因為吃起來應該很噁心。至於神戶牛肉做的熱狗？還是算了吧。

趣聞：柯比．布萊恩

「有多少人知道，柯比．布萊恩（Kobe Bryant）就是以神戶牛（Kobe）為名的？他老爸去了日本一趟，愛上神戶牛的滋味，久久無法忘懷，就以神戶牛來為自己的孩子命名。」一位名叫大村依和的神戶牛牧人告訴我。根據日本當地的眾多報導，這個故事顯然是真的，日本人很驕傲他們知名的牛肉竟對美國有如此巨大的影響。你可以想像嗎，你因為太喜歡某種起司或義大利麵，而將你的孩子命名為「曼徹格」起司（Manchego）或是「布卡蒂尼」吸管麵（Bucatini）？然而，NBA球星柯比．布萊恩的才華與神戶牛的美妙同樣不言而喻。

日本和牛

理論上來說，現在幾乎任何餐廳都可以進口真正的和牛，但卻很少有餐廳這麼做。美國少數幾個我覺得可以放心花錢享用和牛的地方，包含紅色牛排館（Red the Steakhouse）、紐約客牛排館、波本牛排館，以及沃夫岡普客牛排館（Wolfgang Puck's CUT），這些餐館都擁有兩間以上的連鎖店。另外還有拉斯維加斯永利酒店中的帝國牛排（Empire Steak）餐廳，以及紐約的二一二牛排館，就這幾家了。當然一定有其他會進口和牛，但我實在抱持懷疑態度，不太信任他們。德布萊肉舖會直接從宮崎市採買，他們的線上商店就能買到和牛，那也是我唯一會訂購和牛的商家。我對於德布萊肉舖供貨的餐館也很信任，所以，請直接詢問服務人員他們會將和牛供應給誰，或許有非常多間很棒的餐館。真正和牛向來所費不貲，若想一嚐和牛的滋味，你得花上大把鈔票。我在紐約客牛排館用餐時，松阪牛的價錢大概是全食超市最貴牛排價格的二十倍。

美國神戶牛

沒有這種東西，看到請直接忽略。就算你剛好吃到的是品質絕佳的美國和牛，使用「美國神戶牛」這樣的術語，也只是企圖要欺騙你，你不該付錢讓任何人對你做這件事。

美國與澳洲和牛

就如同克林・伊斯威特電影《黃昏三鏢客》（The Good, the Bad and the Ugly）的片名，你吃到的美國與澳洲和牛也有好的、壞的和醜的，尤其是在餐廳裡。很多人喜歡「安格斯和牛」（wangus），也就是和牛與安格斯牛的混種，比一般的美國和牛再更肥一點，也更多油花。如果你也喜歡這種口感，這很容易，只要在菜單上找到蛇河農場出產的牛肉就行了，高檔餐廳或線上購物都可以取得，但要知道，你吃的這種並不是純正的和牛肉。美國百分百純和牛品種可以在科羅拉多州的「七倍牛肉」（7X Beef）找到，我訂購過也烹調過，品質很優良，這些牛隻沒有被施打抗生素或賀爾蒙，並且也以天然草飼放養。大致而言，澳洲和牛的口感比美國和牛更接近日本和牛。但當菜單上寫著「澳洲和牛」時，也不見得真的代表你的盤中之物就是和牛。

不是每個人都喜歡正宗的和牛口感，就算你很喜歡，這也不會是你每天都想吃的牛排。當我三天內連續吃了三次之後，我就開始懷疑自己會不會心肌梗塞。混種牛肉一般被認為比傳統美國牛肉再好一點，美國牛肉是一種你可以每天食用的肉品，而混種牛肉至少能讓你每天吃到不同風味。所以，我並不是認為和牛以外的所有牛肉都比較次等，畢竟每個人的口味不同，我只是想在這一大堆錯誤與誤導的資訊中讓你知道，這些混種牛肉並不是正宗的和牛。

7 香檳與蘇格蘭威士忌：最真誠的舉杯

你確定嗎？如果你認為「香檳」只是一般的汽泡酒，等於在說勞斯萊斯和一般房車別無二致，那你可能真的是一個毫無辨別能力的人。

——丹．鄧恩，「The Imbiber」部落格作者（二〇〇五年夏季私人對話）

在歐洲度假的諸多優勢之一就高鐵四通八達，在巴黎，幾乎從你一下飛機就可以享受這種便捷。法國的TGV高鐵是世上最快速的列車之一，平均速度為每小時兩百英哩，在戴高樂機場就有一個車站。我下了橫跨大西洋的飛機航班之後，先是通過海關檢查，再沿著樓下的標誌搭上了列車，只花了三十五分鐘就抵達了蘭斯（Reims），比從機場到巴黎市中心還要快。

短程車中途沒有停靠站，但儘管我乘著高科技的列車，這段旅途仍宛如穿越時空回到過去一般。我從水泥叢林般的機場離開，經過倉庫林立的工業區，然後是與高速公路平行的郊區，大約過了二十分鐘後，現代化的景致不再，眼前出現的是茂密綿延的樹林，偶有農人們的田野和幾株零星的白樺木。再往前駛，則有一些農作丘陵地形，而又過了數英哩，列車進入大片廣袤的葡萄園，這便是蘭斯的景觀。

蘭斯建於西元前八十年，經歷了許多大起大落，並且這是一座僅次於巴黎的純正法國之城。西元四九六年，法蘭克的國王與皇族統治的奠基者「克洛維一世」皈依了基督教，並在蘭斯大教堂受洗，進而奠定了法國君權神授的觀念。自他以後，一直到十八世的法國大革命之前，所有法國國王都會到蘭斯大教堂舉辦加冕儀式。而後民主制度的到來使這座城市的重要性頓時失色，但它在歷史上仍具極為重要的地位——一九四五年五月七日，德國人在蘭斯的某間教室裡無條件向當時仍是將軍的艾森豪投降，終於結束了歐陸的二次世界大戰。

拋開歷史不談，蘭斯是一個迷人的小城，當我細細端詳大教堂裡精緻的玻璃花窗，走到一間富麗堂皇的咖啡館中啜飲咖啡，又漫步往熱鬧的市中心時，放眼望去盡是美麗的飯店、商家和露天餐館，甚至還有一座華麗古老的旋轉木馬，彷彿被時間凍結，沒有一絲改變。相較之下，旋轉木馬如同是夢中之物，因為眼前很有許多建築都是相對近代才建成的。整個市中心在第一次世界大戰中遭到德國猛烈轟炸和炮火摧殘，就連大教堂也難以倖免，原本的建築碎片現在被收在隔壁的博物館中。現在的大教堂，雖然哥德式的宏偉建築風格令人印象深刻，就像是從中世界一直保留到現在，但那其實是仿造一二一八年的前身而建，當年它就曾經受到嚴重火災損傷。一戰之後，大教堂花了二十多年才修成，並在一九三八年重新開放，結果又正好碰上第二次世界大戰。蘭斯市中心的每一棟建築再次遭到損壞甚至夷為平地，但當地人們依舊頑強地再度重建他們的城市。現在我們在地面上所見的大部分建築物都是二十世紀的作品。至於地下，則是一個更古老、更不同的故事了。

在蘭斯，無論你走到哪裡，更無論你正在走路、坐著、睡覺、吃飯還是購物，你都身處於一個複雜的地下洞穴與隧道世界的頂端，這個地底世界是由當地著名的石灰岩岩床堆疊而成。洞穴與隧道在城市下方交錯縱橫，延展超過一百二十英哩，基本上沒有受到戰爭的轟炸與破壞，成為了歷史的寶藏。隧道裡仍有戰時醫院的遺跡，還有十三世紀的墓穴、古老地下教堂，甚至有三世紀的羅馬遺跡。這地下世界可說是蘭斯的命脈，不斷神秘而無聲地推動著地面上的世界——使安靜沉著的葡萄酒慢慢變成了充滿氣泡的香檳。同樣的「煉金術」也出現在埃佩爾奈（Epernay）的地下隧道，還有香檳地區的酒窖裡。

若你有幸啜飲過泰廷爵（Taittinger）、夢香檳（G.H. Mumm）、凱歌（Veuve Clicquot）或波馬利

（Pommery）等蘭斯名廠的酒品，這些杯中之物自十九世紀以來一直都是源自這些地底隧道。這座城市建在「香檳」之上，字面意義與象徵意義皆是如此，而香檳更是在地面之上廣泛流動：這裡的酒吧和餐館都擁有長長的酒單，櫥窗裡更擺滿一眾鮮為人知的精品美酒品牌，而我在這裡所住的度假飯店，則可能是全球唯一能在大廳設置一整面香檳牆的連鎖飯店，裡頭甚至還擺著昂貴的頂級香檳。香檳的成長過程發生在地下，饑餓的酵母吞噬著糖，並將之轉化為精緻細小的二氧化碳氣泡，進而創造出世界上最著名的葡萄酒。根據古老而嚴格的法國產品生產法規，這釀造過程不能在罐子或桶子裡進行，而只能在瓶中個別展開。每段時期，整座蘭斯城底下都有大約十億瓶香檳在街道之下陳釀。

蘭斯曾被古羅馬、拿破崙、匈奴人、東日耳曼的汪達爾人和德國人反覆入侵與征服，並多次遭到摧毀。在這所有過程中，唯有葡萄酒產業得以持續生存和發展。這裡的葡萄種植至少可以追溯到五世紀，而自氣泡葡萄酒的製作工藝在香檳地區發明以來，則大約已有五百年的歷史。現在，蘭斯又再次受到襲擊，但門前的暴徒可不是士兵，而是邪惡的美國酒商。

蘭斯與埃佩爾奈是香檳亞丁地區的兩大香檳生產城市，但在進入釀造程序之前，大部分需要密集勞動的製造過程則都在附近的農村進行。香檳地區並不大，若你去看地區內的葡萄園地圖，這裡葡萄園稀少的程度更會令你感到非常吃驚——所有葡萄園都集中在地圖上的三個小範圍內，只占整個地區的一小部分——不到1.5%。香檳地區種植的馬鈴薯甚至甜菜都比葡萄還要多。雖然這裡的葡萄園是世界上最昂貴的農作土地，每英畝價值超過一百萬美元，但地價並非小量種植的原因——畢竟，賣葡萄比賣馬鈴薯賺得多。這裡的葡萄之所以這麼少，正是因為有太多鉅細靡遺的規範限制了香檳葡萄的條件。

香檳地區最著名的土壤特徵就是葡萄園所在地的白堊礦與石灰質。這種土壤主要是由遠古海洋微生物的外殼所組成，它們生活在這裡仍是一片汪洋的時期，能吸收大量的水分，使頻繁的雨季時不致於淹水，更能在乾旱時期充當水庫，為藤蔓根部供給水分。

早在一九二七年，法國國家原產地與品質研究所（Institut national de l'origine et de la qualite）便仔細劃定了這個地區的哪些地方能產出品質最好的葡萄，總面積只有八萬四千英畝，只比紐約最大的皇后區大一點點。由於嚴格的品質控制和悠久的釀造歷史，絕大多數葡萄園都很小，並幾乎都是家族經營，三百多個極小且受認可的家族葡萄園組成了「香檳村」，其中共有七萬多個家庭，許多人是純粹務農之人，收成之後會將他們種植的葡萄賣給釀酒廠。雖然在埃佩爾奈的香檳大道（Avenue de Champagne）上，像酩悅（Moët & Chandon）、皮耶爵（Perrier-Jouet）這樣頂級的知名品牌一字排開，門市以晶亮的白色大理石建造而成，有如大使館一般雄偉，然而實際上，店內許許多多香檳作品都是出自家鄉父母之手。大多數美國人都不知道香檳製造商的名字，就連葡萄酒愛好者也不見得能列出十幾二十家來，但當地大約四千個獨立香檳廠牌。這些品牌大多從未離開過法國，許多酒商只在車庫大小的家用酒窖中銷售產品。

除了前院的一個小招牌，你幾乎看不出這間位於蒙吉爾（Montgueux）不起眼的郊區矮房竟是「寇尼歐香檳」（Champagne Corniot）的「世界總部」。亞莉克絲・裘德和她的丈夫的家就是他們的品嚐室、零售店和辦公室，至於釀酒廠則在對街的車庫兼倉庫裡。她丈夫的祖父來到香檳地區成家立業，現在，亞莉克絲自己的女兒——也就是家族的第四代——放棄了法學院學位，回到家裡來經營生意。

「這裡的土質就是白堊礦，我們的葡萄園則有七公頃（約十七英畝），」裘德說。「我們用自己種的葡萄來自釀香檳，蒙吉爾所有人都這麼做。每個家庭品牌都有各自的特點和品味。」他們會將大約一半的葡萄出售給凱歌，其餘的就用來製作自己品牌的香檳，他們最重要的一種產品叫做「白中白」（blanc de blanc）的冷門香檳款式，這是一種「單一村」（mono-cru）的酒款，釀造原料中只含有單一品種的葡萄，而裘德家用的是夏多內葡萄。「我們的老葡萄園現在產量只有新葡萄園的一半，」她哀歎。在世上大多數葡萄酒產區，為了提高葡萄產量，這種夏多內會被直接剷除，重新種植更易照顧且產量更大的品種。「我們不能把它們剷掉再種別的，因為這種特殊的夏多內葡萄品種已經幾乎要絕種了。這個品種很脆弱，沒人想花那麼多力氣去種植，但它的味道很棒，是我們家的選擇。」他們家的寇尼歐香檳品牌每年生產兩萬五千到三千瓶香檳酒，旗艦產品則是一種瓶身無年分（nonvintage）但大約四到五歲的香檳——是法定要求的三倍多——而價格大約是美國最便宜香檳的一半。

像蒙吉爾這種香檳亞丁地區的小城鎮，根本沒有裝配線或其他工業化的生產方式。寇尼歐的小裝瓶機一次只能裝三瓶，而標籤機的尺寸則小得能安裝在家裡的廚房櫃上。我參觀過許多小家庭自擁小房屋，也就是大多數當地香檳廠牌的工作室，他們都是一家數代同堂一起工作，父母、兒女、孫子和祖父母共同摘採葡萄——當然全手工，這裡只要是用手工以外的形式製造香檳，就會是非法的。雖然將釀造時間縮短可以增加產量，並很可能得以增加投資報酬率，但我造訪的每個家庭廠牌都至少會將香檳放上兩到三年，比最低要求時間還要久。為什麼呢？像亞莉克絲．裘德就會將她們家所有的香檳至少陳釀三年以上，她認真地說：「因為釀酒不該是件急躁的事。」《葡萄酒觀察家》（*Wine Spectator*）雜誌的資深編輯兼香檳專家愛麗森．納普吉斯告訴我：「在香檳地區，法律規定的年分只是個最低準則而已，許多廠商的陳釀年分都遠超過這個低標。」

埃佩爾奈外一座得以俯瞰城市的小丘之上，有一座名叫奧特維萊爾（Hautvillers）的村莊，你可以前往參觀當地一間修道院，史上最知名的神父之一唐貝里儂（Dom Pérignon）當年就住在那裡。奧特維萊爾如同一個中世紀小鎮，鋪著鵝卵石小巷裡至今仍有成排的手工香檳廠，全都位於各個當地家庭的自宅中。不過，許多關於唐貝里儂神父的傳奇故事都是經過加油添醋的，像是，有傳說當他第一次「發現」香檳酒的時候，他說了一句舉世名言：「看哪，我正在啜飲星星！」其實他並非像人們說的那樣「發明」了香檳，但他確實對目前香檳的品質以及葡萄酒釀造做出許多重要貢獻，包含混釀（blending）和軟木塞的使用，都要歸功於他。

香檳在此處誕生，在這裡獲得完善，而綜覽消費者喜好、市場價格和口碑，它一直是世界上最好的氣泡酒。在本書的其他章節中，我有特別提到，並非所有知名產品都一定是品質最佳的，但是在這個案例中，香檳就是最好的，這無可辯駁。你可以在許多地方買到優質的氣泡酒，但也有可能買到劣質的氣泡酒，但在香檳這個地方，因為品質控管嚴格得難以置信，你絕對不能買到一瓶劣質的真香檳。

「當地香檳的品質一直很高，消費者根本不需要經過思考，就能夠意識到這一點，」《葡萄酒觀察家》的納普吉斯就說道，「從『風土』最細微之處開始，這種酒所經歷的無一不是精緻而嚴格的釀造過程，這是世界上技術要求最高、最詳盡的酒款之一。」

在埃佩爾奈、蘭斯和整個周邊鄉村地區，無數大大小小的酒莊都有提供葡萄酒觀光方案，讓遊客瞭解香檳的釀造過程，順便品嚐可口的香檳。這些方案大受遊客歡迎，甚至還有提供不同語言的導覽。有些酒莊還有藝術品收藏，酒窖、餐廳、博物館中擺放些許古董，也有些酒莊的設施更加精緻，不過遊客所看到的釀酒過程多半大同小異，因為，香檳的製作方法確實就只有一種，只是風格上有些許差別而已。如果你報名參加這類導覽方案，你的所見所聞大概會與我差不多，以下就是你屆時會瞭解的內容：

- 香檳的釀造過程至多只能使用七個葡萄品種，也可以採用單一品種，或可採七個品種任意組合。然而，幾乎所有的香檳都會選擇三個品種作為原料：夏多內、黑皮諾和莫尼耶皮諾（Pinot Meunier）。另外的四個品種分別是白皮諾（pinot blanc）、灰皮諾（pinot gris）、阿芭妮（arbane）和小梅耶（petit meslier），這幾個品種自古以來一直數量稀少，非常難得，整個種植區只有不到四英畝的阿芭妮葡萄，並且，在高達數千多種獨立廠牌之中，會用阿芭妮來釀酒的牌子更是少之又少。

- 此地的風土條件極為獨特，且氣泡酒的葡萄品種在此處也生長得比其他更好。這裡是全世界地理位置最北的葡萄種植區，比其他葡萄產區更加潮濕寒冷，每年降雨天數多達兩百多天，因此，此地的葡萄品種對許多類型的葡萄酒而言，其實不甚理想，但卻是氣泡酒的絕佳釀造原料。若土壤中不含獨特的石灰質和白堊礦，這裡的氣候與土壤條件對於葡萄藤來說也太過潮濕，夏季氣候有時又過於乾燥。在深入地下世界參觀他們的陳釀洞穴時，你便能一窺當地最知名的地質層。
- 釀造香檳所用的葡萄必須百分百生長於香檳亞丁地區，更必須是取得AOC認證的葡萄園。葡萄的種植方式受到嚴格規範，相較於現代農業所追求的高產量，此地卻祭出每英畝最高產量的限制，好嚴格控管葡萄的風味與品質，就連葡萄樹的修剪方式也都有相關官定，此外，因為機械收割可能會傷到脆弱的葡萄，使原料品質降低，這裡所有用來釀造香檳的葡萄都必須手工摘採。
- 葡萄一開始會先被釀為一般無氣泡葡萄酒，接著會連同前幾年的桶裝葡萄酒一起混釀，這個步驟稱為「調配」（assemblage），然後才能生產出一般的無年分香檳。這是一個複雜的過程，需要平衡各個葡萄品種和每個葡萄園的不同口味。有些廠牌會在調配過程中，混釀數百種不同的葡萄酒，像是酩悅皇室旗艦（Brut Imperial）香檳的「入門款」，就包含了一百多種葡萄酒。唯有在當年收成的葡萄品質極高時，酒廠才會獨用當年的葡萄來釀製年分香檳（vintage），並在混釀過程中，只選用該年採收釀造的其他葡萄酒。
- 混釀完成之後，葡萄酒會被裝瓶，並加入酵母和糖，然後放入洞穴或地窖中進行陳釀。酵母分解糖時，會產生出二氧化碳，而這就是酒中氣泡的來源。氣泡越小、越細緻，就代表香檳的品質越高。陳釀最後階段的六到七週，酒瓶都要先經過「轉瓶」（riddle）。在二次發酵過程中，酒瓶必須傾斜放置，並定期規律地旋轉瓶身，每次轉動約四分之一圈，這樣瓶內的酵母殘渣（也就是「酒糟」）就會集中在瓶頸處。

- 陳釀完成後，瓶頸會被快速冷凍形成一段「冰塞」，將殘渣凍結在其中。接著一打開瓶口，酒瓶中壓力便會將冰塞推出，留下瓶中葡萄酒。這時，就可以為酒瓶蓋上軟木塞，然後便能送入銷售市場了。這個過程被稱為「冷凍除渣」（disgorgement）。
- 不同於某些無氣泡葡萄酒放置時間越長，品質就越好，香檳在冷凍除渣之前，品質就會有大幅的提升，這個階段被稱為「泡渣」（resting on the lees）。正因如此，陳釀至關重要：無年分香檳至少需要陳釀十五個月，而年分香檳則要三年。然而，這些數字都只是最低標準，酩悅的無年分香檳通常規定要二十四至三十個月，而年分香檳則要七年。酩悅的旗艦款「唐貝里儂香檳王」則要求更長的時間，有時甚至會超過一般陳釀期的兩倍之久，像是他們一九九八年開始陳釀的幾支酒款，一直擺到二〇一四年，才開始進行冷凍除渣並出售。

酩悅在埃佩爾奈的地底有一條長達十七英哩的酒窖，我特地前往參觀。「整個法國大概沒有任何產品受到比香檳更為嚴格的控管，」負責接待的芭芭拉這麼告訴我，「所有原料的條件都必須非常精確——葡萄在哪裡種植、什麼品種，還有種植的密度等等。就連專門修剪葡萄藤蔓的業者都還需要具備一張合格文憑。除了葡萄之外，處理與陳釀的每一個步驟也都有嚴格的規範。」

這整個過程被稱為「香檳釀造法」（méthode champenoise），非常耗時而且成本高昂。試想，若你是一個香檳酒廠，突然有一天，你不再需要使用指定的葡萄品種，或不需要再從葡萄園購買世上最昂貴的葡萄，你可以隨心所欲選擇任何產地的葡萄，以最低廉的成本來進行釀造，且不用顧慮品質高低，或者，你再也不必耗費大量時間等待香檳在瓶中進行二次發酵，而是可以使用大鋼瓶來盛裝你的氣泡酒，達到工業生產的規模和產量。再想像一下，你可以隨時隨地出售這些香檳。如果你能免除釀造過程中所有嚴格的規定，不必品管、毋需陳釀，更不用以高品質葡萄作為原料，或者省略精湛的釀造工藝，你的產品價格一定會更加便宜，而消費者在得知了這一連串粗糙的過程後，當然也不會掏出大把鈔票來購買你的產品。但是，假如說你可以掩蓋這些低品質的真相呢？假如你把產品貼上「香檳」的標籤，然後借助一下「唐貝里儂」的盛名，沾沾酩悅歷久不衰的品牌之光，你一定能大賺一票。美國國內兩家最大的「香檳」酒廠「安利」（Andre）和「闊克斯」（Cook's）就是這麼做的。

葡萄酒產生氣泡的方法一共有三種。一是依照傳統香檳釀造法，讓葡萄酒在瓶中發酵。西班牙的卡瓦氣泡酒（cave）、南非的開普經典氣泡酒（cap classique）以及香檳地區以外的法國氣泡酒（crémant）都是以這種方式釀造，並且符合規範。另外，美國一些頂級美國泡酒也是如此，例如史瑞堡（Schramsberg）和格魯特（Gruet），還有部分法國廠牌在加州設立的子品牌，像是酩悅旗下的香桐（Domaine Chandon）、泰廷爵旗下的卡內羅斯（Domaine Carneros）、夢香檳旗下的納帕香檳

（Mumm Napa）以及路易侯德爾（Louis Roederer）旗下的加州侯德爾（Roederer Estate）。

另一種方法叫做「大槽法」（Charmat method），會在不鏽鋼大槽中添加酵母進行發酵，而不是在瓶中。這種方法的成本更低，義大利普羅賽克（Prosecco）和一些便宜且高產量的美國「香檳」，都是採用這種方法。至於第三種方法，成本就更為低廉了，作法如同可口可樂那樣，將二氧化碳注入葡萄酒中，使其碳酸化，可以省略整個二次發酵過程，也完全不需要用到酵母。

以上三種方法中，只有第一種能製作出「真正的」香檳。至於美國允許使用哪一種方法來製作「香檳」呢？答案是，以上三種都可以。若想挪用這全世界最著名葡萄酒之名，在美國只需幾個簡單步驟就可以做到：隨意選個地點種植葡萄，或者隨意選個產地來採買葡萄，完全不需在意品質，接著開始釀造葡萄酒。釀成之後注入二氧化碳，就完成可以出貨了！如此簡便的過程，美國當然也就鮮少有氣泡酒莊的觀光行程了，然而在法國，這些行程卻比比皆是。

所有產自法國的香檳都必須註明原產地，若你仔細閱讀瓶身標籤，發現你手裡的這瓶酒並不是來自法國，那這就一定不是純正的香檳了。正因為正宗的香檳全都產自法國，且這種觀念已經在消費者心目中根深柢固了，因此消費者只要一看到「香檳」兩個字，就會直接忽略其他資訊，然而矛盾的是，照理說他們本來是真的不需要去注意其他資訊的。就好像，當你在鐘表行買了一支勞力士、歐米茄或浪琴，甚至是 Swatch 等任何一款瑞士手錶，你都不需要翻到手錶背面，看看有沒有寫上「瑞士製造」，因為真正的瑞士手錶本來就全部都是瑞士製造的。而在假食物的情況中，其中一個最值得探討的就是，這些美產「香檳」究竟是否讓消費者產生了困惑？

答案是，假象令他們徹底搞混了。《葡萄酒觀察家》雜誌的納普吉斯表示：「如果你到馬路上發給一百個路人每人一瓶『美國香檳』，至少有九十五個人會認為這就是正宗香檳。他們根本不知道，只要像製作碳酸飲料那樣把氣體注入葡萄酒中，就能製作出氣泡酒……這與法國的香檳根本不是同一種東西，而且味道也完全不同。」

當我把這個主題寫在《富比世》的網路專欄之後，收到無數讀者來函，說我一定是搞錯了，不可能會有美國製造的氣泡酒貼著「香檳」的標籤，因為香檳只能來自法國。甚至有一些讀者留言說，美國產氣泡酒標籤上寫的並不是「香檳」，而是「香檳釀造法」。確實，有些美國產氣泡酒標籤上真的寫著「香檳釀造法」，但就算是這樣，這個詞也是僅限法國當地使用。並且根據歐盟法律規定，除了香檳地區以外，其他任何地區的氣泡酒都不得使用這個名稱，就算是法國的其他地區也不能，無論業者所使用釀造方法是不是與「香檳釀造法」相同。因此，就算美國的某些氣泡酒真的使用同樣的方法釀造，也不該使用這個名詞。

這種假食物的騙局之所以如此成功，正是因為人們根深柢固地相信香檳是法國獨有。香檳的口碑來自於當地製造，但也受到這一點所害。世界上沒有任何其他食物或飲料像香檳這樣，既是地名也是產品名稱，這兩者的連結如此不可分割，使香檳成為唯一不需要AOC標章的AOC產品，因為，「香檳的原產地是香檳」，這是如此渾然天成的事實。

也正是由於如此，當消費者在美國這裡看到「香檳」的標籤，也認定這就是一個受法律保護的名稱，他們反而因此自然地相信自己買到了真正的香檳。這個問題非同小可。闊克斯的產品是在加州用大鋼瓶製造的，每瓶售價約為七塊美元，一直到近期，他們都還持續在網站上吹噓自己是「美國最暢銷的香檳」。雖然在我看來，他們自誇與事實不符，但他們的銷量確實超越任何一款正宗的香檳。低廉的價格當然是一大重要因素：一瓶正宗香檳光是葡萄原料，成本就已經高過任何一瓶闊克斯「香檳」的售價。曾有統計指出，美國市場上標有「香檳」字樣的氣泡酒中，超過一半都不是真正的香檳，而且製造商為數眾多、分布廣泛，從長島、五指湖到加州都有，其中，最暢銷的就是闊克斯、安利、大西部（Great Western）和科貝爾（Korbel）。大西部是紐約五指湖區品牌「快樂谷」（Pleasant Valley Wines）的酒款，釀酒原料中包含許多正宗香檳禁止使用的葡萄品種，每瓶售價只要八塊美金，然而，許多酒窖還是把這種酒款當成「香檳」來銷售，更不會提及它的產地。

這類問題在網路購物上又更為嚴重了，有越來越多人使用網購酒類，但這整個過程中，消費者都無法實際看到酒瓶，也無法確認訂購的酒是何處製造。就算是前瀏覽酒廠網站也沒有幫助，像快樂谷的網站就煞有其事地聲稱「我們是美國東部規模最大的瓶裝發酵香檳酒莊，百年來，我們旗下的『大西部』始終是美國最受歡迎的香檳品牌」。而在我看來，在一眾惡劣的冒牌廠商中，加州的科貝爾簡直可說是最糟糕的，他們自視甚高地認為自己十分有資格使用「香檳釀造法」這個詞，而不是把這幾個字視作他們規避法律責任的工具而已。

為了釐清狀況，我特地前去參觀科貝爾位於納帕郡的酒莊，他們的接待人員不斷使用「香檳」這個名稱來回答我所有的問題，更聲稱他們公司由於歷史悠久，已經成功與法國當地簽訂了使用「香檳」一詞的特殊協定，簡直鬼扯。他們也一直宣稱自己使用的是「香檳釀造法」，一樣是鬼扯。雖然他們的二次發酵過程與正宗香檳相同，確實是個別在瓶中完成的，但這並非香檳釀造法的唯一要求。科貝爾經常使用香檳釀造法不允許使用的葡萄品種，包括麗絲玲（riesling）、白梢楠（chenin blanc）、麝香葡萄（muscat）、可倫巴爾（Colombard）、嘉美（gamay）、桑嬌維塞（Sangiovese），甚至是金芬黛。科貝爾在行銷所謂的「麗絲玲加州香檳」時，聲稱這款酒採用的是香檳釀造法，但事實上這根本不可能。他們又在網站上大肆吹噓說，他們所有的「加州香檳都是以傳統香檳釀造法製作的……這種歷久彌新的經典工藝需耗時一整年，才能淬鍊出完美的香檳」。這整個過程耗費的時間絕對比一年還要多。

「香檳釀造法」一詞代表著產品是正宗香檳，因此世上其他地區都禁止使用，就連「香檳風格」也只有香檳地區可以使用。然而，美國卻對這些規則視而不見。

在科貝爾的品酒室裡，我試喝他們名為「科貝爾紅香檳」的酒款，以梅洛（merlot）葡萄釀造，這是香檳嚴禁使用的另一個品種。正如負責品酒接待的一位小姐向我解釋的那樣，這款酒「很特別」，因為「你大概只能在我們這裡找到這種酒，世上沒有幾個地方在生產紅香檳。」事實上，沒有半個香檳地區的酒莊會這樣做，世界上根本沒有這種「香檳」。更糟的是，她還興高采烈地補充說明：「大多數人都不知道我們其實有釀造十五種不同風格的香檳，因為我們只對外供應其中六款酒。另外，我們也有釀造雪利酒和波特酒。」西班牙是正宗雪利酒的故鄉，而波特酒則誕生於葡萄牙，這下子，我想要是他們數世紀之前的釀酒師地下有知，恐怕也會氣得不得安寧了。

根據美國菸酒管理局（ATF）的規定，美國產品若標有「香檳」一詞，則必須附帶原產地資訊，因此科貝爾在瓶身上標有「加州香檳」，但這個詞本身就自相矛盾了。甚至在他們許多行銷文案中，也完全不使用「加州香檳」這個標註，反而刻意省略「加州」二字，只使用「香檳」來指稱。像是，他們會稱自己的釀酒師稱為「香檳大師」，而郵購服務則名為「香檳與葡萄酒俱樂部」。他們的線上購物網頁還將較為高價酒款形容成「科貝爾頂極典藏香檳」，而他們的乾型香檳（Brut）則是「最具口碑的香檳」。在一場由科貝爾贊助舉辦的高爾夫錦標賽中，我受邀前往觀看賽前的「名品香檳噴灑」啟動儀式，而「加州」二字果然沒有出現在他們任何關於「香檳」的宣傳之中。

在接受全國公共廣播電台採訪時，科貝爾的老闆蓋瑞．赫克為自己公司以「香檳」之名來操作的行銷手法進行了一番辯護，他說：「假如你問美國人說什麼是『氣泡酒』，大部分的人都會回答：『就是葡萄酒加蘇打水』。正因為大家對氣泡酒三個字的認知是這樣，我們更加不能稱自己的產品是氣泡酒。」認真的嗎？這簡直是我能想到最差勁的藉口。我去過美國無數地方，從來沒聽過有人是這樣定義氣泡酒的。事實上，還有很多昂貴且高品質的加州氣泡酒僅以「氣泡酒」之名銷售，也一樣能大受歡迎，多年來都有很好的銷售成績。

知名葡萄酒記者樂蒂．蒂格曾經針對一系列加州氣泡酒進行品測，並在《華爾街日報》上發表了評論。她寫道：「我們就從科貝爾的乾型香檳開始，這家酒廠竟斗膽一直將自己的酒稱為『加州香檳』。歐盟已經代表法國香檳地區的製造商，說服全世界的氣泡酒廠停止使用他們的地區名稱來作為標籤，只剩下科貝爾抵死不從。科貝爾對香檳之名簡直可以稱得上是侮辱，口感淡而平庸，毫無層次，還帶著一點酸味。我們只嚐了幾口就換到下一款酒了。」但科貝爾說不定已經算是廉價冒牌香檳中比較優質的一個品牌了。

一般來說，美國較好的氣泡酒廠並不會使用「香檳」一詞，我很高興能嚐到格魯特、香桐和其他品牌的氣泡酒。而跟其他真食物相比，辨識真正的香檳輕鬆多了，只要看到「法國製造」的標籤，那一定會是正宗香檳，無一例外。

正如《紐約時報》的葡萄酒評論家艾瑞克．阿西莫夫所說：「我隨時樂於品嚐一瓶史瑞堡氣泡酒，加州的鐵馬（Iron Horse）或侯德爾也不錯……但不爭的事實是，氣泡酒只分為兩種：香檳，和不是香檳的氣泡酒。也有很多很棒的氣泡酒，但那都不是香檳。」

一八九一年，包含美國在內的世界各國，首度舉行了一場有關商標的重要國際談判，並簽訂《商標國際註冊馬德里協定》（Madrid Agreement Concerning the Registration of Marks）。隔年，馬德里協定祭出保護香檳之名的第一條規則，認定香檳已是法國境內的 AOC 產品，其他國家應保護該名稱的使用。然而，美國卻在最後一刻變卦，拒絕加入這個協定。此後的一百多年，美國始終頑固地拒簽任何更新版的協定。第一次世界大戰結束時，香檳在美國獲得了第二次機會，當時它在歐洲已經又進一步得到《凡爾賽條約》（Treaty of Versailles）部分條文的加強保護。美國雖然也有簽署《凡爾賽條約》，但關於香檳的保護內容卻從未得到參議院的批准。如果當時參議院有批准，美國消費者現在就不需要忍受這麼多的假食物了。一九三四年，香檳在美國又再度遭受打擊，被美國認定為「通用詞彙」。現今在美國的商標監管制度下，至少有一百六十三種不同的美國「香檳」獲得合法註冊。

二〇〇六年，美國與歐盟簽署了《葡萄酒貿易協定》（Agreement on Trade in Wine），這是美國首度對受保護的酒款做出讓步，也是歐洲酒廠百年來不屈不撓地抗議和談判的結果。在此之前，這些酒廠的品牌名稱一直被美國盜用，直到簽訂了協議之後，美國終於承諾會禁用共十六個受保護的名稱，尊重這十六款酒的原產地名稱。這項協議本該有效終結香檳、波特酒、勃根第、夏布利、雪利酒、蘇玳（Sauternes）、馬德拉酒（Madeira）等具備地理標章的酒款在美國遭受的屈辱，然而，事情卻偏偏有例外。這項協議具備「不溯及既往原則」，所有二〇〇六年三月十日前持續生產這些酒款的美國酒廠，仍然可以繼續使用這些詞語。因此，即便我們現在無法去成立一個新的「香檳」酒廠，但科貝爾和其他數十家現有的美國香檳、波特酒和雪利酒廠，仍然可以像以前一樣繼續使用這些名稱。

真正的香檳始終是如此美妙而精緻，其中的氣泡比空氣更加輕靈，如同一串串肉眼幾不可見的細膩顆粒，因此香檳也始終是極富盛名的一種奢侈品，擁有崇高的地位。人們會以香檳來慶祝婚禮、典禮，也會在情人節和跨年夜享用香檳。如果你品嚐過真正的香檳，很容易被其絕佳口感所折服，忘卻它本質上還是一種葡萄酒。雖然人們常將香檳當作為慶祝用的飲品或開胃酒，但由於它能與許多美食完美搭配，我也越來越常以香檳搭配晚餐，並成為這種搭配的忠實擁護者。

當以香檳搭配餐點時，傳統上通常是會用於搭配早午餐，這其實很有道理，因為像是雞蛋和菜薊等常用食材都並不適合拿來搭配葡萄酒，讓侍酒師們感到十分困擾。反觀，香檳和雞蛋可說是絕配，另外，搭配早午餐中常見的蘑菇也很適合，已經成為人們心目中的經典組合。香檳是非常好的早餐選擇，但如果你選擇在午餐或晚餐時享用香檳，同樣也會為它的表現感到驚豔，尤其與一些廣受歡迎的「療癒食物」搭在一起時，雖然你會誤以為那不值得拿來配香檳，但效果卻異常美妙。

這是因為香檳的酸度很高，成為適合搭配各種食物的理想葡萄酒。奇怪的是，很多人都會拿香檳搭配甜點，但這其實是最差的一種選擇。大家似乎總認為，在享用整頓晚餐的最後一道餐點之前，應該要先來杯香檳，但整體而言，香檳與甜點搭配的表現最差，正如酩悅的釀酒師艾莉絲·洛斯費爾所言：「葡萄酒的酸味和甜品的甜味完全無法搭起來，只要想像吃巧克力蛋糕配檸檬汁，就知道那是什麼口感了。」

能香檳相輔相成的食物必須是像是義式燉飯這種口感豐富而濃郁的，那可說是葡萄酒酸味的經典搭配，另外，幾乎所有中分子量蛋白質都是香檳的絕佳搭檔，例如魚肉、家禽、豬肉和小牛肉及蘑菇或松露等等——但請記得不要使用假松露油。還有一些經驗證明適合拿來搭配氣泡酒的食物，像是魚子醬、帕馬地方乾酪或高達乳酪（Gouda）等陳年起司，以及鵝肝醬，或任何充滿奶油風味的醬汁。記得要避開番茄相關的料理，因為番茄的酸度太高，因此，不要搭配紅醬肉丸義大利麵，但可以搭配白醬義大利寬麵，兩者簡直是天作之合。也許最令人意外的是，稍帶甜味的微甜（sec）或甜型（demi-sec）香檳，與泰國菜、印度菜，甚至是卡津菜等辛辣料理搭配起來都非常美味，常見的乾型香檳反而相形失色。很多人會開一瓶口感清爽的紐西蘭白蘇維翁（Sauvignon Blanc）來搭配辣味亞洲菜，但如果你嚐試過搭配乾型香檳，絕對會一試成主顧。

我諮詢過許多專家關於香檳和餐點搭配的問題，包含酩悅、麗歌妃雅（Nicholas Feuillatte）、唐貝里儂的釀酒師，還有全食超市的全球飲品採購多文·布羅利，他是美國少數幾個獲得認證的大師級侍酒師之一。我一直希望能找出香檳的完美搭檔，而令我跌破眼鏡的是，他們的答案完全一致，那就是——炸雞。酩悅的釀酒師洛斯費爾告訴我：「又油又鹹的食物最能烘托出香檳的果香和新鮮口感，像是炸雞這樣有趣的油炸食物拿來搭配香檳再適合不過了。」而如薯條、鹹味奶油爆米花等其他類似的療癒食物也同樣是絕配。

我很喜歡吃炸雞，也樂於到全國各地尋寶，嚐遍許多知名小店的炸雞，曾到訪位於紐奧良的威利炸雞屋（Willie Mae's Scotch House）、亞特蘭大的瑪麗餐館（Mary Mac's）、曼非斯的古斯炸雞店（Gus's Famous Fried Chicken），還有邁阿密海灘的喬氏石蟹小館（Joe's Stone Crab），這間以螃蟹料理聞名的小餐館中，有著當地人最喜愛的隱藏版炸雞美食。在研究香檳的過程中，我不斷重複聽到人們建議我拿香檳來搭配炸雞，最後終於瓦解了我的心房，某天晚上，我衝出家門，到附近的加油站買了一桶極為普通的炸雞，開了一瓶麗歌妃雅乾型香檳開始大快朵頤。正如那些專家所保證的，這搭配極其美妙，香檳馴服了油脂，烘托出鹹而濃的口味，甚至能使這些平淡無奇的炸雞變得美味無窮。太驚人了，令我頓時不知道自己以後還該不該喝啤酒。雖然我不太喜歡肯德基，但如果你附近剛好有一家連鎖炸雞店，建議你現在就放下這本書，去休息一下，體驗看看炸雞和香檳這美妙的組合，你一定會感到心滿意足，可以繼續閱讀這本書。但記得別買科貝爾或闊克斯的「香檳」。

至於與香檳形成強烈對比的是，蘇格蘭威士忌（Scotch whisky）除了甜點之外，無法與其他食物形成美好的搭配。其中不可不提黑巧克力，若拿來與波摩（Bowmore）或泰斯卡（Talisker）等待有泥煤味的海濱地區麥芽威士忌搭檔，口感真是非常出色。威士忌與香檳另一個最大的不同是，美國沒有任何假食物版本的蘇格蘭威士忌。在這個國家，這著實出乎意料，因為一般來說，幾乎所有高值產品的名稱都會被盜用。事實上，蘇格蘭威士忌可說是全世界地理標誌產品中，保護措施做得最好也最嚴格的，這個品牌名稱成為了絕佳典範，始終堅守對消費者的承諾。

蘇格蘭威士忌能夠達到如此不尋常的保障主要原因有二。與神戶牛肉、帕馬地方乾酪或香檳等地區名稱不同，蘇格蘭曾是一個真正的國家名，而美國的法律比較傾向保護原產「國家」而不是「地區」。如果美國某間蒸餾酒廠突然要開始銷售美產「蘇格蘭」威士忌，他們就會遭到「詐欺」指控。然而，就像香檳一樣，酒廠只要把產品命名為「加州威士忌」，就又可以規避責任了。蘇格蘭威士忌在美國受到的各種保護措施中，有一種更為重要，那就是美國法律有一道特殊條款，專門為這種極少數、高品質、高辨識度的地理區域產品提供保護。《聯邦規則彙編》（Code of

Federal Regulations）的陳述非常簡單明瞭：「蘇格蘭威士忌是蘇格蘭特有的產品，在蘇格蘭境內依英國法律生產，並供英國消費。」感謝老天。

同時，蘇格蘭也堅定不移地捍衛著蘇格蘭威士忌的良好聲譽。歐盟有特別針對威士忌制定了一套標準，根據歐盟的那套法規，蘇格蘭酒廠其實有權利去生產一些價格更低廉的烈酒，並以「蘇格蘭製造的威士忌」等名稱來出售，但這樣會令消費者感到混淆。為了避免發生這種情況，英國議會採取了相當激進和極不尋常的措施，制定了《一九八八年蘇格蘭威士忌法案》（Scotch Whisky Act of 1988），又通過了《二〇〇九年蘇格蘭威士忌法規》（Scotch Whisky Regulations 2009）來加以強化，這道法規強制規定，蘇格蘭唯一被允許生產的威士忌只有「蘇格蘭威士忌」，不得以任何其他相似的名稱製造販售。因此，蘇格蘭威士忌廠要不就是乖乖遵守所有嚴格的規定，從原料選擇到陳釀都不得有任何例外，要不就是，不要製造這種產品。甚至在蘇格蘭境內，就連釀造其他種類的威士忌現在也屬於違法行為。你可以在摩地納製作一些廉價的醋，也可以在洛克福製作別的起司，但是蘇格蘭威士忌沒有任何次等產品。蘇格蘭威士忌的生產可以追溯到十五世紀，且由於當地境內只能生產符合高標準的蘇格蘭威士忌，這或許可以說是真食物的終極典範，長久以來一直堅守著產品承諾，就算只是使用一個與之相近的品牌名稱，也同樣屬於違法行為。

然而儘管已經如此嚴格，蘇格蘭威士忌協會（Scotch Whisky Association）時至今日都還在不斷努力，試圖保護這種產品在世界其他地區的權益，因為至今還是有許多國家，沒有像美國一樣給予蘇格蘭威士忌法律保護。有些詐欺犯的把戲與橄欖油詐騙的花招相同，他們會使用「蘇格蘭風格」的商品標籤和名諱，好讓消費者混淆產品的原產地，比如說「皇家蘇格蘭混合威士忌」。「全世界的消費者和政府都可以完全相信，當他們購買蘇格蘭威士忌時，他們得到的就是正宗的產品，」一蘇格蘭威士忌協會的律師在討論真食物重要性的文章中寫道，「記得，美譽需要長年積累，但毀掉一個聲譽，可能只需要一天。」

蘇格蘭威士忌共有三種主要類型：單一麥芽（single malt）、單一穀物（single grain）和調和威士忌（blended），這些名稱倒是會引起一些誤解。所謂的「單一」麥芽威士忌，指的是由「單一」家蒸餾酒廠用麥芽和水來製造的威士忌，但不一定是指同一段時期出產的產品，也不一定是同一年分。一般來說，不同年分的酒會被一起裝入酒桶中，簡單地說這就是「調和」，但只能用這單一家酒廠的威士忌進行混和。單一穀物威士忌也是同樣道理，只不過原料從麥芽換成未發芽的大麥，或者其他法律許可的穀物。單一穀物威士忌本來只會用來當作混和材料使用，但現在也越來越流行，有許多地方都會單獨生產穀物威士忌。至於「調和」威士忌，那指的就是將來自不同酒廠生產的各種麥芽與穀物威士忌兩者混合在一起，通常牽涉的酒廠為數眾多，甚至有些蘇格蘭酒廠根本會自己產出瓶裝酒，他們釀造的全部威士忌都拿去出售給專門進行調和的釀酒商。調和蘇格蘭威士忌是最暢銷的一個酒款，其中包括皇家芝華士（Chivas Regal）、約翰走路（Johnnie Walker）、順風（Cutty Sark）和帝王（Dewar's）等都是知名品牌。而單一麥芽威士忌通常以單一酒廠來命名，像是波摩和格蘭利威（Glenlivet），除非酒瓶中的所有內容物全部產自同一酒廠，否則直接使用單一酒廠的名稱是違法的。

還有一些冷門的威士忌類別，包含混合麥芽威士忌（blended malt whisky），意思就是，把不同釀酒廠的單一麥芽威士忌拿來混和，而混合穀物威士忌（blended grain whisky）也是類似道理，還有年分單一麥芽（vintage single malts）則是用同一年生產的麥芽釀製而成。

另一個有關蘇格蘭威士忌的趣味知識是，一支威士忌酒的年分必須根據最年輕的原料來標註，而不是像葡萄酒或其他烈酒一樣，將所有原料的年分平均計算，有些好酒就因此錯失了消費者。無論是調和或單一威士忌的年分都是如此計算，意即若你購買了一瓶十二年的蘇格蘭威士忌，表示其中的每一種原料都至少有十二年以上，但通常都會含有年分更長的原料，這也是威士忌能夠始終保持高品質的原因之一。

在以上這些嚴苛的規定之下，購買純正蘇格蘭威士忌對消費者來說變得容易許多，人人都可以輕鬆閃避冒牌貨。不同類型的蘇格蘭威士忌口味也各有千秋，有些人喜歡調和威士忌，有人熱愛單一麥芽威士忌，有些人則來者不拒。我自己最喜歡的單一麥芽威士忌品牌是麥卡倫（Macallan），而調和威士忌則喜歡約翰走路。至於香檳，雖然即便是正宗香檳之中也有少數味道略為遜色的酒款，但在一眾獨特品牌中找出自己喜歡的酒款，那是一個非常有趣的實驗過程，而且值得你花費一生探索。

香檳與蘇格蘭威士忌消費指南及相關術語

- 香檳：

無年分（Nonvintage或NV，或者僅是標籤上未標註年分）：大多數無年分香檳酒是由不同年分的葡萄酒混釀而成，但每種原料的陳釀時間不得少於十五個月。大約95％的香檳都屬於這一類型。

年分（Vintage，標有年分）：香檳酒廠會寫明葡萄收成品質極高的特定年分，視各家製造商的認知而定，通常每兩到三季會有一次較高品質的收成。根據法律規定，年分香檳酒只能使用同年分的優質葡萄酒進行釀造，且陳釀時間不得少於三年。這種香檳比NV的價格更高。

頂級特釀（Prestige Cuvée）：這並非法律術語，而是各家酒廠超高品質的旗艦產品，例如，路易侯德爾的水晶香檳（Cristal）、保羅傑（Pol Roger）的邱吉爾香檳（Sir Winston Churchill），以及酩悅的唐貝里儂香檳王。庫克香檳（Krug）只生產這類頂級香檳，大部分都是年分香檳，比其他品牌的年分香檳陳釀時間更長，價格也更高。

粉紅香檳（Rose）：這類香檳在釀造過程中，會將黑葡萄皮浸漬在白葡萄酒中，或直接添加紅葡萄酒。許多酒廠都會為製作粉紅香檳，因為消費者經常認為粉紅香檳比較高級，而價格也更貴。

白中白與黑中白（blanc de noir）：這兩類香檳的釀造方式是分別單獨採用白葡萄或黑葡萄，

而且數量極少。

乾度與甜度：香檳共有六個等級的糖含量，標籤都會寫明。從最乾到最甜，依序是：特乾（extra brut）、乾型（brut）、半乾（extra dry）、微甜（sec）、甜型（demi-sec）以及特甜（doux），但通常並不是很明顯，而大部分的香檳都是乾型香檳。

- **蘇格蘭威士忌：**

單一麥芽：這種蘇格蘭威士忌必須由單一家蒸餾酒廠製造，並且只使用麥芽和水，在木桶中陳釀時間不得少於三年。但是，單一麥芽威士忌中可以由不同蒸餾梯次、不同木桶和不同年分的威士忌調和而成。這種方式使得格蘭利威等酒廠的十二年陳釀威士忌始終品質如一，而且無論何時裝瓶，都能保證口味是一致的。

單一穀物：同單一麥芽威士忌的道理，也必須是同一家蒸餾酒廠製造，但可以使用其他的穀物和未發芽的大麥來釀製。這種威士忌主要用於調和，很少單獨出售，但隨著大眾對威士忌的鑑賞力不斷提升，這種酒也變得越來越受歡迎。

混合麥芽：是指將不同蒸餾酒廠生產的單一麥芽威士忌拿來調和，並不常見。

混合穀物：將不同蒸餾酒廠生產的單一穀物威士忌拿來調和，也不常見。

調和蘇格蘭威士忌：這是全世界最流行的威士忌酒款，包含了許多非釀酒廠的品牌，像是約翰走路（有紅牌、黑牌、藍牌）、皇家芝華士、帝王、百齡壇（Ballantine's）、順風等等。這些品牌會調和來自不同釀酒廠的單一麥芽及單一穀物威士忌，有時原料多達幾十種。

蒸餾時間（Vintage Year）：雖然威士忌原料的收成年分並不是真的有好壞之分，但就如同葡萄酒，威士忌瓶身若是標註了蒸餾時間，那瓶中就只能包含同一年分蒸餾的威士忌。此類酒款的口味通常會與單一酒廠出產的標準單一麥芽威士忌有所不同，但並不一定比較好或比較差。

8 像起司的起司

將異地生產的起司冠上這些名號，絕對是具有誤導意味的。

——蘿拉・韋靈，詹姆斯比爾德獎作家（二〇一四年七月私人對話）

格施塔德（Gstaad）是瑞士一座童話故事般的小城，夢幻得令拉斯維加斯和迪士尼樂園都相形失色。乍看之下，這只是另一個典型的瑞士阿爾卑斯山城鎮，與《阿爾卑斯山的少女》（*Heidi*）描述的場景別無二致，幾乎每棟建築都是一模一樣地精巧：高度都只有兩樓或三樓，房屋看起來寬而矮，三角形的屋頂有著平緩的坡度且左右對稱，一樓則完全是白色牆面，二三樓被深棕色的木材覆蓋，還有一整排陽臺。想像一下在阿爾卑斯地區，一座如畫的山中小鎮坐落於被白雪覆蓋群山環繞，小鎮中遍布著這樣的房屋，看起來就像巨大的布穀鳥鐘散落在低矮的山坡上。瑞士有許多著名而美麗的滑雪勝地，像是策馬特（Zermatt）、因特拉肯（Interlaken）和聖摩立茲（St. Moritz），但格施塔德或許是全瑞士甚至全世界最棒的一個，當然當地房價也阿爾卑斯山區最貴的。

瑞士長期以來一直是外國資金的避風港，無論是避稅或僅是保護資產安全，對某些身處政權動盪地區的千萬富豪們來說更是如此。也正因為這樣，格施塔德已是俄羅斯企業家和東歐寡頭們的第二故鄉，還有一些喜歡下雪多過下雨的英國銀行家，和來自日內瓦和蘇黎世當地富豪。由於外地人數急遽增加，格施塔德現在也開始祭出本地保護措施，制定了極其嚴格的區域劃定法律。在這裡，一間基本款的新建小屋要價大約兩千萬美金，更高級一點的則可能高達一億美金，大部分的房價落在兩者之間。格施塔德的建築外觀通常並不華麗，畢竟大部分的浮華之物都隱藏於深鎖的房屋大門之後（瑞士的汽車、手錶和服是又是另一回事了）。大街上的豪華精品店與簡陋的麵包店和肉舖交錯混雜，放眼望去也看不到任何一座豪宅——除非屋主邀你進屋。這是因為當地新建屋的外觀看起來必須和舊建築一模一樣，並且樓高至多只能三層。乍看之下，你很難區分出哪間屋子裡住著身價七位數的白手起家小開，那些屋裡又窩藏著身價九位數的超級狠角色。這裡的建築既不高也不寬敞，因此許多人將建築物不斷往地下蓋，一些外觀簡陋的小屋甚至擁有四到五層地下室，說不定有些高級犯罪分子就藏在其中呢。地下室可以容納一些常見的設施，像是標準尺寸游泳池，保齡球場、高級健身房、電影院，甚至多層停車場，這些全都能在地下找到，表面上卻看不見。我某次造訪時正好看到有「小屋」正在向下挖掘的地基，似乎準備要建造一座新的大醫院。在這裡，老屋是舊的，新房看起來也是舊的，之所以如此，是因為它們都座落在瑞士阿爾卑斯山脈之中。格施塔德的夏季與冬季娛樂活動圍繞著群山進行，豐富的起司製作傳統也是如此，即便這裡的許多「小屋」都表裡不一，但這裡的食物卻非常真實。

我經常寫關於滑雪和滑雪旅遊的文章，朋友們也總是問我，除了標準的美國西部或加拿大滑雪行程之外，他們是不是也該嘗試一次歐洲滑雪度假之旅。每個滑雪勝地都有各自的淡旺季，也會有氣候特別宜人或特別糟糕的時候，我總是回答他們，假如你去北美滑雪勝地的時候天氣特別糟糕，你的假期通常就直接被搞砸了，但如果你是去阿爾卑斯山，至少還可以吃個瑞士火鍋。

起司入菜的方式有千百種，而瑞士一系列起司特色料理絕對是箇中翹楚。雖然瑞士火鍋很有名，但它並非瑞士的唯一，而且在我看來，那甚至不是最美味的。瑞士有太多以起司入菜的邪惡美味料理，多到你可以每天換不同的口味，就像食肉愛好者們到了阿根廷，也可以每夜尋訪不同的當地牛排館，各家餐廳的獨特手藝絕對會令你樂此不疲。如果你像我一樣喜歡這些起司料理，那你也不必把事情想得太複雜，這在瑞士簡直是隨處可見——去年我去阿爾卑斯山滑雪，根本都還沒跨出日內瓦機場，我就津津有味地品嚐起一盤（比較像是一份拼盤）「焗烤起司馬鈴薯」（tartiflette）。

我在過完海關之後、離開航廈之前吃的那間餐廳如此美味，讓這趟旅行變得更加值回票價，你在美國機場裡永遠不可能找到像這樣的地方，而它也證明了瑞士就是美食愛好者的天堂。美國機場裡通常被連鎖披薩或漢堡店霸佔，然而這間仿瑞士小屋裝潢的餐廳卻供應一整套正宗的地方料理，有銷魂的香腸、燉菜和起司主菜。我選擇的主菜是就是焗烤起司馬鈴薯，這是一道罪惡得足以阻塞血管卻能滋養靈魂的砂鍋美食，將厚厚的起司片放在橢圓狀的鍋子裡，底部襯有馬鈴薯、洋蔥和培根，然後烘烤至完全融化。這是一種美味得讓人融化的阿爾卑斯療癒食物，任何起司都可以拿來製作這類料理，不過焗烤馬鈴薯使用的大多是瑞布羅申起司（reblochon）。

瑞布羅申是一種柔軟的洗式（washed-rind）生奶起司，極易融化，且蘊藏著堅果風味，並受AOC保護。它十分美味，但由於真正的瑞布羅申必須以生乳製成，在美國是無法製造的。也就是說，如果你在美國當地看到瑞布羅申起司，那麼一定是假的，雖然有十分相似的替代品能製造出這種邪惡的起司料理，不過你仍然必須穿過整個大西洋，才能夠品嚐到正宗的瑞布羅申焗烤馬鈴薯。

至於最著名的瑞士起司火鍋，它的食譜就如同義大利祖傳番茄醬一樣多，每個家庭各有自己的一套秘方。典型的起司火鍋通常會加入格呂耶爾起司和埃文達起司（Emmental），但兩者比例因人而異，此外，通常還會倒入一點白葡萄酒。也有一些人會添加玉米粉來增加稠度，再加些櫻桃白蘭地（kirsch）、大蒜和奶油，至於阿爾卑斯山法語區的人們，通常還會用他們心愛的康提起司（Comté）來取代格呂耶爾起司。有的人會單獨使用康堤或格呂耶爾，而有些人則以金山起司（vacherin）或者亞本塞起司（Appenzeller）代替埃文達起司。無論你怎麼做，這道料理終將會是一鍋飽滿融化的起司，你可以取一支長叉，將麵包塊浸入其中，直到起司完全包覆住麵包塊，接著便能一口吃下。麵包是主食，還有千百種食材塗上融化的起司之後會變得更加可口。

我個人最喜歡的阿爾卑斯山特色菜是「拉可雷特起司燒」（raclette），有點像是起司火鍋的顛倒版——不是將把食材浸泡在融化的起司中，而是把融化的起司塗在食材上。傳統作法會將一個拉可雷特起司輪切成兩半，然後將起司內部的切面放在熊熊燃燒的爐火旁，直到邊緣開始融化。接著，阿爾卑斯人會用一把特殊的小木鏟將融化的起司刮下來，這把鏟子的形狀有點像是油漆用的刮刀或油灰刀那樣，而寬度則與起司輪等寬。饕客們的盤裡擺放著一系列自助餐式的食物，包括水煮馬鈴薯、小黃瓜、珍珠洋蔥、蘑菇和各種燻肉，一桌人們會輪流用小木鏟將起司刮下來，當整支小木鏟上沾滿融化卻又不至滴落的起司時，便可將起司抹在食物上，然後開始大快朵頤，等到起司吃完了，就再刮一次。

現今，大多數餐館都有代替爐火的起司加熱器，有個人專用的尺寸，也有足以供應一整桌人的尺寸。這種加熱器以特殊燈泡作為熱源，還裝有可調整的支架，當你正吃著盤中之物時，這個支架可以讓起司的切面與熱源一直保持等距，繼續融化著剩餘的起司。若你吃到一半想先休息一下，也可以關閉電源停止加熱，等想吃的時候再重新打開。這種用餐經驗既有趣而美味，又能共同參與，我認為比起司火鍋更加豐富且多樣化。法國和瑞士製造的拉可雷特是一種常見的起司風格，就像切達起司一樣，並非受嚴格 AOC 保護的工藝，它在美國也隨處可見，這點很重要，因為我自己家裡就有一台起司加熱器。

阿爾卑斯特色料理家族中，還有另外三位重要成員，在阿爾卑斯以外的地區都很難找到。其一是「焗瑞布羅申佐起司」（reblochonnad），這與起司燒的形式非常相似，不過顧名思義，使用的是瑞布羅申起司，並搭配燻雞肉與馬鈴薯。這道料理也有自己的特殊機器，能一邊讓雞肉在上方加熱，同時將起司裝盤放在雞肉下方融化，之後再刮至各種食材上。其二是「貝爾索德烤起司」（Berthoud）則是以一碗融化且經過調味的瑞士阿邦當斯乳酪（Abondance）來搭配各種香腸、醃肉和馬鈴薯，有點像是肉類起司鍋與拉可雷特起司燒的綜合版。至於第三種，首先要介紹一下方形義大利麵（Crozet di Savoie），這是一種小小的瑞士當地麵食，由蕎麥製成，再將麵團桿至如紙一般薄透，然後切成與方眼紙差不多大小的正方形——非常、非常小。這種麵食通常會與磨碎切絲的當地起司攪拌食用，比如說阿爾卑斯低脂乳酪（tomme），這就是瑞士版的起司通心粉。這種方形麵還會被用來代替焗烤起司馬鈴薯中的馬鈴薯，製作成一種以義大利麵為基礎的砂鍋料理變體，這就是我們的第三位特色料理成員，名為「焗起司麵」（crozifiette）。這是一道跨地區的懷舊料理，如果你有幸在菜單上看到它，一定要試試看，你會感謝我的。

雖然格施塔德或許是你造訪過最富有的地方之一，但這裡與許多其他的高檔場所不同。這個地方不但仍持續有農業運作，他們的文化更認為務農是最光榮的職業，對地方來說是不可或缺的。這正是實施區域劃定的原因，也是乳牛擁有最高通行權的原因。格施塔德市中心的主要幹道名為長廊街（Promenade），是許多「新科本地人」們炫耀法拉利、賓利和皮衣的地方，並能在精品店中採買珠寶、手錶和更多皮衣。阿爾卑斯山的起司產業大多都是季節性的，如同瑞士的許多其他山區城鎮，乳牛秋天從山上下來時，必須穿過整個城鎮，直到春天時再返回山上。

因此，通常每個季節都會有特定的某一天街道上特別擁擠，但格施塔德卻沒有這樣特定單一的日子。格斯塔德的每個牧人都擁有優先權，可以自由選擇要何時遷移他的牛群，每到了秋天，乳牛便可能會連續十天塞在長廊街上，大大阻礙了交通，當地政府甚至還得在牠們行經時，特地派遣一支清潔隊緊隨在後。起司產業對這個地方來說實在太過重要，與其說是帶來經濟上的影響，不如說是他們最重要的文化，這就是為什麼格施塔德周圍大約五十二座山峰全都是私有的，不是某位俄羅斯億萬富翁或滑雪場經營者所有，而是屬於像巴克家這樣的多代同堂的農業家庭。

「這裡的所有規範，全都是為了要確保格施塔德是一座農業區，要有農業區的景觀，也要永遠以農業區的方式運作。」卡琳．巴克說道，她以前是瑞士航空的空服員，即便務農的時間已經遠超過待在航空公司的日子，她舉手投足依然十分優雅。她在與滑雪教練結婚之後投入農業生涯，丈夫的「正職」其實是一位夏日農夫，負責製作家庭起司——更準確地說，是製作伯恩切片起司（Berner hobelkäse），你可能從未聽說過這種東西，但它的滋味卻會令你難以忘懷。

瑞士和法國一樣重視起司的製作規範，境內有四百五十多種獨特地方起司，伯恩切片起司當然也嚴格遵守著相關規範。有些起司屬於硬質，有些則是特硬質，伯恩切片起司屬於後者，是伯恩高地起司（Berner alpkäse）家族中比較硬質的成員。伯恩高地起司家族是瑞士境內十分常見的起司類別，但如果你在當地餐館用餐，很容易就能辨認出切片起司，因它需要以一種特殊的起司刨製檯來切割。許多阿爾卑斯地區的起司都很容易融化，但切片起司卻不會，可以與熟食冷肉一起擺放在淺盤中。這種特殊刨製檯外觀看起來就像一張小小的木工製作桌，桌面上桌有剃刀般的刀片，要食用之前，服務生會將起司輪的切面朝下，讓刀鋒刺入起司，並來回推動它，讓刀片刮下起司薄片。而由於刮下來的起司非常薄透，它會自然地捲成宛如一支雪茄的形狀。這種獨特的空心起司捲多半會搭配當地的香腸和風乾牛肉一起食用。

高地起司和伯恩切片起司都與瑞士著名的格呂耶爾起司相似，皆是硬質起司，但不像格呂耶爾起司一樣帶有少許洞孔，至於假的格呂耶爾起司或假「瑞士」起司，則是帶有大量洞孔。法律規定，伯恩當地起司只能採用手工製作，就連加熱牛奶也只能使用木柴，不可以使用瓦斯。對於當地而言，保存傳統遠比增加產量更加重要。每到夏季，乳牛便能自由自在地在高海拔地區享用青草與植物，令牛奶的風味更加濃郁。為了確保起司的品質與味道一致，當地人只會在特定幾個月裡製作起司。一到冬天，牛群便會被帶往室內，而產出的牛奶也只會作為飲用乳品販售，不再用以製作起司。這也就是為什麼伯恩當地起司所富含的不飽和脂肪酸遠遠高過於其他起司，因為唯有在這些乳牛以高山植被為食時期產出的牛奶，才能被拿來製作起司，且這些天然青草全都不可施加肥料。

製作起司的相關規定族繁不及備載。由於牛奶擠出來之後必須儘快運用，大多數牧民都會將他們的製酪廠直接設在高山地區，並將牛奶都存放在山上。牛奶經過加熱之後，要加入當地培養的菌種以及天然的消化凝乳酶，好讓牛奶凝結，再放入圓形模具中，並經過十二至十八個月的發酵後才能食用。不過這時的起司還有點軟，類似格呂耶爾起司的質地，因此通常要在更為乾燥的環境中進行二次發酵，時間至少需要一年，通常長達三年，最後才會形成標準的硬質伯恩切片起司，可以與熟食冷肉一起裝在淺盤之中，也能刨為精緻且入口即化的起司捲。不過，即便是如此嚴格的傳統瑞士製作規範，有時也抵不過時代與技術的進步，巴克回憶道：「當年我公公製作起司時，用的是木頭模具，現在都使用塑膠材質了，不過其他方面還是維持原樣。」

巴克家族擁有的山峰名叫古瑪爾普（Gummalp）。整個夏天，這對夫婦會和他們的牛群和伯恩山犬一起待在這景致如畫的山中，夫妻倆一起擠奶、劈柴和做起司。「那三個月裡，我們每天都在做起司。朋友總會問我週末怎麼過，但其實我每天都在做一樣的事——畢竟乳牛可不會放假，所以我們也不能休息。」瑞士起司的監管方式與帕馬地方乾酪相似，包含了不可使用化學藥物、肥料或任何非天然物質，牛奶也必須是極度新鮮的，並除了鹽、菌種和凝乳酶之外，不可添加任何其他成分。「許多遊客會問我們的起司是不是『有機』的，但我們從來沒有去思考過這個問題，因為這裡的一切都是純天然的。不僅僅是起司，就連我們自己吃的牛肉、牛奶等等，全部都是天然的，也當然都是他們所謂的『有機』。因此每當有人問我們這種問題的時候，我們都覺得很有趣，因為在他們眼中『有機』是一件特別的事。我反倒認為，非有機的東西才需要貼上特殊標籤，因為對這個地方來說，非有機才是例外。」

事實上，伯恩切片起司並不會外銷，因為這種起司不僅是夏季限定，更只能純手工製作，而且只有伯恩高原地帶的一個小個區域才能生產，產量更是極為稀少，每年只有大約三百噸，巴克家族的製作量大約是十噸，幾乎全部運往當地市場販售。這種起司在其他地方可說是沒沒無聞，因此也幾乎沒有外銷需求，業者更毫無仿冒的理由，畢竟仿冒一個不知名的產品並不會帶來任何利潤。也就是說，如果你在當地超市裡或菜單上看到「伯恩切片起司」，那必然是真品。

照上述所言，這種起司因為不受歡迎，所以無人仿造。但你真的以為是這樣嗎？當我對卡琳．巴克提出一種假設，說美國可能真的會有人在製造和銷售「美版」伯恩切片起司時，她感到不可置信。

無論我如何嚐試說明，她的回答始終都是：「不可以、不可能，這是不對的。」我告訴她，在我的國家，人們可以用牛奶、山羊奶，甚至駱駝奶，或者用任何餵食過抗生素、生長激素和類固醇的動物奶來製作伯恩切片起司，不需要經過長時間陳化，只要添加大量人工化學成分，並在外包裝貼上瑞士國旗或馬特洪峰（Matterhorn）圖案就大功告成了，而且這種生產和銷售完全合法。在她聽來，這一切簡直像是發生在另一個星球的事。最後我只好問她：「你覺得格呂耶爾起司的產地是哪裡？」她瞪著我，彷彿我剛剛提出了一個有史以來最愚蠢的問題，接著回答我：「當然是格呂耶爾。」卡琳．巴克，她對於起司這門古老的藝術是如此充滿熱誠，不僅手藝精湛，更全心投入其中，除此之外，她也是一個非常善良的人，但願她永遠不要造訪美國超市，這是為了她好。

只要手指在鍵盤上點一點，我就能輕鬆進入亞馬遜線上商店，並以每磅二十多美金的價格購買到瑞士AOC認證的格呂耶爾起司，特級（Grand Cru）格呂耶爾起司大概會便宜四塊錢左右。許多地理標誌產品都有品質分級，尤其葡萄酒會以中級（Cru）、特級和一級（Premier Cru）等標籤來區分葡萄園的優秀程度或不同的陳化時間。起司也是如此，陳化時間較長的起司通常都會冠上特殊的名稱。以格呂耶爾起司為例，一級格呂耶爾起司不僅在瑞士極為稀有，也世上最受推崇的起司之一，在倫敦久負盛名的世界起司大賽中，它是唯一四度奪得「最佳起司大獎」的產品。一級格呂耶爾起司的生產規模很小，僅限於夫里堡（Fribourg）地區。依照法律，只有五個地區允許生產格呂耶爾起司，夫里堡就是其中之一，且根據嚴格的規範，一級起司的陳化時間必須比標準時間長近三倍之久，一般起司陳化大約五個月，一級起司則至少需要十四個月。美食評論稱一級格呂耶爾起司足以顛覆你的味覺，但我還沒有機會親自品嚐，因為它並沒有出口到美國，就連在歐洲也極為少見。

因為與一級格呂耶爾無緣，我可能會忍不住想在亞馬遜購買「特級」版本來嚐嚐看，但問題來了——世界上根本沒有「特級格呂耶爾」這種東西。真正的格呂耶爾起司只有三種風格類型：一般常見陳化五個月的淡味起司（mild）、陳化十個月的庫藏起司（reserve）和一級起司（premier cru）。然而，這亞馬遜上的「特級格呂耶爾」是「美國製造，品質保證」，而且還「完美呈現獨特的威斯康辛州南部風味」。比起「帕馬地方乾酪是真、帕馬森起司是假」這種較易辨識的二分法，格呂耶爾起司更令消費者感到真偽難辨，因為這些仿冒品使用的名稱與瑞士地名完全相同，而且人們對這種起司的整體了解也更少，更何況，假格呂耶爾起司也並不會像劣質帕馬森起司那樣裝在紙桶裡販售。威斯康辛州的特級格呂耶爾價格極高，甚至比一條龍蝦還要貴，事實上，美國所有的「格呂耶爾起司」都所費不貲。

雖然格呂耶爾起司是起司鍋的基底，但它的名字通常不會直接與任何菜餚連在一起，市面上並沒有「小牛肉格呂耶爾」或「茄子格呂耶爾」這些東西，另外，美國國內目前也只有七家製造商在仿製這種古老的瑞士起司，然而即便如此冷門，美國專利與商標管理局（U.S. Patent and Trademark）卻依然判定這是一個「通用名稱」，並拒絕瑞士為格呂耶爾起司申請保護。

在隨處可見的「瑞士起司」中，其實只有3%是真正產自瑞士境內，由此可見，假格呂耶爾起司也只不過滄海一粟罷了。真格呂耶爾起司的生產規模如此之小，看在美國眼裡似乎根本不值得給予認證保護，更不用說這種起司出現於《美國獨立宣言》簽署前的六百多年，當時連哥倫布都還沒出發去尋找新大陸呢。然而，即便真正的格呂耶爾起司自一千一百一十五年前出現以來，就一直在原產地以相同的方法製作，美國專利與商標管理局還是拒絕了格呂耶爾的商標申請，因為「全美已有七家廠商製造格呂耶爾起司，此名稱在網路及字典中受到廣泛使用，『格呂耶爾起司』不再具過往地理意義，現已被視為起司的一個種類名稱」。

事實上，美國早已經是世上最大的起司生產國，同時也是最大出口國，占全球供應量的30％左右。然而，與瑞士、法國或義大利等頂級起司生產國家相比，美國完全沒有任何具代表性的知名起司。更諷刺的是，美國最著名「美式起司」（我承認自己還是常吃這種起司，畢竟這仍然是起司漢堡的最佳配料），甚至根本不是一種「起司」。在此提醒各位，美國的起司標籤法是幾乎所有發達國家中最寬鬆的，美國「起司」及其中的飽和脂肪酸、乳化劑和其他添加物，與法律上「起司」的基本定義實在相去甚遠，以前這種產品只能被稱為「美式起司食品」，現在則經常稱之為「加工起司」或「起司製品」。卡夫食品公司簡直稱得上是這種「類起司」產品的先鋒，他們的產品已經離真正的起司越來越遠了。他們會稱自己的切片製品為「美式切片」（American singles），並用小字補充說明這是一種「巴氏殺菌預製起司產品」。

但美國也還是有不少好起司，只不過大部分名氣都不大，少數幾個比較知名的原創品牌像是愛荷華州引以為傲的梅塔格藍起司（Maytag Blue）起司，創立七十年來一直與洛克福藍紋起司競爭市佔率，另外加州的洪堡霧羊奶起司（Humboldt Fog）以及俄勒岡州的羅格河藍紋起司（Rogue River Blue）也都十分出色。我住在佛蒙特州，這裡孕育著無數美國手工起司行業，不僅在美國受到歡迎，在全球也佔有一席之地。事實上，舉凡是硬質或軟質，山羊奶、綿羊奶或牛奶，幾乎每一個種類的起司都可以在這裡生產，而且許多都是頂級品質。佛州擁有美國最大的起司陳化洞穴，出產的起司足以迎頭趕上歐洲的產品，像是卡博特乳品社（Cabot Creamery）的布面切達起司（Clothbound Cheddar）就極為優秀。我寫這篇文章的時候，美國可說是正在經歷偉大的「起司黃金時代」，無需仰仗海外，在美國境內就能隨心所欲地享受起司盛宴，僅有帕馬地方乾酪和西班牙曼徹格起司等少數幾個種類並非美國所長，畢竟這些產品必須在當地生產。

我個人在佛州當地購買的起司，早就超過在歐洲買過的所有數量，而且購量還很龐大。有次，我甚至在西雅圖知名的派克市場（Pike Place Market）中，一家高檔起司店裡找到一種農場自產的限量手工起司，並興奮地發現那間農場距離我家只有不到三分鐘的步行路程，當下我真是為自己的家鄉小鎮感到自豪。手工起司不僅已經在美國生根發芽，還幾乎主導了國內乳製品市場。過去二十年間，美國手工起司的製作數量大幅增加，不管是在西北部、加州、紐約或佛州，這些起司手工業者都有一個重要的共通點，那就是很少有人會冒用真食物之名去製造假食物。

美國的優質起司製造商們已經培養出一套新的生產模式，開發出一系列卓越的乳製品，而不是單純只生產起司，例如與賓士車同名的「梅賽德斯乳品公司」（Mercedes）就是採取這種做法，讓自己成為了高品質乳製品的代名詞。而洪堡霧羊奶起司的製造商名為落羽松林（Cypress Grove），他們的產品還包含了精緻的午夜之月（Midnight Moon）、迷幻精神（PsycheDillic）、胡椒中士（Sgt. Pepper）、百慕達三角（Bermuda Triangle）和紫霧起司（Purple Haze），這些起司名稱各個天馬行空，而且都有單獨的註冊商標。至於佛州的賈斯伯山丘農場（Jasper Hill Cellars）則是美國最受推崇且屢獲獎項的起司製造商之一，擁有十多種品質令人讚嘆的優質起司，沒有任何一種以帕馬、格呂耶爾或費達起司為名，而是自創美妙的專有名稱，像是無盡之喜（Constant Bliss）、沉睡先知（Moses Sleeper）和貝利海岑藍紋（Bayley Hazen Blue）起司等等。

無盡之喜一直是我最喜歡的起司之一，如果你吃過並且也愛上它的話，這個名稱比伯恩切片起司好記多了。落羽松林乳品公司的午夜之月或百慕達三角也很不錯。這些製酪廠都經營得十分成功，產品在全國各地均有銷售，銷量也通常很突出，架上很少剩餘的存貨。他們的發跡也證明，即便是在當代，業者仍然可以遵循那些備受推崇的老字號品牌曾經走過的路，從基礎開始建立聲譽，而不是竊取他人的努力和公眾認可。這些優質廠商始終堅持生產高品質的產品，而他們也確實因此獲得美名。

但就連優秀的美國製酪廠也一樣受到假食物製造商的侵害。這些屢獲殊榮的美國手工起司許多都是按照歐洲經典方式製作，有時也會根據原版基礎進行改良，不過起司的種類終究只有這些，能夠產奶的動物也就是那幾種，這些製酪廠本來大可以聲稱自己製作的就是費達起司、古岡左拉起司或布里起司，而且跟那些美國假食物製造商的工業製造起司比起來，他們的產品還更貼近那些真起司，但他們卻沒有這麼做。他們用自己的名稱生產自己的手工起司，而這也是為什麼他們像歐洲當地製酪廠一樣面臨了許多不公平的競爭。

身為消費者，你可能會說，「我根本不知道『迷幻精神』是什麼起司，又怎麼會去買呢？」這個疑問看似合理，但其實你只要稍加觀察，就知道那很明顯是一種新鮮的圓形軟質山羊奶起司，而且標籤上也寫明了「山羊奶起司」，你的問題就解決了。更何況，當你購買美國產的帕馬森、格呂耶爾起司、曼徹格起司或其他許多假起司的時候，你更加不會知道自己到底購買到什麼產品，這些東西通常與正宗起司根本相去甚遠，只不過是盜用名稱罷了。

「真正的曼徹格起司是獨一無二的，你絕對不可能搞錯。」起司專家蘿拉・韋靈如此說道。我第一次見到韋靈是在曼非斯當地的一個豬肉美食節活動上，她主持了一場起司論壇。她被眾人擁戴為「起司界的第一夫人」，更經常擔任圓石灘、阿斯本等頂級美食美酒節的頒獎人。而她不僅對所有起司都能如數家珍，同時也是美國手工製酪廠的忠實粉絲，甚至還撰寫了《美國起司與葡萄酒大全》（*The All American Cheese and Wine Book*）及《新美國起司》（*New American Cheeses*）兩本著作來專門介紹美國手工起司，並收錄許多優質起司製造商的資訊。韋靈是真心熱愛美國手工起司，也正因如此，當她大力抨擊同是美國製造的假起司時，絕對更有具說服力了。

真正的曼徹格起司只能在西班牙境內製作，原料為綿羊奶，但並非任何一種羊奶都能使用，而是只能使用曼徹格品種的綿羊奶。根據當地製酪廠的網站資訊，這種起司已經有好幾千年的歷史，最久遠可追溯至青銅時代：「考古學家在西班牙發現，產自拉曼查（La Mancha）平原的曼徹格起司早在基督誕生之前便已存在。」當地起司的生產受到嚴格的監管，包括綿羊的居住地點和食物、起司的陳化過程和純度等等，並且成分僅能包含全脂羊奶、鹽及凝乳酶。「真正的曼徹格起司必須在當地以特定方法製作，」韋靈解釋，「然而，世上卻也出現了其他名為『曼徹格』的起司，就在美國境內，業者使用牛奶作為原料，做法也完全不同。真正的曼徹格起司就是西班牙的曼徹格起司，無可取代。」當然，一般消費者可能並不瞭解曼徹格起司究竟使用哪一種動物奶，只知道這種起司非常有名，據說也非常美味，仿冒者正好利用了這一點。

我認為假冒的起司大部分嚐起來都索然無味，與正宗起司所保障的品質與純度完全無法相提並論，如同海鮮詐騙與摻偽橄欖油，就只是劣質的冒牌貨而已。就是因為消費者很難單憑外觀就能區分出優質與劣等成分，食品詐欺才會不斷重演。畢竟很少有人能用肉眼看出起司使用哪一種動物奶，加上牛奶比山羊奶和綿羊奶便宜多了，這一切都構成問題的根源。

還記得前面章節提到過紐約洛克斐勒大學的DNA研究專員馬克．斯多克博士嗎？他以實驗幫助女兒完成高中科學作業，檢測了許多生魚片樣本，進而率先揭發美國氾濫的假冒海鮮問題。他的檢測引起社會大眾高度關注，於是他便帶領學生繼續對其他食物進行DNA檢測。「起司是我比較擔心的另外一種食物，」斯多克說，「我們也針對起司進行檢測，發現一些聲稱採用綿羊奶製作的起司，實際上用的是更便宜的牛奶。」這是全球都存在的問題，密西根州立大學食品詐欺倡議主持人約翰．史平克博士就曾經編列了一份名單，列舉出最常出現詐欺的食物，而起司在其中名列前茅（橄欖油排在第一名）。

起司詐欺問題已經嚴重到全球有許多研究機構開始著手進行調查，其中，貝爾法斯特皇后大學（Queen's University in Belfast）的全球食品安全研究所（Institute for Global Food Safety）就將這列為他們的首要研究項目。在一場食品詐欺與安全研討會上，所長克里斯．艾略特教授先是解釋了日益猖獗的食品詐欺現象，接著介紹他們的起司鑑定計畫，與斯多克的「生命條碼研究計畫」很相似。美國目前還沒有任何人針對起司的乳原料進行全面研究，然而，光是艾略特發表最近針對英國零售市場的調查結果，就已經令人非常不安了。在他們檢測的山羊奶起司中，就有12%含有山羊奶以外的成分，有些甚至幾乎完全不含山羊奶。艾略特手下的研究人員也正在加快腳步建置一個起司特徵資料庫：「我們正在進行研究，想要建立出每種起司的分子圖譜，如此一來，無論哪種特定起司在哪個地點銷售，我們都能知道這是不是正品。」

他們也正在研發一種手持紅外掃描器，你可以直接用它來掃描商店裡的起司，藉由儀器顯示的紅光或綠光來判斷產品的真實性。在這種機器成功發明出來之前，消費者們——尤其是在美國——仍然需要多加注意，採買時務必去尋找AOC或PDO起司，這些產品才是有受到各國法律監管的。就連哥倫比亞、薩爾瓦多、洪都拉斯、尼加拉瓜、巴拿馬和哥斯大黎加等簽署自由貿易協定的國家，都禁止業者再冒用帕馬、波羅伏洛（Provolone）等受保護的起司名稱，相較起來，美國消費者在假食物方面受到的保護實在很少。加拿大在這方面更始終遙遙領先美國，只有帕馬火腿一項例外（請參考第一章），他們與歐盟簽署了一項貿易協定，禁止加拿大境內使用費達起司、艾斯阿格乾酪、莫恩斯特乾酪（Munster）、芳提娜起司（fontina）和古岡左拉起司等名稱，這些都是受保護的地理標誌產品，要不是各國都有試圖牟利的製造商擅自冒用它們的名稱，外地人可能根本不會聽說這些起司。根據協定，加拿大製造的類似起司產品在銷售時，只能寫上「費達類」或「費達風格」，這是一個很簡單的解決方法，只需要一點點品牌重塑手法或消費者教育工作就可以順利實行。

「我在美國『專業』起司產業擁有十二年的豐富經驗，」一位名叫麗茲·索普的美國人在她投書《衛報》的文章中寫道，「因此，全球與日俱增的起司名稱爭論也令我不斷思考，或許歐洲人是對的。沒錯，我認為，低脂的帕馬地方乾酪擁有濃郁的香氣、爽脆的口感，的確是一項獨特的產品。美國又憑什麼採取強硬的政策將這種產品據為己有呢？在希臘，真正的費達起司是由綿羊和山羊奶製成，跟我們大多數人在美國超市購買到那些淡而無味的產品完全不同。就好像不能把標準級的牛肉標示為『Prime 級』一樣，我們為什麼不說自己做的是『古岡左拉風格』就好？」

真是個好問題。答案是，那些反對尊重正宗起司名稱——更不用說這些正宗名稱的出現全都早於美國起司產業發跡之前的業者，無一不是從自身利益出發。在他們心中，要去重新塑造一個品牌、重新構思商標，好讓消費者從頭認識他們，這背後的成本實在太高了。從卡夫食品公司到小型製酪廠，大大小小的冒名起司製造商不斷重申這個立場，而我只想告訴他們，活該。他們必須付出標籤或品牌重塑成本的唯一原因就是，他們已經長年竊取他人既有的名譽，還從中賺取暴利。

威斯康辛州迪凱特乳品公司（Decatur Dairy）所生產的「莫恩斯特乾酪」，是在三萬五千磅的不鏽鋼大桶中煮沸液體原料來大量製造的。迪凱特公司的老闆史蒂夫．史泰勒認為，美國食品製造商早就已經投資了大量成本來建立自己的品牌，他還問道：「我們哪有什麼辦法去教育消費者呢？我們這些美國廠商早投入巨額資金去打造商標、建立公司傳統、為自己的商品累積名聲，如果我們不能再繼續使用那些產品名稱，那簡直太可怕了。」然而，這冒名的莫恩斯特乾酪到底又累積了什麼樣的名聲或傳統呢？真正投入資金教育消費者、打造正宗莫恩斯特乾酪品牌和傳統的人，其實是法國人才對，根本不是他的公司。法國的 PDO 莫恩斯特乾酪起司從十四世紀開始，就在限定區域依照嚴格規範製造，與大多數美國生產「莫恩斯特乾酪」起司完全不同。正宗莫恩斯特是一種口感濃郁的軟質鹽水起司，有著類似布里起司或卡門貝爾起司（Camembert）的質地，但是口味更為突出。依照法律規範，這種起司必須製做成直徑八英吋、厚度一至二英吋的扁平圓盤形狀，並擁有極富特色的橘色外皮，在陳化過程中，還要定期以鹽水清洗與浸漬。

紐約參議員查克·舒默發現他所在的州內乳製品產量十分豐富，手工起司生產業也正持續增長，但他竟然認為，紐約各地的中小型製酪廠都因為正宗名稱保護措施而遭受「不公平的限制」，他還進一步聲稱：「莫恩斯特乾酪就是一種起司種類，無論你用什麼方法切片，它就是那個種類。」他顯然錯了，無論你用什麼方法切片，這些仿冒品都不會是真正的莫恩斯特乾酪。舒默還卯足全力在各種場合裡強調他要保護這些小廠商，為他們節省重新打造商標與品牌的成本，問題是，這些新興小廠商，本來分明有機會在一開始時就建立好自己的獨特品牌，根本不需要仿冒莫恩斯特乾酪。此外，舒默也沒有注意到，在他自認極力維護的紐約手工起司製造商之中，也有許多獨特的優質廠商正因為冒名起司而受到傷害。我很懷疑，假如有某個外國政府聲稱：「iPhone就是一種手機，不管是哪家業者生產都一樣。」舒默參議員是否也有辦法接受？最近，紐約著名的連鎖披薩品牌「格瑪迪餐館」就正在對中國仿冒業者提出侵權指控，格瑪迪集團正好也是舒默的支持者，這就讓我更加好奇了，他也會用同樣蹩腳的邏輯來安撫格瑪迪集團嗎？他是否會說：「格瑪迪披薩就是一種披薩，不管誰來做、誰來切都一樣」。

還有另一個經常被拿出來反駁正宗名稱的論點，則更可以稱得上是無限上綱了。這些反對者常常會問：「到底何時才能不要再吵這些？」又來了，這種問題就是無理取鬧，因為，那些真食物本來就是真的，它們已經存在很久了，而且產量一直都不高，根本不是反對者認為的那樣多得數不完。加州貝爾菲奧雷乳品公司（Belfiore Cheese Company）大部分的產品都是獨創起司，但同時也會生產希臘費達起司的仿冒品。他們的總裁法爾．哈里指出：「如果所有的原產地國都要堅守這種原則，那我們該怎麼辦呢？美國所有的義大利麵、千層麵、酸奶牛肉（beef stroganoff）、匈牙利湯（goulash）、鷹嘴豆泥（hummus）、莎樂美腸（salami）、拉瓦什薄餅（lavash）的製造商，難道全都要成為這種非理性訴求的受害者嗎？原產地名稱訴求完全是一種人類貪婪的表現，想要掌控市場供需。」其實世界上根本沒有一個地名叫做「千層麵」，並專門在嚴格控管下製作千層麵這種食物。在他一系列舉例當中，沒有一個產品有受到原產地名稱保護，就連匈牙利湯這個唯一帶有國名的料理也不是AOC產品。這是一道家常燉菜湯，而不是一個產品，就像是芝加哥風深盤披薩（deep dish pizza）或德州燒烤一樣，製作過程完全不需要遵循任何標準。這些業者之所以經常提出這種論點，只不過為了製造恐慌罷了，哈里甚至自負地使用「貪婪」一詞來詆毀真食物的創造者，我們從中可以更加看清，究竟誰才是真的貪婪。

這些專門製造冒名食品的業者大大損害了消費者權益，但令參議員、政客或說客們備感困擾的，似乎反而是全球對地理標誌越來越重視，使冒名業者的出口生意越來越受阻。美國是世界最大起司出口國，而國內這些起司詐騙集團發現自己的事業正在逐漸縮小。美國乳製品出口協會的蕭納．莫里斯指出，自一九九〇年代中以來，歐盟對於食品名稱的限制逐漸加強，這些限制的影響已經擴及世界各國，例如，其中一項貿易協定就載明：「禁止歐洲國家出口美產費達起司、艾斯阿格乾酪、古岡左拉起司和芳提娜起司至韓國」。她還補充說，哥斯大黎加最近也開始禁賣美產的波羅伏洛起司和帕馬森起司，其他中美與南美洲國家也陸續跟進。或許，這能鞭策美國慢慢往正途邁進。

只不過，出口協會一直堅稱這些真食物名稱都是「通用名稱」，並試圖努力將美國乳製品銷往全球的最大市場——中國，「我們最近剛與中國一起完成貿易協定，並加強對通用名稱的保護。」只有美國和中國認為這是通用名稱。中美商業貿易聯合委員會未來將會提供美國業者諸多便利，使美產費達、帕馬森等起司製品能順利銷往中國，同時，這份貿易協定也呼籲，通用名稱對美國出口極具重要性，應對通用名稱實施更強而有力的市場保護。顯然，這些對於假貨「更強而有力的保護」，一定會傷害到那些也想出口到中國的真起司業者。

由於在中國失去了名稱保護，美國製造商可以就此橫刀奪走歐盟真起司的銷量，這可不只是些蠅頭小利而已。根據帕馬地方財團法人的資料，美國光是販賣「帕馬森這種具有原產地誤導性名稱的硬質起司」，就賺進高達十億美金，銷售量合計大約十萬噸。不過，帕馬地方財團法人無奈地自嘲說，就算消費者被告知真偽，那些想吃廉價帕馬森起司末的人也不會因此全都轉而去購買正品，所以，「保守估計，美國市場的損失大概也只有十五萬個起司輪吧。」也就是說，帕馬本地那些家庭經營的手工製酪廠，並沒有真的損失高達十億美金，而是大約七千五百萬美金「而已」。

權益損失最慘重的終究是美國消費者自己，有時是財務上的損失，也有時是健康上的損失，口感風味上當然就犧牲更多了，而且更常發生的是以上三者全都有所損失。二〇一四年，頂尖美食評論網站「嚴肅的美食家」進行了一系列口味測試，想找出最美味的「帕馬森起司」，測試的目的美其名是要包讀者節省荷包。最後，他們的測試得出了兩個驚人的結論：第一，這些冒牌貨可說是沒有半點合理的產品價值。許多仿製品的售價與真品差不多，有的甚至還更昂貴，而他們找到最貴的一款竟是劣等美產仿冒品，售價比真品高出近50%。第二，口味勝出的產品是——沒有。最美味的還是真正的帕馬森乾酪，「嚴肅的美食家」只好換個說法來呈現測試結果，丹尼爾・格里徹在報導中寫道：

讓義大利進口的帕馬乾酪在國內舉辦口味競賽中獲勝，這感覺也許不太恰當，但憑良心說，我們實在沒辦法推薦你去購買任何一種我們測試的美產起司，因為相比之下，真品實在太出色了。我們已經盡可能收集紐約周邊所能找到的所有美產帕馬森起司，並購買了每一種以「帕馬森」為名的美國產品。簡而言之，義大利的帕馬乾酪讓所有美國產品無地自容。此外，義大利進口的起司價格跟大多數美國起司差不多，這表示，如果你想找品質與價格最合意的產品，義大利進口的帕馬乾酪會是你的最佳選擇……如果一份食譜需要用到「帕馬森起司」，那麼我一定會去買進口的正宗帕馬乾酪，就算超市架上有那麼多美產帕馬森起司，我也會選擇無視。真正的DOP

帕馬乾酪是全世界最優秀的起司之一，一般來說，我真的不會想用仿製品來代替。

幸好，如果你很清楚自己想找的東西，選購起司就會容易許多。

成分較簡單

根據美國法律規定，國內銷售的所有起司都必須標示產品成分，真正的起司成分往往非常簡單，比如只有牛奶、鹽和凝乳酶，偶爾還會加入酵母或胡椒等香料。如果成分五花八門，或其中有你不熟悉的化學材料名稱，這種跡象就顯示了，這是一個仿冒品。

地理標誌起司

歐洲共有一百五十多種受地理標誌保護的起司，其中名聲最響亮的包括：艾斯阿格乾酪、芳提娜起司、古岡左拉起司、格拉娜帕達諾起司、坎帕尼亞水牛莫札瑞拉起司（Mozzarella di Bufala Campana）、帕馬地方乾酪及佩科里諾羅馬綿羊奶起司（Pecorino Romano），以上全部來自義大利。康提起司、洛克福藍紋起司、莫恩斯特乾酪和瑞布羅申起司，則都是法國起司。另外還有費達起司（希臘）、格呂耶爾起司（瑞士）、斯蒂爾頓起司（Stilton，英國）和曼徹格起司（西班牙）。試著記住這份名單，如果你要購買以上任何一種起司，正宗起司的產地只能是原產名稱的國家。費達起司、莫恩斯特乾酪和格呂耶爾起司最常受到其他地區仿製的起司。

美國手工起司

因為有些業者會用牛奶代替更為昂貴的綿羊奶、山羊奶或水牛奶，所以我對購買任何無商標的起司都會更加謹慎，尤其是那種已經切好、包裝，並寫著「國產綿羊奶起司」的東西，我都會敬而遠之。如果要買美國手工起司，我只會從真正的製酪廠那裡購買，優質業者的包裝上都會貼有專利標籤，如果你向加州的落羽松林、紐約的老查塔姆（Old Chatham）或佛州的賈斯伯山丘等製酪廠購買起司，就會發現他們都有自己獨特的包裝。

拉可雷特起司燒（四人份）

傳統吃法是要刮下一層融化的起司，覆蓋在已經擺滿珍珠洋蔥、香腸片等佐料的盤子上。客人們會事先選擇他們喜歡的肉品和蔬菜，然後才淋上起司。如果你有一台電子起司加熱器，一定要拿來使用，如果沒有，有一個非常簡單的選擇，那就是微波爐。雖然這種設備經常被認為無法做出美食，但真的可以有效融化起司。

以下食材任選，也可以全部準備好：

煮熟的珍珠洋蔥／小顆或一般尺寸的馬鈴薯，切為一口即食的大小並煮熟／醃漬酸黃瓜／各式香腸／莎樂美腸，切為一口即食的大小／醃製火腿，如帕馬火腿或美國南方的鄉村火腿，切為薄片／1.5磅的瑞士拉可雷特起司（請到優質的起司鋪購買）

作法

1 將洋蔥、馬鈴薯、酸黃瓜、香腸、醃製火腿等食材備好，提供客人選擇與裝盤。

2 將起司切成一英吋的薄片，一次一片放入可微波的盤子上，並用中高溫微波三十到四十五秒，加熱至起司大致融化並輕微冒泡即可。

3 從微波爐中取出起司後，立刻遞給客人，讓他們可以刮下來淋在蔬菜和肉品上，並端給他們一杯白酒來搭配。不斷重複這個舉動，相信每個人都會吃得開心。

9 好酒與沒那麼好的酒

我問：我以為波特酒只能在葡萄牙製造？普拉格酒莊（Prager Winery & Port Works）的肯恩．普拉格回答：嗯，正宗波特酒是這樣沒錯，但我覺得我們的波特酒也還不錯。

一九七六年對整個美國來說都是美好的一年，就連身處社會底層的人們也能享受其中。兩百週年國慶活動持續了整整十二個月，一切人事物都沉浸在歡樂氛圍裡。這段時間，有位原本沒沒無聞的演員親自撰寫並主演了一部電影劇本，後來一舉拿下多項奧斯卡大獎，更刷新影史票房紀錄。電影講述了一位窮愁潦倒的無名小卒，他的名字叫做洛基·巴波亞（Rocky Balboa），是個過氣的重量級拳手。為了慶祝兩百週年國慶，他的家鄉正在舉辦一場拳擊賽，給了他一次千載難逢的翻身的機會。最終，他雖然輸了比賽，卻贏得美人芳心，堅持不懈的精神也永遠流傳，電影票房更在上映期間不斷飆升，之後數十年還不斷有續集推出。

同時期，大西洋彼岸，美國釀酒廠也正在實踐他們洛基式的美夢，而且，他們非但沒有遭逢失敗，更在後來十分知名的「巴黎評判」（Judgment of Paris）國際品酒會上，同時拿下紅酒與白酒的獎項。這是美食界一次令人震驚的巨變，因為美國葡萄酒首次在海外被刮目相看，得以在國際舞台上受到品質肯定。四十年之後的今天，每瓶標有「納帕郡」的葡萄酒都因此比其他各國酒款更加昂貴，而他們當年的成功對於法國來說簡直如同一場最糟糕的惡夢。

這段舉世聞名的美食往事後來被改編成一部名為《戀戀酒鄉》（*Bottle Shock*）的電影，而組織這場品酒會的英國酒商史蒂文·史普里爾（Steven Spurrier）則由艾倫·瑞克曼（Alan Rickman）飾演。史普里爾平時專門經手法國葡萄酒業務，他本來認為美國人不太可能獲勝，甚至他發起這項比賽，某種程度上也只是想要做點行銷而已。評審團中，法國佔了絕對優勢，成員包含史普里爾自己、九位完全合格的法國葡萄酒專家，和一位旅居巴黎並在其他葡萄酒賽事中工作的美國人。

他們對葡萄酒進行了盲品，最終選出了兩款加州葡萄酒為獲勝者，一款是蒙特雷納酒莊（Chateau Montelena）的夏多內白酒，另一款則是鹿躍酒莊（Stag's Leap Wine Cellars）一九七三年的卡本內蘇維翁紅酒。兩年後，史普里爾移師舊金山釀酒協會（Vintners Club in San Francisco）再次舉辦了盲品酒會，由不同的專家組成評審團，鹿躍酒莊再次取得勝利，證明了競賽結果的準確度。

第一場品酒會對紅酒的要求比較高，也讓這場比賽更加千古留名，被譽為「新世界」卡本內蘇維翁與「舊世界」波爾多之爭。波爾多是法國眾多名酒中最高貴也最受讚譽的一種。如同香檳或勃根第，波爾多既是一個地區名稱，也是一種製作過程受到嚴格規範的葡萄酒，更是許多酒類收藏家的最愛。由於品質規定嚴謹，整個產區數百座葡萄園之中，只有五座獲評為「一級莊」（first growth），這五座酒莊名聲響亮，是奢華與頂級的代名詞，分別為：拉菲堡（Château Lafite-Rothschild）、瑪歌堡（Château Margaux）、拉圖堡（Château Latour）、歐布里雍堡（Château Haut-Brion）和木桐堡（Château Mouton Rothschild）。長年來，這五座酒莊的產品一直是被認為是有史以來最偉大的葡萄酒，但在這場品酒會上，某個來路不明的美國人（可惡的野蠻人！）用新種植的葡萄樹（簡直無法無天！）釀造出卡本內蘇維翁，而且他們的木桶甚至才使用了第二次，竟然就足以擊敗來自五大頂級酒莊的法國酒！對於美國酒莊來說，這真是美好的一天。

但值得一提的是，一九七三年那場競賽中，鹿躍酒莊的葡萄酒並不是真正的卡本內蘇維翁，而是卡本內蘇維翁與梅洛的混合，你沒猜錯——這正是波爾多經常使用的經典組合。鹿躍酒莊之所以將產品稱為卡本內紅酒，一來是為了方便，二來是因為美國並沒有明確的葡萄酒成分相關法律。而且，波爾多風格的葡萄酒當時在美國還沒有個確切名稱，二十多年後這個名字才遍地開花。

根據法律規定，波爾多紅酒只能以六種葡萄釀製，傳統的「波爾多混釀」（Bordeaux blend）主要會包含卡本內蘇維翁、梅洛和卡本內弗朗（Cabernet Franc）三個品種，也有一些像鹿躍酒莊那樣，僅用前兩種葡萄來釀造。至於波爾多白酒也只有九個品種被允許使用，但有許多酒莊只會混合榭密雍（semillon）與白蘇維翁兩種。就像那些經典不敗的巧克力餅乾食譜一樣，這些葡萄品種的組合也是經過了長時間的試驗與考驗，最終證明能完美搭配，世界各地的酒莊也都採用了類似的混釀方式，並取了五花八門的名稱，例如：波爾多風格、克萊紅酒（claret），這是英國人的傳統術語，專指暗紅色的波爾多，還有餐酒（table wine）或酒莊混釀酒（vintner's blend）等等。

問題是，這些名稱沒有任何可辨別的含義，尤其是在美國，可能會用來指傳統的波爾多風格混釀酒或任何其他酒款。克萊紅酒當然是其中最有特色的一個名稱，不過美國人多半不知道這是個老派的英國俚語。知名大導演柯波拉（Francis Ford Coppola）就是一個例子，他後來也投入酒莊事業，很熱衷於使用這個過時的名稱。對他來說，他當然自認是遵循傳統釀造出這種克萊紅酒，是「以卡本內為基底，混釀出經典波爾多風格」。不過話說回來，柯波拉是一位真正的美食家，他在自己位於加州的豪宅裡親自種植橄欖來榨油，還會自製莎樂美腸，但並沒有像他的葡萄酒一樣拿來對外販售，只是他自己愛吃而已。「如果我決定把名字印在商品上，那一定是我個人經過深思熟慮的結果。因此，大家可以相信，我們的葡萄酒絕對是品質最好也最經典的。」他這麼告訴我。他回憶起自己的童年與葡萄酒是如何密不可分，身為義大利裔美國人，每當好友聚會或家庭聚餐時，葡萄酒始終不可或缺，他還說，早在他拍電影之前，他就很想釀酒了。一九七五年，他因執導《教父》（*The Godfather*）而拿到一筆豐厚的巨額片酬，很快便將資金投入到葡萄園中，過程中還差點破產。

四十年之間，他除了陸續拍完兩部教父續集和《現代啟示錄》（*Apocalypse Now*）之後，也已經遠遠不止是位成功站穩腳跟的酒莊老闆。一九九五年，他買下大名鼎鼎的「爐邊酒莊」（Inglenook Vineyard），這是美國歷史最悠久的酒莊之一。二〇一〇年，他又在索諾瑪（Sonoma）的亞歷山大谷開設了柯波拉酒莊（Francis Ford Coppola Winery），是世上最令人印象深刻的觀光酒莊之一，也是嗜酒之人的夢幻之地。克萊紅酒是他主打的「鑽石典藏」（Diamond Collection）系列的其中一款，價格十分實惠，瓶身印有鑽石形狀的標籤，另外還有一支獨特的加州風鑽石混釀紅酒，是金芬黛、希哈（Syrah）與其他幾個品種的混釀。這兩支都是混釀酒，一種是傳統的波爾多風格，一種是果味型（Fruit Forward）的新世界葡萄酒，兩支都不錯，但是如果你沒有關注柯波拉的品牌，你不會知道哪一支酒叫什麼名字。於是就有了「梅里蒂奇」加州波爾多風格混釀（meritage）這個名詞。

美國與歐洲的酒標使用方法不同，加深了美國消費者對葡萄酒的困惑。美國人傾向以葡萄品種來為酒命名，像是「梅洛紅酒」或「金芬黛紅酒」等等。但歐洲葡萄酒一直是以品種的所在地聞名，也就是說，當消費者從義大利的奇揚地一帶購買紅酒時，他們都會知道這是桑嬌維塞，同樣地，當他們從勃根第的夏布利購買白酒時，就知道自己買的是夏多內。

「舊世界」的酒標（像是勃根第、隆河等等）的問題在於，你必須先花時間去認識並記住每一種地方特有釀造風格和葡萄品種。而「新世界」酒標用葡萄的品種來命名（如夏多內、梅洛等等），這問題則在於，並非每支夏多內的口味都與人們所理解的夏多內一樣。此外，大多數美國消費者誤以為（但可以理解）所有酒標都擁有絕對意涵，就好像「柳橙汁」或「牛奶」就是指柳橙汁或牛奶。

但美國法律長期以來都只要求標籤上列出成分佔比較高的葡萄品種即可（約51%），不必明列其他成分。因此，即便卡本內蘇維翁是一種價格高昂的優質葡萄品種，但一瓶「卡本內紅酒」中卻可以有一半的成分是使用當季任何廉價的葡萄來混製。但另一方面，這51%的規定讓美國廠商得以發揮混釀創意，像鹿躍酒莊就用傳統波爾多風格來釀造「卡本內蘇維翁」，他們可能會使用一些極為典型的混釀比例，比如70%的卡本內蘇維翁、15%的梅洛和15%的卡本內弗朗。

到了一九七三年，美國法律又將葡萄品種的最低佔比調整為75%，並一直維持至今。在美國，百分之百單一品種釀製的葡萄酒很少見，只有少數金芬黛紅酒是百分之百金芬黛葡萄製成的。也就是說，如果你在法國買了正宗夏布利白酒，那麼你買到的一定是百分之百夏多內葡萄釀造的白酒。但如果你在美國購買「夏多內白酒」，不過產地是哪裡，這瓶酒裡只會含有四分之三的夏多內葡萄，另外四分之一是未知品種。而如果你在美國買到美產「夏布利白酒」，那麼你買到的一定是假貨，裡面可能含有一點點夏多內葡萄，或根本沒有，甚至有可能根本不是白酒，膽量夠的話，可以試試看。

當年那場巴黎評判使人們對這種經典波爾多風格釀造的加州新紅酒大感興趣。同時，一九七三年的法律變更也意味著坊間約有60％至70％的卡本內蘇維翁混釀酒無法再以卡本內蘇維翁之名出售。「於是，這些酒只好改用別的名稱，像是餐酒。」備受尊敬的資深納帕郡釀酒師米切・卡斯提諾說道。他雖於一九九二年出售了他名下的卡斯提諾酒莊，但仍繼續擔任釀酒師與酒莊顧問。如今，他是加州梅里蒂奇聯盟（Meritage Alliance）的主席，並經營一間名為「純園」（PureCru）的少量手工釀酒廠。我和卡斯提諾及幾位釀酒師約在納帕郡的乾溪酒莊（Dry Creek）碰面，這裡的景緻美不勝收，還有一座花園市集，專門出售各式各樣有趣的當地手工點心，並提供遊客親手釀造專屬混釀酒的難得機會。這是一座觀光友善的酒莊，但來參觀的人們多半並不知道它在葡萄酒歷史上的重要地位——這裡是第一瓶梅里蒂奇混釀的誕生之地。

一九七三年美國的酒標規範變更，讓波爾多風格葡萄酒必須尋找一個可替代的新術語。正如優質氣泡酒廠不會將產品自稱為「香檳」一樣，納帕郡和索諾瑪最好的葡萄酒商們也願意發想出一個新的原創名稱。鹿躍酒莊的勝利激勵了美國最高等級葡萄酒的產量快速增長，許多釀酒廠紛紛推出以波爾多風格混釀而成的葡萄酒，並各自想出天馬行空的新名稱，就像現在美國許多優質手工起司製酪廠的趨勢一樣。其中有許多醉人的品牌，像是第一樂章（Opus One）、約瑟費普徽章（Joseph Phelps's Insignia）、多明尼斯（Dominus）、乾溪水手（Mariner）、方濟聖母頌（Franciscan's

Magnificat）、賈斯汀三角（Justin's Isosceles）、貝林格沖積層（Beringer's Alluvium）、卡斯提諾詩人，以及凱恩五號（Cain Five），這支包含了當代波爾多的五種葡萄，另外還有被稱為膜拜酒（cult wine）的哈蘭（Harlan）和寇金（Colgin），這兩種酒很難買到，每瓶售價在五百至一千美金之間。

這些頂級款都是美國最好的葡萄酒，許多價格都超過一百美金，而它們的成功也令其他業者紛紛仿效，酒廠開始推出價格更加實惠的波爾多風格混釀酒。但這些業者眼下面臨的問題是，他們的目標消費者是誰呢？當時世上最著名的兩個酒莊——羅伯蒙岱維（Robert Mondavi）和一級酒莊波爾多酒廠木桐堡合作推出了「第一樂章」，行銷預算極為高昂，每份葡萄酒刊物中都能看見針對這款新酒的評論，頂級餐廳也紛紛將之列入酒單，每瓶單價超過兩百多美金。像這樣的葡萄酒可以創造出自己的獨特市場，超市架上那些十塊美金的「混釀紅酒」完全無法相提並論。法國也有很多便宜的波爾多，但他們的消費者都很清楚瓶裡裝的是什麼。美國業者此刻十分需要一個自有術語來統稱自己的產品，於是一九八八年，約十幾位加州釀酒師聚在一起，舉行了一場命名比賽來挑選新名稱。十五年後的今天，其中幾位釀酒詩就坐在我面前，他們中的一些人，包括米切．卡斯提諾、乾溪酒莊的現任老闆兼二代傳人琴絲塔勒．華勒斯等人，我們圍坐在會議桌旁，聽他們憶起當年往事。

「我們需要為波爾多風格混釀酒找出一個新分類，」華勒斯說，她是梅里蒂奇聯盟最早的成員之一。「我們當時稱自己的混釀酒為『珍藏紅酒』——我們沒人想出『第一樂章』這種名稱。而比賽就是這樣開始的。」

這場比賽發生在網路時代之前，那時根本沒有「在社群媒體瘋傳」這種事情，但令他們大為驚訝的是，比賽確實引爆話題，而且世界各地都有人關注。最後，他們竟然一共收到了六千個參賽名稱。「我們選出大約十個名稱，我很喜歡『美利達』（ameritus），」卡斯提諾回憶道，「現在的『梅里蒂奇』其實是我的第二名而已。」華勒斯本來還喜歡另外一個名稱：「我們本來考慮使用另一個名稱『艾勒華』（élevage），以為聽起來很優雅，但後來發現這個法文字的含義一點也不優雅，是配種繁殖的意思。梅里蒂奇完全是一個組字，沒有像其他名稱那樣有關聯的意涵。唯一的問題是，消費者一直想用法文來發音，但我們也不在乎，反正他們繼續消費就好。」這讓我感到十分懊惱，因為我就是誤以為是法文的其中一個人，而且還念錯大概十五年了。「梅里蒂奇」一詞本身就是一種融合，將「優點」（merit）和「傳承」（heritage）這兩個英文單詞結合在一起，不需要用歐洲語言來發音。

「我們的目標是讓這個新名稱在酒類相關產業、販售場所和餐館酒單上都能受到認可，並且讓我們的波爾多風格混釀酒不會與卡本內紅酒或其他『可怕的紅酒』混淆。」華勒斯說。他們確實成功了，即便創始過程不足掛齒，僅僅是當年十幾位釀酒師好友兼競爭對手圍成一圈，共同票選出他們喜歡的名稱，梅里蒂奇接著一路高速發展，現在已經成為各大葡萄酒競賽中的一項獨立類別。梅里蒂奇聯盟現有三百五十幾個成員，更已擴展到加州以外的地區，現在就連法國也有酒莊在生產梅里蒂奇，畢竟只要酒莊不是位在波爾多地區，又想釀造波爾多風格葡萄酒的話，他們就會面臨同樣的名稱問題。另外加拿大、阿根廷、墨西哥、以色列和澳洲也都有釀造梅里蒂奇。

使用這個名稱的要求是必須混釀至少兩種傳統的波爾多會用到的葡萄，並且不能有任何一個品種占總比例的90％以上。

甚至大型零售商好市多也是聯盟成員，並販售自有品牌的梅里蒂奇紅酒。還有喬氏超市、連鎖酒水零售商「全致葡萄酒」（Total Wine）和「貝摩」（BevMo）也都有販售。最近，梅里蒂奇白酒掀起一波熱潮，許多美國酒水零售商店中，梅里蒂奇白酒變得比波爾多白酒更常見。甚至，在梅里蒂奇新興之初採取旁觀姿態的蒙岱維第一樂章等一線知名品牌也終於決定加入戰局。其他頂級品牌還包含方濟、聖法蘭西斯（St. Francis）、聖蘇佩里（St. Supéry）、史達琳（Sterling）、羅森布拉姆（Rosenblum）、羅尼史壯（Rodney Strong）、康爵（Kendall Jackson）、艾斯坦西亞（Estancia）、花泉（Flora Springs）和科恩（B.R. Cohn）等等，全都是加州知名的酒莊。

我很喜歡梅里蒂奇成功發跡的故事，因為這表示，一個知名品牌是可以高樓平地起的，而不必去盜用別人既存的名稱（這是假食物的慣用手法）。梅里蒂奇是一個受到良好且透明控管的真食物品牌，具有明確的含義，更讓消費者看見美產葡萄酒難能可貴的成就，畢竟長年來美國都以低品質盜版葡萄酒聞名。「勃根第、奇揚地、夏布利、香檳和隆河在美國從未受到法律限制，」卡斯提諾說，「這些名稱都被濫用了。」

這些名稱至今仍然持續遭到濫用，「嘉露爽朗勃根第」（Gallo Hearty Burgundy）就是假食物最好的例子，這款酒與真正的勃根第幾乎沒有任何相似之處，就連酒款名稱都讓人感到怪異。正宗勃根第以優雅聞名，「爽朗」二字實在很難沾上邊。而且，不只是名稱令人匪夷所思，這款酒中的成分也幾乎都是錯的。

「五十年前，美國釀酒先鋒恩尼斯特與胡利奧・嘉露（Ernest & Julio Gallo）首次推出了一款名為『爽朗勃根第』的葡萄酒，」嘉露酒莊的一份歡慶五十週年的新聞稿如此寫道，在我看來，這真的沒什麼值得慶祝的。「爽朗勃根第是創辦人兄弟最喜歡的一款葡萄酒，當年，他們為了紀念與親朋好友歡聚分享美食與談天說地的美好時光而釀造了這支酒。」我重讀這份新聞稿好幾次，想知道嘉露兄弟是否對這種葡萄酒與其產地有所誤解。我也想知道，這「談天說地的美好時光」裡，其中有沒有任何人曾經問過兄弟倆，他們是否知道勃根第是法國地名，而非義大利，順便問問他們到底在想些什麼？如果他們非要盜用名稱不可，那他們何不以義大利的特有葡萄酒來命名呢？何不叫做爽朗奇揚地？嘉露兄弟和他們的父母都在加州中部出生長大，離歐洲有千里之遙，他們的確有可能對義大利葡萄酒一無所知，對法國葡萄酒也是霧裡看花，進而導致誤以為自己釀製了某種勃根第葡萄酒。五十週年紀念款的新聞稿描述了爽朗勃根第的「品種產地」（Varietal Origin），照理說應該要一一列出這款酒所使用的葡萄，然而這篇新聞稿中卻只簡單寫上「加州」，所以我們唯一能知道的線索也只有：這款酒使用的是加州某處種植的某種葡萄。也許是紅葡萄，也許是白葡萄，也許每種都有一點，或者是每一葡萄中最廉價的那一堆，無論是在酒標上、新聞稿裡或透過酒的味道，你都無從得知。這與正宗勃根第形成了鮮明的對比，因為真正的勃根第只能使用生長在勃根第地區（在法國，而非義大利）優質葡萄園中的百分之百黑皮諾葡萄來釀造。

更何況，真正的勃根第不可能一瓶容量高達一點五公升，這是正常的兩倍，也不可能售價低於十塊美金。

他們另一篇新聞稿上則提到，「雖然成分中實際使用的葡萄品種會因釀造年分而異」——這似乎證實了我的懷疑，他們的配方依波動的市場價格而做出調整——無論使用了哪些葡萄，成分中一定會包含金芬黛和小希拉（petit sirah）。小希拉很受墨西哥、巴西和以色列釀酒廠的歡迎，可別把它與隆河知名的小希哈（petit syrah）搞混了。但不管這爽朗勃根地使用的是哪一種，其實都沒有差別，因為正宗勃根第中，根本就不含任何小希拉或小希哈以及所有的金芬黛。

爽朗勃根第的標籤上還寫著：「迎來爽朗勃根第五十週年，嘉露家族備感驕傲，這是一支美國獨具代表的混釀紅酒。」這整句話真是充滿矛盾。他們既要歡慶這支「美國獨具代表」的混釀紅酒，卻又不願意使用美國混釀酒之名，反而以一種「永遠不可能混釀」的酒來自稱。這款酒很容易招致嘲笑，但背後真正嚴重的問題是美國國內假貨氾濫。就如同起司，這其中包含了大量使用受到地理保護的正宗葡萄酒名稱，試圖誤導消費者，這些名稱原本都具有嚴格的規則和定義，消費者也本可以一眼就辨識出自己購買之物。事實上，美國「合法」假冒的葡萄酒多達十四種，包括：勃根第、夏布利、香檳、奇揚地、馬拉加甜酒（Malaga）、瑪莎拉酒（Marsala）、馬德拉酒（Madeira）、摩澤爾（Moselle）、波特酒、萊茵葡萄酒（Rhine wine）、蘇玳（Sauternes）、高地蘇玳（haut sauterne）、雪利酒和貴腐酒（Tokaji）等等。美國菸酒稅收與貿易局（Alcohol and Tobacco Tax and Trade Bureau, TTB）隸屬財政部之下，專門負責監管酒類標籤及生產，卻把這些名稱都視為半通用名詞。TTB 顯然是依照《美國聯邦酒類管理法》來行事，這份法規要求「酒精飲料的標籤和廣告應提供消費者足夠的產品標識與品質資訊」，並明訂「禁止具誤導性質的標籤，或任何可能潛在欺騙消費者的產品廣告」。

我反覆讀了 TTB 這兩句規訂許多次，但無論如何，我都想不透為什麼他們還會允許那些荒謬的酒標在市面上流通。TTB 批准了科貝爾的「香檳」、嘉露的「勃根第」以及數百種類似的誤導性產品，顯然已經公然違反了這兩項應該要遵守的規則。

奇揚地更是其中的重災戶。它本來是義大利的一種「壺酒」(jug wine)，二戰結束後，美國人將這種討喜的廉價葡萄酒從歐洲帶回家鄉，之後便迅速蔚為風潮，也使市場需求大幅增加，刺激了來自義大利和美國低品質酒款的產量。加州某些酒莊甚至會讓客人帶著自己的瓶子或容器來裝取這些散裝酒水，並支付超低價格。以當時的行話來說，這類產品全都可以被統稱為「奇揚地」，無論成分是什麼。這是因為早年義大利葡萄酒產業本身缺乏監督和管理制度，使義大利境內充斥著各種真真假假的酒類，進而讓劣質假酒更加猖獗，葡萄酒產業也變得更加腐敗。當戰後酒水需求增加時，某些美國廠商會從義大利南部進口更加便宜的葡萄酒，來擴張他們的奇揚地事業。

雖然義大利北部的托斯卡尼奇揚地一帶在一七一六年就有葡萄酒釀造的大致規範，但一直要到一九九六年，這些規定才獲得完善，也稍微挽回了消費者的心。相關單位不僅提升了某些釀製標準，還制訂了一個更高規格的新分類：特級奇揚地（Chianti Superiore）。如今，所有奇揚地都必須遵守義大利的 DOC 和 DOCG 規範。帶有 DOC 標章基本款奇揚地一瓶售價大約十二美元，同樣是由頂級園區種植的百分百桑嬌維塞葡萄釀製而成，十分經濟實惠。然而，加州酒商風時亞（**Franzia**）生產的「奇揚地」以五加侖的鋁箔包盛裝，容量相當於七個酒瓶，每瓶售價不到三塊美金。

托斯卡尼不僅是世上最頂級的葡萄酒產區之一，也是出名的美食聖地。或許正因如此，數世紀以來，奇揚地已經發展成為最棒的一種餐酒，是與義大利美食或其他油膩的料理搭配的不二選擇。比方說，佛羅倫斯牛排（是當地的招牌菜色）這種以橄欖油浸泡後進行燒烤的厚牛排，唯一能與之搭檔的就是奇揚地。托斯卡尼擁有如此美妙的景致，如果我一生只能選擇一個地點進行國外旅遊，我勢必會想規劃一場史詩般的夢幻之旅，那麼我很有可能就會選擇托斯卡尼，那裡有著保存完好的中世紀山城、芬芳的橄欖樹、豐富的藝術和歷史，以及宜人的氣候。但是由於美國那段恐怖的「奇揚地」時期，這個美麗的地區至今仍然籠罩在黑暗的陰影之中。

「現在這種酒還是很難賣。如果你只叫它為『桑嬌維塞』，消費者根本聽不懂你在說什麼。但如果你說這是義大利知名奇揚地的加州版本，消費者會自動聯想到某種從超大燒瓶倒進試管裡的可怕溶劑。」弗雷德．塔斯克在《芝加哥論壇報》（*Chicago Tribune*）上寫道。幸好，他筆下那種宛如實驗室化學物質的劣質美產「奇揚地」只在一九六〇到七〇年代流行過，現在基本上已經消失了。但這些惡名昭彰的劣質酒卻也造成了無可挽回的損失，使得正宗奇揚地成為了笑柄，曾經經歷過那個年代的人，至今仍然拒絕飲用正宗奇揚地，即便它經過整飭後，早已是一款優質葡萄酒。

毫無疑問，奇揚地的釀酒廠從數十年至今一直受到美國仿製品的傷害，畢竟那些喝過廉價冒牌奇揚地的消費者，根本不會想要再買一瓶正品來嚐嚐看。幸好現代消費者對酒類的相關知識有所提升，懂得無視盲目仿造的假酒，而且也有許多優質美國製造商會在奇揚地風格的酒款瓶身上註名葡萄品種是桑嬌維塞。如同香檳，當你看到美國酒莊將自己的產品命名為奇揚地、勃根第、夏布利或其他名稱時，根據經驗法則，就該知道這些酒的品質可能都非常低，不要購買才是上上策。

也絕對不要購買加州的嘉樂時（Carlo Rossi）等幾家製造商的產品，他們的「奇揚地」有三種容量：一點五公升、三公升，和超大的四公升，實在太大罐了，連倒出來都很難。毫不意外，嘉樂時隸屬於以爽朗勃根地聞名的嘉露旗下，他們的壺酒系列中，還有好幾款 **TTB** 以「半通用名詞」為由來駁斥的地理保護葡萄酒，包括勃根第、隆河和夏布利。《舊金山紀事報》（*San Francisco Chronicle*）還曾經為嘉樂時背書，稱他們的「勃根第」是「加州壺酒的經典模範，擁有『百分百的葡萄酒』保證書。」難道消費者知道這些葡萄酒不是大豆釀製的，就應該要高枕無憂了？

我的好友丹·鄧恩也是美國釀酒業的知名專家之一，尤其瞭解產業的整體面向。鄧恩是天狼星衛星廣播（**Sirius Satellite Radio**）節目《渴求之人》兼部落格的酒類記者、作者和主持人，他絕對可以說是將美國的釀酒業裡裡外外探索了好幾遍。為了撰寫他的新書《美國嗜酒之人》

（*American Wino*），丹在美國各地旅行了好幾個月，以瞭解各地區葡萄酒的釀造方式和觀念，並探索國內葡萄酒產業的文化基礎。丹從他居住的馬里布展開旅途，往北走穿過巴索羅布列斯（Pasa Robles）和聖塔芭芭拉（Santa Barbara），然後前往索諾瑪和納帕郡，再進入太平洋西北地區，越過平原，攀上拉什莫爾山，並造訪懷俄明、內布拉斯加和密西根的釀酒師，然後是紐約五指湖地區和新英格蘭北部，並參觀了佛蒙特州、新罕布夏州和緬因州的酒莊，這裡的葡萄酒都是用耐寒的葡萄品種以及藍莓來釀製的。

丹在這趟浩浩蕩蕩的旅行途中停下腳步和我見面，我們約在新罕布夏州漢諾威的常春藤大學城，那裡有間老盧經典快餐店，我們一起吃了午餐。丹已經開了六千五百英哩的車——而且還不到完整路線的一半——但飯後他還是決定去體驗當地的其他食物和特色料理，所以我帶他帶去吃淋上佛蒙特州楓糖漿的酪漿鬆餅。我們一邊享用真食物，丹一邊向我描述了他的旅行以及即將前往的地點，我問他對美產葡萄酒使用受保護的外國地理標誌名稱有何想法。他已經參觀了大大小小、企業或家族經營等各種類型的酒莊，就連阿肯色州一家設置在露營車場裡的酒莊他都去過了，對美國的葡萄酒文化有了相當清晰的認識。「用心釀酒的業者不會去使用這些名稱，只有工業釀酒廠才會這麼做，否則他們沒有其他辦法誘使你去購買他們的產品。」僅此而已。

丹從新英格蘭重新啟程，沿著東海岸行進，再穿越南部、德州和西南部，最後回到加州。最後，他及時趕老家去參加二〇一五年度圓石灘美食美酒節，並在那裡主持了一場美國葡萄酒的座談會。回程中，他最期待停留的地點之一是格魯特酒莊（Gruet），這是新墨西哥一座十分具有開創性的釀酒廠，當年與加州的史瑞堡酒莊一起在阿布奎基市郊完成了不可能的任務，率先釀造出優質的美產氣泡酒。「我剛剛寫完另一篇關於美產氣泡酒的文章，」丹說，他經常為《花花公子》（*Playboy*）、《美食與美酒》（*Food & Wine*）等雜誌撰文，「優質釀酒廠都不會使用『香檳』一詞來自稱產品，這只會發生在糟糕的業者身上。」

那麼國會、TTB以及科貝爾和嘉露等業者，他們總喜歡說那些頂級葡萄酒之名早已成為通用名稱了，這該如何看待？丹不以為然地回答：「荒謬至極。」

老實說，這些假貨大多都是廉價的劣質仿製品，很少有消費者看到這種價錢還會對品質抱有超高期望。但像波特酒、雪利酒和馬德拉酒這些烈性葡萄酒（fortified wines），又是另外一種情況了。與真宗帕馬森乾酪一樣，這些烈性葡萄酒的美產仿冒品，價錢通常比正品更高，包裝方式也更具誤導性。

「波特酒，又名波爾圖酒（Vinho do Porto）或缽酒（Porto），是葡萄牙的烈性葡萄酒，唯一產地為葡萄牙北部的杜羅河谷。」二十一世紀所有事實知識來源的維基百科如此寫道。這段話想必大部分的葡萄酒愛好者都會同意，而且「唯一產地」四個大字直接將美產「波特酒」排除在外，美國是少數會盜版波特酒的國家之一。長期以來與美國競爭盜版市場的就是澳洲，他們也會釀造冒牌波特酒和雪利酒。不過澳洲從二〇一一年開始就停止製造假貨，並為了保護地理標誌而進行了一系列標籤規範更新。「『波特酒』是一種原產自葡萄牙北部近波爾圖地區的酒」，澳洲其中一份食品貿易法規這麼解釋。另外，加拿大也在二〇一三年底，因《加拿大—歐盟葡萄酒與烈酒協定》（Canada-EU Wine and Spirits Agreement）而禁止了他們國內生產的波特酒與雪利酒。想想美國那些保護主義者是如何危言聳聽，宣稱這些地理標誌與消費者保護措施會造成不良後果，澳洲和加拿大的經濟和葡萄酒產業根本沒有像他們說的那樣因此崩塌。

葡萄牙和它的鄰居西班牙都是擁有美食與美酒的旅遊勝地，但除此之外，這兩個國家還有其他特殊景緻可以提供遊客朝聖，那就是「古蹟住宿」，在西班牙文中是「paradores」，葡萄牙文則是「pousadas」。這兩個國家中，許多歷史上重要的建築，包括宮殿、修女院、修道院、城堡、豪宅和堡壘，都被改造成了大小的旅館，全部歸政府管理。這種歷史建築改造有兩個重要目的，一是為了要有經費能持續拯救並保養維護這些百年建築，二是提供給旅客獨特的沉浸式旅遊體驗（而且不會太貴），藉此來探索他們的國家。

想體驗古蹟住宿的遊客還可以按照主題或地理條件規畫不同的路線，你可以選擇沿著葡萄牙海岸開車十天，或者穿梭於西班牙南部的安達魯西亞，從一座古蹟搬到另一座古蹟。如果除了古蹟之外你還有一些其他熱情所在，你也可以事先規畫途經高爾夫、美食聖地或宗教朝聖的地點。這種古蹟住宿是獨一無二的，其他地方都還沒有類似的政府專案。某天晚上，我和妻子住進一家前身是葡萄牙修道院的飯店裡，臥室的天花板高聳於四柱床之上，可以說是我見過的最高天花板，大概有兩三層樓那麼高，而我唯一能想到的就是，要換個燈泡應該與登天差不多難。

葡萄牙每一家古蹟飯店內都會附設一間專門提供當地料理的餐廳，這也是這種模式的重要文化使命之一，能夠展現每個地區的特色。我們花了兩週的時間開車遊歷葡萄牙，每到一站就會落腳在這些歷史悠久的飯店。其中在奧比杜什（Obidos）有一家知名古蹟飯店，來自各地的遊客一定會到此品嚐那擁有酥脆可口外皮的招牌烤乳豬。這間飯店前身是建造於十六世紀的城堡，是聯合國教科文組織（UNESCO）列冊的世界遺產，四周是中世紀高聳的城牆。吃完烤乳豬之後，你可以在奧比杜什戒備森嚴的外城牆上散散步，這些高牆十分宏偉。還有另一間飯店的特色料理是「紅醬雞肉」，當我的妻子詢問工作人員這道菜的細節時，女服務生顯得神采奕奕，以一種當地居民的自豪感非常大聲地回答道：「這是把整隻雞放在牠自己的血裡煮熟的！」這道菜是我妻子點的。

波多的古蹟飯店座落於河畔，長期以來都是波特酒貿易之地，它的前身則是弗雷索宮（Freixo Palace），一座建於一七四二年的巴洛克式建築，內部還有氣派的貴族花園。如同蘭斯與埃佩爾奈的香檳窖，波特酒最後的陳釀步驟是在杜羅河谷的城市裡進行的，但前面大部分的生產步驟會先在農村完成，之後再以傳統的船隻將桶裝波特酒運到波多的大型酒窖中進行裝瓶和陳化，這些傳統的船隻看起來就像一艘艘工藝精湛的維京海盜船，並且專門設計來裝載酒桶。成排的波特酒莊沿著河岸羅列，比較知名的有葛拉漢（Graham's）、芳塞卡（Fonseca）和道斯（Dow's）等等，而幾乎所有的酒莊都有開放給遊客參觀。遊客們可以從弗雷索宮古蹟飯店（Pousada do Porto Freixo Palace Hotel）出發，沿著街道漫步，循線參觀這些波特酒莊，並享受各式各樣的美景與美食。

波特酒、雪利酒和馬德拉酒都屬於烈性葡萄酒，生產步驟比一般靜態葡萄酒（still wine）複雜許多，就像香檳一樣。這些烈性葡萄酒也是當地文化密不可分的一部分。雖然其他地區很久遠以前就已經開始生產葡萄酒，不過葡萄牙杜羅河谷其實是世界上第一個被正式界定為法定產區的地方，在一七五六年被規範為保護地區。這個地區從葡萄品種開始的所有生產步驟，都受到杜羅河波多葡萄酒協會（Instituto dos Vinhos do Douro e Porto）的嚴格控管，協會成立於一九三二年，而他們所有的規範都是根據一七五六年的法定產區條例制定的。

這一帶有將近一百個經過核可的葡萄品種，但每個品種的產量都不高。最受歡迎的波特紅酒通常由五到八種葡萄釀造，大部分都是當地特有品種，只有田帕尼優（tempranillo）是其他地區也有種植的，它也是西班牙里奧哈的心臟與靈魂。杜羅河兩岸陡峭，且白天炎熱、夜晚低溫，數世紀之前，杜羅河谷的農人們就將他們的葡萄園打造成梯田型態，使土壤得以在夜晚保持溫度。然而，梯田也讓他們時至今日都很難轉而採用機械化生產模式，葡萄樹的修剪和摘採至今依然必須手工完成，而且還需要不斷爬上爬下，十分費力，和十八世紀的作業方式並無二致。這裡的地形與義大利的阿瑪菲海岸相似，那裡的果園和葡萄園也都位於陡峭的山坡上，並開墾成梯田的形式。儘管杜羅河谷十分美麗，但我第一次造訪此處時卻忍不住想著，為什麼明明有其他比較容易耕作的平地果園，卻偏偏要選擇在這種崎嶇不平的地方種植葡萄呢？答案很簡單，因為這些本地葡萄在這裡的環境中才能生長得最好，而且，這裡也是這些品種當年初次被發現的地點。

生產波特酒首先要用當地葡萄品種釀製出一般的靜態葡萄酒。之後，在靜態葡萄酒中加入葡萄烈酒（aguardente），這是一種由葡萄蒸餾而成的高濃度酒精，類似於白蘭地，使得波特酒（以及雪利酒和馬德拉酒）成為一種「烈性葡萄酒」。但這麼做的目的不只是為了要提高酒精濃度而已，也是為了停止葡萄酒繼續發酵，並在酵母消耗所有糖分之前先殺死酵母，好讓葡萄酒變得更甜，酒精含量也更高。這個步驟稱之為「誘變」（mutage），是讓波特酒成為一種獨特酒款的關鍵步驟。

正因為有這個步驟，波特酒、雪利酒和馬德拉酒的外觀與口味和一般靜態葡萄酒都大為不同，而且幾乎都可以無期限保存。由於已經停止發酵，這些葡萄酒便不會因為擺太久而轉變為醋，如果你拿到一瓶十九世紀製造的波特酒，還是可以立刻打開來暢飲。此外，就算你拔開了瓶塞，也能繼續保存一年或更久的時間。在這方面，烈性葡萄酒更接近威士忌或白蘭地，你可以在餐後倒一杯來品嚐，接著把瓶口塞起來，六個月後拿出來一樣能喝。如果你開的是一瓶金芬黛，那麼就千萬別這麼做。現在我家的吧台就有一瓶芳塞卡二〇〇八晚裝瓶年分波特酒（Late Bottle Vintage），我甚至不記得是什麼時候開瓶的，但它還是很好喝。

正宗波特酒的釀造工法極為繁複耗時，但最終的成果證明努力都是值得的。在《葡萄酒觀察家》雜誌二〇一四年度「最佳」專題中，道斯的二〇一一年分波特酒被評選為年度最佳酒款，獲得了近滿分的九十九分高分，也是全球所有葡萄酒中得分最高者。儘管已經拿下年度第一，波特酒也沒有就此止步：排名前五位的葡萄酒款中，波特酒就佔據了三個位置，另外兩支上榜的分數都是九十七分，擊敗許多其他地區生產的葡萄酒，遠遠優於美產或法產任何價格的葡萄酒。正如《葡萄酒觀察家》寫的：「這些優質的波特酒是杜羅河谷二十年來的卓越葡萄品質與技術進步的里程碑，一共有六種產自葡萄牙的波特酒入選二〇一四年百大，它們都是葡萄牙迄今最優異的酒款。」與所有波特酒一樣，二〇一一年分波特酒當然也是產自葡萄牙中北部的杜羅河谷，紐約和加州的冒牌波特酒可沒機會獲得這種殊榮和讚譽。

波特酒有許多不同風格，其中波特白酒最為少見，通常會帶有一點綠色調，最適合用來當作餐前開胃酒，飲用前先冰過會更加美味。波特紅酒又分為紅寶石（ruby）波特和茶色（tawny）波特，後者是經過刻意氧化之後形成褐色調。就像許多威士忌一樣，茶色波特也是按年分分為十年、二十年、三十年或四十年茶色波特，但與蘇格蘭威士忌不同的是，茶色波特的年分是所有混釀成分的年分平均值，而不是最小值。紅寶石波特則不會明確標註出年分數字，但也有分為幾個級別。最基礎的「紅寶石波特」與非烈性紅酒最為相似，嚐起來也更為新鮮、果味更濃厚，它混合了不同年分的葡萄酒，且陳釀的時間最短。前面提過的「晚裝瓶年分波特」也是紅寶石波特酒的一種，從單一收穫到陳化需要四到六年，比「年分波特」（vintage port）更為便宜，但醇厚豐富的口味卻十分相似。至於年分波特則是只能在特殊的葡萄收成年分製造，平均每十年生產三次，而且只使用當年摘採的葡萄。由於年分波特可以保存超過一個世紀，所以年分越久遠的就越是珍貴，例如你的朋友在一九六六年生，那麼你購買當年杜羅河谷豐收所產的年分波特酒當成他的生日禮物，那就是再好不過了。

馬德拉酒也是葡萄牙的一種烈性葡萄酒，僅產於大西洋中部的馬德拉群島，但德州和加州卻有很多仿冒品。這種酒和波特酒十分類似，只有一點不同：它的製造過程初期會被加熱，好使保存期限更長。早在航海時代，馬德拉群島就是海上長途航行的最後一個歐洲補給港口，而馬德拉酒則是專門生產來抵禦極端熱帶氣候的烈酒。島上的釀酒師發明了這種加熱工藝，使酒精狀態更加穩定。

在那場激勵美國釀酒業的巴黎評判之前兩百年，當美國的開國元勳們在一七七六年為簽署《獨立宣言》而乾杯，他們喝的並不是香檳、波爾多，甚至不是殖民時代最受歡迎的蘭姆酒，而是選擇了馬德拉酒。幾個世紀之後的今天，馬德拉酒在美國已經不如當年流行，遠遠不如波特酒和雪利酒，但我還是特地跑去佛羅里達想開開眼界。我來到位於坦帕的傳奇餐廳「伯恩牛排館」（Bern's Steakhouse），這是美國最具代表的餐廳之一，他們的沙拉淋醬還有在超市上架販售，並可以說是擁有全美國餐館中最厲害的葡萄酒單，當然還有最棒的餐後甜點酒。這家餐廳也供應極佳的乾式熟成牛肉，價格更明顯比紐約、芝加哥、或拉斯維加斯同類餐廳還便宜，使得伯恩成為頂級葡萄酒與牛排愛好者的必訪之地。

伯恩的用餐型態是我在其他餐廳都沒有體驗過的：客人首先會在樓下一張普通的桌上用晚餐，吃完主菜之後，就會移步到樓上一個私密隔間，繼續享用甜點和餐後酒精飲料。偌大樓上空間被劃分為許多區塊，就像圖書館的書櫃一樣錯綜複雜，想去個洗手間都很有可能迷路。每個隔間都十分具有隱私，牆上會配有一支專門用來點餐的電話，除了主餐和點心菜單之外，話筒旁還擺放著一本電話簿尺寸的酒單，內含上百種餐後酒，還有數十種波特酒和馬德拉酒。酒單上所有的酒款，包含那些陳年的年分酒，都可以單點一杯來品嚐，不必開一整支。我狼吞虎嚥吃完伯恩美味的牛排後，點了一杯一八五〇年的馬德拉，這是我喝過的年分最悠久的葡萄酒，距今已經超過一個世紀。伯恩也有年分更久遠的酒款，但手上的這一杯已經是我荷包所能承受最昂貴的年分酒了。酒單上還有依照年分和風格劃分的波特酒、雪利酒和馬德拉酒，如果你想品嚐一系列烈性葡萄酒，或任何種類的葡萄酒，務必要親臨伯恩牛排館。只不過，你需要稍微小心一點——因為這份豐富的酒單裡，還包括了數種美產的假「波特酒」。但至少所有的雪利酒都是真的。

雪利酒來自炎熱的西班牙南部，它的家鄉是安達魯西亞的赫雷斯（Jerez），「雪利」（Sherry）一詞其實是「赫雷斯」的英語化。與波特酒不同的是，雪利酒只能使用三種葡萄來釀製，都是鮮為人知且當地土生土長的品種。如同洛克福洞穴中存有特殊菌種，因而有了洛克福藍紋起司的誕生，雪利酒之所以一直在赫雷斯釀造，其中一個原因就是當地一種不可或缺的野生天然酵母。所有的雪利酒都是白葡萄釀造的，曼查尼亞雪利（manzanilla）和菲諾雪利（fino）都是呈現白酒的色澤，但像奧羅索雪利（oloroso）和阿蒙提雅多雪利（amontillado）則是在木桶中氧化，呈褐色或金色的外觀。金色的阿蒙提雅多就是愛倫・坡（Edgar Allen Poe）著名恐怖故事《一桶白葡萄酒》（*The Cask of Amontillado*）中活埋復仇情節的關鍵。

釀造雪利酒的最初步驟與波特酒相同，但進入接下來的「疊桶系統」之後就變得更加複雜了。比起釀酒，疊桶更像是摩地納傳統巴薩米克醋的陳釀過程，是一種逐步陳釀的方法，從最年輕木桶開始，將酒水一桶接一桶混入較老年分的木桶中，就這樣逐步混到年分最久的那一桶為止。也就是說，每一瓶雪利酒中都含有當年最早的那桶酒水，而雪利酒也沒有具體年分。赫雷斯至今仍在生產許多雪利酒，甚至在你讀這篇文章的時候，那裡的釀酒師都仍在不斷混釀，而那些裝瓶的雪利酒中，含有比全美葡萄酒都還要古老的成分。

如此複雜的過程，需要安達魯西亞的氣候、當地的酵母和葡萄品種缺一不可，然而，這些元素並沒有出現在紐約兄弟酒莊（Brotherhood）生產的「雪利酒」中。東岸的兄弟酒莊和岸的科貝爾酒莊半斤八兩，他們有兩個重要的特色：首先，它自稱是美國自一八三九年以來最古老的酒莊。再來，他們釀造了各種各樣數量驚人的葡萄酒，有自己獨門的配方，也對其他葡萄酒的仿冒品。他們的獨門酒款包含成吉思汗（Ghengis Khan），是一種「高品質高麗參和雪利酒基底的混合物」。不過這個名稱忽略了一個事實，那就是成吉思汗根本從未踏足韓國或雪利酒的產地西班牙。其他詭異的酒款還有取經於伊索比亞蜂蜜酒的皇后蜜酒（Sheba Tej），以及桑格利亞先生（Señor Sangria）和自稱是「完美平衡粉紅酒」的快樂母狗（Happy Bitch），他們一系列奇怪的目錄中也有許多冒牌波特、雪利和香檳。兄弟酒莊的官方網站曾吹噓說，他們的酒窖裡藏有六十萬瓶香檳，這個數字顯然就像他們的香檳一樣虛假。

回到西岸，冒牌香檳巨頭科貝爾酒莊也會生產「雪利酒」。更糟糕的是，這家酒莊會保留當年大約一半的產量，用來混入隔年的下一批產品，再厚顏無恥地宣稱「這種『疊桶』系統是雪利酒的傳統釀造方法，也是我們生產雪利酒最重要的過程。」即便這與真正的疊桶根本沒有半點相似之處。至於科貝爾的「波特酒」，則像他們的「香檳」一樣，主要是使用金芬黛葡萄，但無論是正宗波特還是正宗香檳，兩者的原料中都不含金芬黛。

即便科貝爾的冒牌香檳售價遠低於真品，他們的假波特酒和假雪利酒價格卻與真品相當。在葡萄酒與食物領域中，價格往往會讓人產生品質和真實性的聯想。事實上，科貝爾「波特酒」的利潤，比起高樂福（Croft）、我是（Warre's）與科伯恩（Cockburn's）等備受推崇的正宗酒莊，足足有兩倍之多，生產過程卻沒有任何嚴格的品質控管和監督。市面上的正宗波特酒幾乎沒有劣質品，那麼為什麼會有人捨棄品質保證的正品，轉而去選擇更昂貴卻年分更短的冒牌貨呢？因為他們被騙了。除此之外，實在沒有別的解釋了。但情況遠比這更加糟糕。

就像葡萄酒專家丹・鄧恩說的，通常只有品質奇差無比的酒廠才會使用誤導性術語來推銷他們生產的假香檳、假勃根第、假夏布利和假奇揚地，但烈性葡萄酒的情況又不同了。備受推崇的羅尼史壯酒莊就推出了一款名為「真紳士的波特酒」（A True Gentleman's Port）的年分酒，裝在看起來十分高級的酒瓶中，價格甚至比許多正宗波特酒還要昂貴，其他幾家知名的酒莊也有推出類似的高價冒牌貨。普拉格酒莊位於在納帕郡的聖海倫娜，這裡是美國釀酒產業的中心，也是一個重要的旅遊景點，附近還有達克宏酒莊（Duckhorn）、克魯格酒莊（Charles Krug）、雷蒙德酒莊（Raymond）、羅瑟福酒莊（Rutherford）等許許多多歷史悠久的葡萄酒莊。參觀過品酒室後，顯然大多數遊客們都會拿到一份列有多款包裝精緻的高價「波特」酒單，上頭詳盡寫著酒款風格與年分，但他們根本不知道，這些產品在美國以外的其他地方都會被視為非法仿冒品扣押起來。

普拉格酒莊最便宜的一瓶「波特酒」幾乎比市場上所有正宗二十年波特酒都還要貴，但年分卻短了許多。舉例來說，普拉格的十年「茶色波特」價格就是正品的兩到三倍，另外，他們最昂貴的「波特酒」價格與道斯二〇一一年分波特的價格相近，而後者的雜誌評分是九十九分，被譽為全球最佳葡萄酒，普拉格卻沒有任何一款產品榜上有名。我嚐試了普拉格的其中幾款酒，雖然它們很明顯是波特風格的酒款，但對我來說，這些昂貴的酒再怎麼樣都比不上價格還更便宜的正宗波特，正品的風味絕對是好個兩三倍以上。這些正品並不難買到，人們也明明可以用更低的價錢購入，仿冒品照理說是沒有生存餘地的。

諷刺的是，儘管普拉格和科貝爾等納帕郡的冒牌廠商持續傷害歐洲原產地品牌，他們的鄰居卻加入了一場保護這些品牌的激戰——其中也包含了他們自己的品牌。納帕郡是「新世界」葡萄酒中最受推崇也最知名的產區，而當地的釀酒廠也十分具有優勢——平均來說，納帕郡的葡萄酒比加州其他地區的葡萄酒貴六塊美金，而加州產的葡萄酒本身已經比美國其他州生產地葡萄酒還要高價了，換算下來，納帕郡的葡萄酒每瓶平均比其他美產葡萄酒貴上一倍。由於納帕郡之名影響力甚大，美國境內與境外都出現了仿冒品。

美國葡萄栽培區（American Viticultural Areas, AVA）建立於一九七八年，有點像是法國 AOC 制度的鬆散版。唯一的規定是，帶有 AVA 標章的葡萄酒中，必須至少含有85％在 AVA 產區種植的葡萄原料。同樣地，美國的年分葡萄酒（其中所含的原料必須在同一年生產），只要求「主要」原料必須是同一年分。與這兩條規定形成鮮明對比的是，幾乎所有其他頂級葡萄酒，都要求葡萄原料必須百分之百在產區中種植。

然而，儘管有這些規定，納帕嶺（Napa Ridge）與納帕溪（Napa Creek）等幾家產量高且價格低的工業生產商仍持續以納帕郡的名義銷售非納帕產的葡萄酒。他們引用了科貝爾等廠商說詞，聲稱「納帕」已經是個半通用名詞，且他們是在標前法修改之前就如此命名，美國聯邦相關法規有特別通融他們繼續使用。這兩個品牌隸屬於布朗克葡萄酒公司（Bronco Wines），他們後來在一連串的訴訟之中全軍覆沒，法庭裁定加州法條先於聯邦法條，並且要溯及既往，即便他們品牌成立時法規尚未立定，現在也必須符合85％的最低標準要求，此後，納帕嶺終於開始使用納帕當地種植的葡萄。至於布朗克葡萄酒公司，他們除了擁有這兩個盜版納帕郡品牌，也專門為喬氏超市的商店生產最暢銷的「查爾斯蕭葡萄酒」（Charles Shaw），又被稱為「兩元葡萄酒」，至今已賣出三百萬瓶。對於法庭裁定他們的酒標具有誤導性且試圖指涉更加昂貴的品種，他們沒有提出任何異議。無論是紅葡萄、紅酒還是紅鯛，都在提醒著我們，我們身處的食物世界是多麼混亂。

目前納帕郡的國內贗品已經大致掃蕩乾淨，對納帕當地的酒莊來說，眼下最重要的任務就是要在其他國家捍衛自己的品牌。納帕郡葡萄酒是第一個獲得歐盟官方地理標誌保護的美國產品。但在歐盟之外，情況就不同了，因為美國政府總是拒絕尊重大多數國外品牌，使得納帕郡葡萄酒也只能在其他十幾個國家受到保護。數十年來，納帕郡的葡萄酒莊一直在努力解決這個問題，卻很少成功，直到二〇一二年才在中國獲得保護。近年來，中國的葡萄酒產量呈現爆炸式的增長，已經成為全球第五大葡萄酒生產國，更有望在二〇一八年成為全球產量最高的國家。

納帕郡最近也在挪威各地為他們的名稱專用權進行談判。挪威其實並沒有大量生產葡萄酒，但挪威人的平均收入最高，葡萄酒消費量也最大。直到近期，他們的業者都還可以將其他地區進口的葡萄酒重新貼上「產自納帕郡」的標籤，甚至會從許多不受規範的國家——也就是大多數國家——進口冒牌「納帕產」葡萄酒，價格幾乎總是低於正品。

二〇〇五年，世界各地主要葡萄酒產區派了代表齊聚於納帕郡，共同簽署了《葡萄酒原產地保護聯合聲明》。除了納帕郡以外，美國想保護的自有品牌地區還包括華盛頓州的瓦拉瓦拉、俄勒岡的威拉梅特（Willamette Valley）、紐約長島、加州的索諾瑪、帕索羅布爾斯（Paso Robles）和聖塔芭芭拉。聖塔芭芭拉酒莊（Santa Barbara Vintners）的執行董事摩根·麥克勞克林指出：「全世界的釀酒者都知道，葡萄酒的產地很重要。葡萄酒產地名稱的完整性，是消費者識別產區葡萄酒的基本工具。」其他國家的簽署方還包括波爾圖、赫雷斯、奇揚地、里奧哈、勃根第、夏布利、波爾多和香檳。

「全球的消費者都需要知道他們購買的葡萄酒來自哪裡，」香檳美國區域辦公室主任山姆·海特納補充道，「像納帕郡和香檳這樣的地名，能讓消費者理解和區分不同產區的葡萄酒，這是不可或缺的。我們認為當務之急是要建立充分的保障措施來保護葡萄酒的產地名稱，我們會與納帕郡並肩站在同一條戰線上。」這是正宗生產者釋出的最大善意，當他這麼說時，他距離世上幾家最大的冒牌香檳、波特和雪利酒製造商只有幾英哩遠。

所有高品質的正宗葡萄酒都是經過數個世紀淬鍊才得以成為今日的風味。只要你知道自己所求為何，就不必再滿足於那些贗品了。

知名葡萄酒產區

許多地名長期以來都是優質葡萄酒的代名詞，它們是如此家喻戶曉，導致在美國變成一種「半通用」術語，使得它們的名字無法受到保護，美國的消費者也無法獲得品質保障。其實這沒有這麼難，你只需要記住幾個名字，而且你可能早就已經知道了。如果你在酒標上看到這些地名，請仔細查看原產國，如果來自美國，就把酒瓶放回架上吧。這些名稱是：香檳、奇揚地、勃根第、夏布利、波特酒、雪利酒、馬德拉酒和蘇玳。有些頂級產區最近在美國脫穎而出，但你不必太過擔心，因為這些地區在美國都有受到保護，包括西班牙的里奧哈、義大利的巴貝拉（Barbera d'Alba）、巴羅洛和布魯奈羅、紐西蘭的馬爾堡（Marlborough）、澳洲的巴羅莎山谷（Barossa Valley）和法國的松塞爾（Sancerre）、隆河和波爾多。

品質認可

許多歐洲國家會認證特定地區以特定方式釀造的葡萄酒，這些通常都代表了可靠的品質與真實性：法國的原產定名稱認證是AOC，義大利是DOC，還有更高保護等級的DOCG，西班牙則有DOC和VP，也就是「單一優質」（Vino de Page）。同樣地，在美國，只有加州的帕索羅布爾斯等經AVA批准的地區，才能在酒瓶上印有AVA字樣，雖然這只要有85%的葡萄原料是來自AVA產區即可。最好是尋找印有「自栽自釀」（Estate Bottled）字樣的美產葡萄酒，因為根據美國聯邦法律規定，這類葡萄酒的原料必須是百分之百來自於該AVA產區。如果某個特定的葡萄園或農場生產的葡萄酒上印有「自栽自釀」，那表示瓶中最少有95%的葡萄原料是在他們農場中種植的。納帕郡酒商協會（Napa Valley Vintners）則設立了更高的標準，他們的酒瓶上都印著「原料百分百來自納帕郡」。

梅里蒂奇

這個名稱隸屬梅里蒂奇聯盟所有與控管，只能用於傳統波爾多風格的混釀葡萄酒。所有梅里蒂奇葡萄酒，無論紅或白，都必須使用指定的波爾多葡萄品種，且必須包含兩個或以上的品種，任何一種的占比不得超過90%。現在世界上也有許多地方在合法釀造梅里蒂奇，所有正確使用相同葡萄品種和釀造風格的酒款都可以這個名稱來稱呼。

10
其他紅肉與白肉

霎時，這帶有「嬉皮」風格的食材成了主流，行銷人還因此獲得了一些全新的熱門詞彙，例如「自然放養」、「無添加賀爾蒙」、「有機」和「天然」等等。身為一位記者，我當然對這些新流行用語感到著迷，但從消費者的角度來看，這十分令人困惑，更容易引發誤會，而且非常荒謬。

——金佰利．洛德．史都華，《字裡行間的食物》（*Eating between the Lines*）

「我敢保證，你造訪過的所有牧場，沒有其他業者會讓你撫摸他們的牛。」里歐．寇斯蘭這麼說。他是一位建築師，副業則是在牧場養牛，並於科羅拉多州銀座（Silverthorne）擁有一座名為「高地」的牧場（High Country Highlands）。他說得對，這是我第一次這麼靠近的公牛，也是第一次摸到這種生物，兩頭牛加起來重量超過一千磅。如同寇斯蘭所保證的，牠們真的很溫馴，會像隻小狗一樣把頭靠過，要求你幫牠搔搔癢，還會溫柔地用舌頭捲走我手掌上的飼料。即便牠們有著如犛牛一般寬大、嚇人的牛角，還有厚實、狂野的毛皮，但牠們很明顯是兩隻寵物牛。然而，這可不是我能撫摸這些猛獸，還跟牠們自拍的原因，牠們之所以如此溫順，是因為牠們和大多數牧場的牲口不同，牠們是兩隻蘇格蘭高地牛。

寇斯蘭二〇〇〇年時在蘇格蘭結婚，度蜜月期間，他第一次看到這種長相奇特的野獸。牠們可說是蘇格蘭傳統鄉間景致中，數百年來始終如一的場景。生平只見過美國牛的寇斯蘭對此十分好奇，因為無論公母都有長角的物種實在不多。身為一個和善又外向的西部人，寇斯蘭不假思索地前去詢問當地牧民，聽到他們的答案之後，他感到非常高興：「蘇格蘭人告訴我，這種牛非常聰明友善，而且還很長壽，同時又十分強壯，體脂很少，身上92%都是精瘦的牛肉。」當時，寇斯蘭本就已經將畜牧當成自己的嗜好和副業，並和一個夥伴共同經營牧場，他馬上決定試養這種高地牛。

「我們先養了四頭牛，蘇格蘭牧民描述的那些特質都是真的，而且牠們很適合這裡的環境。我們的牧場大約位於九千呎的高度，冬天經常大雪，其他牧場都必須在寒冬遷移他們的牲口，但我們不用，這些高地牛一年四季都能住在這裡。」由於牠們擁有非常厚實的皮毛，因此並不會像一般動物一樣，為了保暖而生成外層脂肪。牠們全身僅8％是脂肪，並且平均分布在牛肉中，形成均勻的油花。那麼這表示什麼呢？「這種牛不像北美野牛的肉質那樣乾澀，也和大部分的牛肉不一樣，吃起來幾乎帶有甜味，牠們非常美味。」

寇斯蘭現在獨家飼養這個品種，更擔任美國高地牛協會山區分會董事，他的牛被販售到全美各地的牧場，只不過這個品種目前還非常冷門，他也不理解原因。

為了撰寫《今日美國》的專欄文章，報導一些遊客可以造訪的傳統精緻牧場和水牛農場，我在科羅拉多州一連開了十天的車。寇斯蘭發現他的牧場是我的最後一站，而且當晚就要飛回家的時候，他堅持要送我一塊牛排。於是我們跳上他的卡車，開車到他位在農場數哩以外的住家，那裡養著好幾隻初生的小牛，牠們的媽媽則在一旁吃草——高地牛有牠們自己的團體規則，不像一般動物一樣成群結隊。由於噸位龐大、頭上長角，高地牛並不懼怕掠食者，但小牛還是有可能會成為野狼的目標，所以寇斯蘭才會將小牛養在家旁邊。我在牛媽媽警戒的注視之下摸摸小牛，寇斯蘭則進到屋裡，從他的私人冰箱中拿了一塊牛排出來給我。他的贈禮真的相當慷慨，而且這塊肉十分特別，於是我又到超市買了一個保鮮袋和一些冰塊，好在回程中保存這塊肉。雖然我這麼努力，但當我回到東岸的家時，這塊肉還是大半已經解凍，所以我當晚就煮來吃了。寇斯蘭在我們離別時告訴我：「等著瞧，你吃完一定會傳電子郵件跟我說，那是你吃過最好吃的牛排。」

雖然我很開心能造訪高地牧場，也非常感謝他在當地的嚮導，對我來說意義重大，我還是必須說，這並不是我嚐過最好的牛排，但那依然是一塊很棒的牛排，比大部分的牛排都要美味。就算你現在跟我說，我的餘生都只准吃高地牛肉，我也絕對不會有意見。對於這塊牛排的品質，我並不會特別感到驚訝，因為蘇格蘭牛肉一直是名列前茅的，身為一個有部分蘇格蘭血統的人——我高爾夫球桿套上的蘇格蘭格紋布可以證明——我要很驕傲地說，幾乎所有我們認為是「美國牛肉」的東西，都是蘇格蘭運到這裡的。我只是不太確定蘇格蘭人是否會贊同我們料理這些寶物的手法。

加拿大美食作家馬克．沙茨克的《牛排：尋找世上最美味牛肉》一書中，他探索了所有與牛排風味有關的細節，包含油花背後的科學，玉米飼養、草飼以及牛隻品種的差別。他開始這趟旅程的理由，一部分是因為他發現，美國工業化飼育場養出的牛隻雖然充滿油花，卻缺乏風味。在這段尋找世上最好牛肉的旅途中，他造訪德州和奧克拉荷馬州，再到阿根廷的彭巴斯草原，接著遠赴法國、義大利和日本，但——容我劇透，他最後找到的完美牛肉典範，那最接近理想的紅肉，是來自蘇格蘭。沙茨克也嚐試了蘇格蘭更為知名的安格斯牛，可惜最終還是比不上皮毛厚實的高地牛。

吃完高地牛之後，我反倒想來個口味測試了，於是決定在近期前往蘇格蘭時去試試真正的安格斯牛肉。剛開始當記者時，我經常寫關於高爾夫的文章，現在我對這個主題依舊充滿熱情，因此花許多時間流連於蘇格蘭。如同的安格斯牛肉，美國的高爾夫也是與蘇格蘭原始版本混和後產生的新型態。我之前去蘇格蘭時，常會打一天三十六洞的高爾夫馬拉松，只要還有日光就能一路打下去，太陽下山後便到酒吧吃炸魚薯條，配啤酒或威士忌，最後再參觀幾間釀酒廠。

這次的旅途相當短暫，前往參觀 Nike 最新、最先進的高爾夫試裝教學中心前，我們在愛丁堡只有一個晚上的自由活動時間，於是我便毫不猶豫地決定要用這個寶貴的晚上去尋找完美的安格斯牛排。畢竟我已經在日本和阿根廷嚐遍各種美味的牛排，在巴黎試過夏洛來（Charolais）、托斯卡尼吃了赫赫有名的契安尼娜，我吃下的草飼佛蒙特牛足以塞滿整個冷凍庫，而肚裡所有的玉米飼牛更是多得足以讓人心臟病發。也多虧了里歐・寇斯蘭，我最近初次嚐到高地牛。有了這麼豐富的牛肉經驗之後，我這位肉食主義者履歷上的下一個目標便是要吃到正宗安格斯牛肉。即便在美國，「安格斯」是最常被使用於牛排的牛肉，美國安格斯牛與正宗安格斯簡直是兩個完全不一樣的物種。

我們把蘇格蘭旅遊局的推薦餐廳名單仔細研究一番之後，挑了鄰近愛丁堡城堡（Edinburgh Castle）附近一間名為「威士忌屋」（Whiski Rooms）的餐館。從名稱和我們的所在地看來，這間餐廳毫不意外地是一間威士忌專賣店，這棕色烈酒之名源自古蓋爾語，意為「生命之水」。威士忌屋的菜單也同樣令人驚艷，所有肉品都來自於蘇格蘭當地曾獲獎的「吉爾莫肉舖」（J. Gilmour）。這間肉舖已經營好幾代，更是蘇格蘭多數高檔餐廳的供應商。吉爾莫肉舖供應給威士忌屋的安格斯牛來自於鄰近的一座家族農場，以完全草飼來養育牛隻。我好幾週之前就盤算著要在當地吃一頓精心挑選的牛排，因此我的期待值非常之高，結果這個頓飯沒能合乎我的期待。品質雖比一般餐館好，但卻似乎低於高檔牛排館的平均水準，甚至比不上美國的安格斯牛肉，我在家可能都可以煮得更好吃。

我花許多時間——大概是太多時間了——去思考牛排的本質，以及「最好的牛排」這個概念，最後我認為，這或許只是一個假象，想找出最好的牛排是不可能的。但我還是繼續思考關於牛肉的種種問題，尤其是不同牛排愛好文化間的差異，而這所關乎的似乎不僅僅是牛肉的品種而已。舉例來說，火烤可能是最古老且最普遍的牛肉烹煮方式，我們也許認為火烤程序會因而產生一套標準，但其實沒有。文化差異讓人們對於喜好的牛肉部位、烹調方法、溫度、牲口被食用的年齡、調味方式，甚至是配菜都有極大的差異。義大利人為丁骨牛排淋上橄欖油，風味極佳，非常美味，但對於沒有這種傳統的地方，這做法顯得非常古怪，而這也表示，義大利（和我家）以外的地方，都會覺得這種吃法很奇怪。同樣地，義大利人看到一塊好牛肉被悶在番茄醬裡，可能也會因而感到非常詫異。

然而，美國牛肉與世界其他地方最大的不同之處卻並非是品種、切割烹調方式與吃法，而是在於牛隻所吃的食物。現在我只買自然草飼的牛肉——說得更精確一些，應該是自然放養、全程草飼（**grass-finished**）的牛肉。簡單來說，我希望牛隻從來沒有接觸過非必要的化學藥物，而且終其一生只吃青草。但就如同其他關乎標籤、定義與利潤的食品，在美國買牛肉這件事一點都不簡單。

美國農業部在二〇〇七年對「草飼」的定義做出修改，但這個新規定又在二〇一六年被撤回。肉品製造商總愛將「草飼」兩字曲解為「一生中曾經吃過一次草」，如果是這樣，那麼這兩個字可以代表世界上所有被飼養的牲口。因為就連最工業化的飼育場，剛開始也會以較好消化的嫩草來餵食給初生的小牛，之後才會開始進行強制餵食。現在，隨著消費者逐漸增加草飼牛的消費量，「草飼」這個標籤也開始被貼在各式各樣的牛肉產品上。雖然美國農業部確實有要求「百分之百」草飼的標籤必須要符合更高規格的標準，但有關「草飼」的法律定義還是形同一下子退回了上一個時代。同時，消費者們仍然以為大部分的牧場的草飼方式都像寇斯蘭一樣，讓牲口能自由走動、享用維他命與營養豐富的青草——這種方式被稱為「自然放牧」（pasture-raised），但沒有相應的法律定義——而且大部分選擇放牧的酪農也不會使用藥物，但其實在美國農業部的標準中，卻找不到任何一條法律規定「草飼」牲口必須飼養在柵欄之外，更沒有要求牠們必須吃天然牧草。也就是說，一頭牛可以終其一生被關在圍欄裡，成日被餵食乾燥稻草，裡面還添加了各種抗生素、類固醇和賀爾蒙，而牠還是能被稱作「草飼牛」。

美國畜牧業一直都認為草飼會使得牛肉的油花量較少，導致真正草飼牛肉沒那麼美味。「草飼牛比較天然，但脂肪含量較少，沒那麼多汁。我喜歡這種風味，但也認為這種牛肉的口感比較沒那麼有層次。」燒烤權威史蒂芬・雷克倫告訴我。雷克倫前後畢業世上最著名的兩大烹飪學院：巴黎藍帶廚藝學校和法國瓦漢廚藝學院。他曾為了瞭解世界各地的飲食文化和牛排技法而探訪全球，總共撰寫了近三十本關於以火烹飪的著作。此外，他還是美國公共電視口碑節目《烤肉大學》（*BBQ University*）、《原始炭烤》（*Primal Grill*）、《煙燻計畫》（*Project Smoke*）的主持人，更曾拿下五座詹姆斯比爾德獎和一座柴爾德獎（Julia Child Award），也被《開動雜誌》（*Bon Appétit*）封為年度最佳烹飪老師。

「穀飼牛通常比較好吃，油花較多、口感滑順，風味也較飽滿而複雜，這些就是酪農在飼料中添加抗生素的主因，穀物也並非牛隻天然的飲食。草飼牛則能確保你吃下肚的牛肉是在健康天然的飲食環境下成長的，我自己比較喜歡後者，兩種肉很難選擇，可以說是一個道德上的難題。但如果要我選擇工業飼養的牛肉和豆腐，說真的，我寧願只吃豆腐就好，」他說。

雷克倫接著提出了一個折衷的辦法，許多所謂「自然放養」的酪農近年也都採用這種方式：讓牲口從小到大都只吃青草，直到要被屠宰前最後的幾週才切換為穀飼，以增加肉質中的油花，這樣便能同時提高美國農業部的牛肉評鑑等級以及市場價值。「只要不添加抗生素，我並不覺得這有什麼不妥。」他說道。

這樣的飼育方式被稱作「部分草飼」（grass-fed, grain-finished），許多酪農都接受這種作法，其中也不乏家族經營的優質酪農。這一年多以來，我都向一個佛蒙特州當地的牧場購買所謂的「草飼牛肉」，每次我騎腳踏車經過農場時，都能看到裡頭的動物們正自由自在地吃著青草。聽完雷克倫的折衷辦法之後，有一週我特地前去詢問牧場主人，而他們也很明確地告訴我，他們確實會在最後階段餵食穀物，好增加肉質的油花與風味。這明確違反了美國農業部對於百分百草飼牛的標準，也是本地小農直購反而買到假食物的少數案例，因為他們剛好避開了工業飼養法條的規範。就算只有通過美國農業部審查的肉品才能貼上「百分之百草飼」的標籤，消費者對於小農市集的天然印象還是可能產生誤導。

雖然酪農認為穀飼收尾能產生更多油花，問題是，這種作法在許多層面上都偏離了基礎之道。雖然油花量的多寡能提高美國農業部的肉品等級，大多數人更以為肉品等級指的是口味優劣，但事實上這個等級所評價的其實只是外觀罷了。不同於日本評鑑的是脂肪品質，美國所評估的只有脂肪量而已。就連寇斯蘭送我的高地牛排，都比我吃過大多數美國農業部「Prime」的味道好上許多。而我在阿根廷吃的大部分牛排也是如此，甚至許多歐洲頂級牛排也都是草飼的。後來我改在佛蒙特州的另一座農場買牛肉，他們的牛隻就是百分之百草飼的，味道甚至比先前那一座農場的牛肉更好，也更健康。然而竟然有那麼多人以為，草飼的所有益處加總起來，都敵不過最後幾週的穀飼。

我曾經到法國去品嚐最著名的當地品種牛肉，我造訪的那間餐廳除了供應一般等級的法國牛肉，也可以加價升級為美味的夏洛來牛肉，我當然支付了差價。端上來的夏洛來牛排的賣相很普通，色灰且筋多。美國的牛排通常是一整塊完整的脂肪，而夏洛來牛肉則彷彿是一小塊一小塊的肌肉拼組而成，並由結締組織連結起來。這種牛肉非常難切，即便我手裡拿的是經典的法國拉吉爾（Laguiole）牛排刀，也必須用鋸的才能使牛筋斷開。也正因為切肉如此費工，法國人通常會把牛肉煮得非常生，可能是一分熟，法文是「bleu」，如同字面上所言，生到肉質中間仍帶有「藍色」，另外也可能是帶血的三到四分熟（saigant）。當我最終把它放進嘴裡時，肉質卻是驚人的軟嫩，比它看起來、切起來都還要嫩上許多。

說起牛排的各種特色，嫩度通常並不是我的首要考量，因為當肉質過軟爛時，也就會犧牲應有的風味。然而夏洛來牛肉卻不知何故，竟能同時擁有穠纖合度的肉質以及濃郁豐富的口感，實在令人嘆為觀止。這種品種在美國十分少見，在法國則是受到AOC控管，從牛隻的飲食到食物來源，全都受到相關法規的管理。夏季時分，牛隻只能食用青草，而冬天吃的則是稻草，且兩者都必須來自特定的地區。有些礦物質補充劑被允許加入牛隻的飲食中，但青貯飼料是禁止的，這是一種如玉米等穀物經過發酵後所產生的副產品，製成飼料的過程中還經常會加入許多抗生素與生長激素，這些都是牛隻在自然環境中本不該吃到的東西。

夏洛來牛肉並非法國唯一受到飲食控管的品種，幾乎所有的法國當地牛都是草飼的，這種飼養方式在西歐其他國家和英國都很常見，而牛肉生產大國阿根廷、烏拉圭、澳洲和紐西蘭也是一樣。在法國，就算你吃的是價格低於八歐元的「普通」牛排，也一定都是草飼牛。法國是世界上心臟病比例第二低的國家，僅次於偏遠的太平洋島嶼小國吉里巴斯共和國（Kiribati），我想這應該不是什麼巧合。而阿根廷和烏拉圭這世上兩個牛肉消費量最大的國家，心臟病比例也遠遠低於美國，這也肯定不是個巧合。

即便近年來阿根廷的肉類消費量大幅下降，使得烏拉圭得以再次奪得牛肉平均消費量的冠軍頭銜，但每年每位阿根廷人還是平均購買了一百二十九磅的牛肉（半個世紀之前的歷史最高紀錄是每人每年平均兩百二十二磅）。相較之下，擁有漢堡王和麥當勞與各式速食店的美國，每人每年卻只吃下微不足道的五十七點五磅牛肉。南美民眾能夠在不影響健康的情況下食用如此大量的紅肉，極有可能與對草飼、無添加藥物與放養牲口的習慣有關。澳洲、義大利、法國、愛爾蘭與紐西蘭等主要食用草飼牛肉的國家，他們的心臟病相關數據都比美國好上許多。就連熱愛炸魚薯條、香腸、各式油炸與酥皮的英國也一樣，別忘了就是英國人發明了那高糖、高油、高熱量的瑪氏巧克力棒（Mars）！英國人整年吃下的牛肉比瑪氏巧克力棒還要多，但他們的心臟病比例卻非常低，在世界排名中僅稍微高於阿根廷而已。

那麼，究竟為什麼美國人就是不肯吃草飼牛肉呢？最簡單的答案就是：錢。根據美國農業部的資料統計，草飼牛肉的成本比穀飼牛肉高出17%。將牛隻養在室內，並餵食青貯飼料，整體來說當然便宜許多。

雖然研究普遍認為紅肉比較不健康，但人類天生就是會吃肉，吃肉的歷史更是源遠流長，比食用穀物或任何其他現代栽培的作物都要久遠。真正的問題可能根本就不在於牛肉這種紅肉本身，而是我們養殖出來的牛肉。工業飼養牛肉被稱為「傳統牛肉」，因為這已經是現在的肉品生產常態，其中的脂肪早已變得非常不健康。真正的草飼牛——而且必須是沒有在宰殺前餵食穀物的牛隻牛肉——肉質中含有豐富的維生素A、E和抗氧化劑，更重要的是，它擁有更多「好的」omega-3 脂肪，更少「壞的」omega-6 脂肪。

「我以美軍突擊隊身分前往阿富汗時，所有的工作都必須做得又快又精準，這樣才能完成更多工作。也就是在那時我發現，原始飲食（paleo diet）可以讓我的行動力更強，於是從那之後我就一直維持這種的飲食方式。所謂的原始飲食並不是說只吃肉就可以了，還必須吃得正確。比如說，超市的穀飼牛肉是不能吃的，因為吃穀飼牛的同時，等於你也將牠們的食物吃下肚了。」前美國陸軍特種部隊軍人凱西・庫克說道。他口中的「原始飲食」近年來大為流行，模仿人類舊石器時代祖先的飲食習慣，以肉類作為主食，可以攝取到較高的蛋白質，碳水化合物的攝取量則非常低。

不過，當庫克退役並回到科羅拉多之後，他和我們面臨了一樣的問題，那就是食品標籤混亂，而且很難買到真食物。「那些標籤都沒有任何意義，自然、有機、草飼什麼的，全都是胡扯而已。他們說的『草飼』，只是意味著這些牲口在某個階段曾經吃過草，每頭牛當然都吃過。但某些草飼牛在宰殺之前，可能還吃了許多玉米或穀物，這使牠們無異於工業飼養的牛隻，降低牛肉了營養價值。退伍之後，我到處找不到真正的草飼牛肉，最後，我決定開始自己養牛。我這裡生產的牛肉，omega-3 與 omega-6 的比例與野生紅鮭相仿。食用脂肪本身並沒有什麼問題，但我絕對不會去吃超市的牛肉脂肪。」

庫克在博爾德一帶經營「科羅拉多永續牧場」（Colorado Sustainable Farms），專門服務像我這種對真食物感興趣的人。鄰近地須還有一座戴爾牧場（Sylvan Dale Guest Ranch），提供住宿遊客更完整的牧場度假體驗，行程包括騎馬、射擊、套繩、釣魚、牛仔歌謠、營火晚會等。但戴爾牧場最不同於西部其他觀光牧場的地方，他們的住宿餐點供應的是真正的草飼牛肉。這座牧場的主人現在是一對兄妹和他們的配偶，我到訪的這天，哥哥大衛·傑瑟普帶我參觀了一下整個園區，我們開了很久的車，才終於到達放牧的地方，如同上一個世紀，牛隻的足跡也會自由地遍及整個大西部一樣。

戴爾牧場是傑瑟普的父母於一九四六年創立，五十多年來他們都只飼養小牛，等小牛長大之後，就賣往工業飼育場，以非自然的飲食和現代藥物來快速育肥。到了大約十年之前，兄妹倆注意到當地消費者越來越傾向購買天然無藥物的牛肉——也就是除了他們那位博爾德軍人鄰居以外，還有更多同樣注重健康的消費者。他們於是決定將小牛留下來自行養育，並在自己的農場裡宰殺與銷售。傑瑟普生來就是一個真正的牛仔，靴子、皮帶、帽子、結實的身材與飽經日曬的皮膚，無一不是牛仔的標誌，他很快地就開始熱切學習草飼和天然飼養的知識。「起初，我們在宰殺之前會以穀物來餵食牛隻，因為傳統上就是這麼做的，而且還被認為是『正常的』飼育方法。但後來我們了解到純草飼牛肉對健康的種種益處，還富含優質的脂肪酸，比那些少量食用穀物的牛隻都還要好。在那之後，我們飼養的所有牛隻，從出生到宰殺都是完全草飼的。」然而，大多數酪農與庫克和傑瑟普不同，他們至今仍在販售穀飼作結的「草飼牛肉」，這正是消費者所面臨的問題。

雖然「百分之百草飼」這個術語目前仍有誤導性，但至少在法律上是有基礎定義的，不像「天然」這類詞彙一般模糊。至少對我來說，長期被餵以抗生素、類固醇、生長激素、豬血和雞糞的牛隻一點也不天然，但這卻是大部分牛隻被飼養的方法，而且都還能貼上所謂的「天然」標籤。

美國製造的抗生素中，有80％以上的用量都不是拿來治療人類、寵物或者任何生物的，而且這其中，還有95％的種類被認為具有「醫學重要性」。這些抗生素非但沒有用在醫學治療上，還被拿來當成食物，直接投餵給牛、豬和各種家禽。多數情況下，使用這些藥物的主因有兩個：一是作為預防措施，使得動物們在惡劣的環境與飲食下也能保持健康，二是作為使動物快速增重的廉價方法。人們發現，以抗生素當作為營養補充劑來餵食時，可促進動物更快速地生長——生長激素和類固醇也有一樣的效果，這兩種藥物也都被廣泛使用在牛隻身上，但豬隻與家禽的飼養過程是禁止使用的。

毫無疑問，經常食用飽含抗生素的肉類對我們有害。許多證據都指出，肉品中含有的藥物是造成現代健康問題的主因之一，會導致具有抗藥性強的細菌大量繁衍，它們被稱為「超級細菌」。

這可不是什麼科幻小說的情節。食品中的藥物問題已經奪走了許多生命。美國疾管中心已經將抗生素的抗藥性視為國家所面臨的前五大健康威脅之一，新的抗藥細菌正在世界各地傳播。根據疾管中心的資料統計，二〇一三年，抗生素的抗藥性造成美國超過兩百萬個相關病例，其中有兩萬三千人死亡，醫療開銷超過兩千萬美金，情況越來越糟，而且惡化得越來越快，二〇一五年初，歐巴馬總統甚至因而頒布了一項資金高達十二億美元的「抗藥細菌對抗計畫」（National Action Plan for Combating Antibiotic-Resistant Bacteria）。

「很多人說自己許多年沒有使用過抗生素，其實他們都錯了，」《不該被殺掉的微生物》（*Missing Microbes*）一書作者馬丁．布雷瑟博士寫道，「抗生素早已進入我們的食物之中，尤其是肉類、牛奶、起司與雞蛋。」照布雷瑟博士所言看來，美國食藥監管局用以防止雞蛋等產品含有抗生素的規定顯然起不了太大的作用。過去二十年來的研究顯示，大約10%的肉類和動物製品的抗生素含量都已超標。

獲獎名廚湯姆．柯里奇歐自二十多年前在開設了格雷莫西小酒館（Gramercy Tavern）以來，他的烹飪事業就一直突飛猛進，那是全美國最好的餐廳之一。現在，他名下擁有二十多間餐廳以及一家旅館，還拍攝了紀錄片、寫了廣受好評的烹飪書籍、擔任電視節目《頂尖主廚大對決》（*Top Chef*）的首席評審，還積極投入各種慈善活動。柯里奇歐也強烈反對在食物中使用抗生素，我於是採訪了他，以便理解他的理由。

「大概三年前我做了頸部手術，住院期間發生傷口感染，讓我因此對抗生素做了許多研究。我發現，美國人因為過度使用抗生素而創造出對藥物免疫的超級細菌，即使像是膝蓋擦撞這樣的小傷口，都有可能因感染而造成死亡。如果餵食動物抗生素，牠們胃裡的細菌也會對抗生素免疫，最終可能創造出超級大腸桿菌，而要它進入人體並引發感染，那很有可能會無法治療。我們必須擺脫這種狀況。」正因如此，他的餐館現在只供應不含抗生素的雞肉、豬肉和牛肉。一直到這幾年，他都仍是少數選擇這樣做的業者，直到二〇一七年，麥當勞宣布了一則令人耳目一新的新聞。這間全球最大的連鎖速食餐廳宣佈，他們只供應不含人類醫藥用抗生素的雞肉。

除了藥物之外，大多數牛隻飲食中還另一個令人擔憂的部分，那就是「肉類」。這非常詭異，因為牛明明是草食動物，牠們不可能吃肉，除非遭到強迫餵食，而牠們也確實被強迫了。將肉類餵食給牛隻已經變成一種常見做法，直到美國食藥監管局發現，將肉品餵食給牛隻會導致牛腦海綿狀病變，也就是俗稱的「狂牛症」，他們才終於禁止了這種做法。然而，就如同大部分食物相關的法規，這些禁令不見得具有約束力，甚至還有許多例外，比如說，將其他動物的血、脂肪和糞便餵食給牛隻不僅合法，而且現在還變成了另一種常規做法。

雖然「天然」這個詞現在依然能被貼在充滿藥物且肉飼的牛肉上，但消費者也開始有了一些更好的保護。二〇〇九年，美國農業部終於定義出「自然飼育」（naturally raised）的標準，被稱為「三不」（never ever three），或「NE3」。這是試圖定義「自然」的第三方與其他國家一致同意的基本最低標準，包含了：動物終其一生中均不可食用任何抗生素、任何生長激素或動物副產品。

至於「天然」一詞，則指的是加工過程，而非飼養過程。在法律上，貼有「天然」標籤的產品只能經過「最低限度的加工」，但這標準十分主觀，另外也不能包含任何人工成分或色素。關於「天然」還有個相當大的漏洞，那就是限制並不包含賀爾蒙、類固醇或抗生素，問題是這些藥物很明顯是人工物質，不應該存在於牛肉中。美國農業部對於天然肉品的定義更是令人咋舌：「所有未烹煮、單一組成的家畜與家禽肉品均為『天然』。」這種只具備字面意義的法條又有何用？任何還沒下鍋的動物當然都是天然的動物。條文甚至還補充：「部分標示為『天然』的產品也可能含有調味劑，且劑量並無相關限制。」

因此，就算在美國農業部目前的「百分之百草飼」標準中，並沒有禁止牛隻使用藥物或動物副產品，「天然飼養」的定義裡，也沒有要求牛隻不得食用非天然的穀物與青貯飼料，但兩種標籤對於柯里奇歐主廚、退役軍人庫克和我這樣的消費者來說，已經相當接近所需了。另外，美國草飼協會（American Grassfed Association）的標章也算是可行的選擇方案，這個協會由志同道合的酪農組成，協會成員只採用天然草飼，而且不圈養牛隻，也不會使用抗生素或賀爾蒙。

如果你很介意藥物和副產品，但對於穀飼或非完全草飼的牛肉比較能接受，就像燒烤權威作家雷克林那樣，那麼你可以尋找貼有以下這幾個標籤的產品：「美國農業部有機認證」（USDA Organic）或「尼曼牧場」（Niman Ranch），還有「安格斯天然牛肉認證」（Certified Angus Beef Natural），這比常見的「安格斯牛肉認證」（Certified Angus Beef）好多了。這三種標籤的牛肉在全國各地都買得到，而後二者更要求供應商必須遵循 NE3 規範，並以草飼為主。尼曼牧場的肉品更是主廚們的最愛，經常可以在各家餐館的菜單上看到。

此外，美國農業部也已經核准牛肉使用「無生長激素」的標籤，牛肉、豬肉和雞肉目前也有「無抗生素」的標籤。肉品如果要貼上這兩種標籤，生產商都必須提供足夠的文件來證明飼養過程中完全沒有使用這些藥物。只不過，當工業大廠泰森食品公司（Tyson Foods）在含有抗生素的雞肉上貼了不實標籤，美國農業部竟只是撤銷他們的標籤核可，還允許他們一邊製作新的標籤，一邊繼續販售原有的產品。另一方面，「放養」、「全程放養」、「無添加物」、「無動物副產品」、「自由放養」、「自由放牧」、「綠色餵養」、「人道飼養」和「無農藥」等標籤也都沒有違規，但當然也因此完全沒有任何實質意義。

就算美國本來就禁止豬隻和家禽類使用生長激素和類固醇，但有些生產商卻還是要刻意為豬肉和雞肉商品貼上「無生長激素」的標籤，只因為他們深知，消費者願意為這個標籤掏出更多鈔票——這是真的。而雖然少了生長激素和類固醇，家禽類卻很常使用抗生素，養豬業則更是普遍，因此「無生長激素」的雞肉與豬肉標籤其實根本沒有任何意義。另外，有時候你也會在超市看到「草飼豬」，問題是，豬不是只吃草，牠是一種雜食動物，所以這種標籤根本不該存在。相對可靠的豬肉與雞肉標籤只有「美國農業部有機」，這個標籤與食藥物監管局的「有機」定義大相徑庭，它主要用於肉品，並要求動物的飲食必須百分之百的有機，且不可含有抗生素，只餵食過一次也不行，更禁止噴灑過殺蟲劑的植物飼料。「聰明雞」（Smart Chicken）則是另一個可靠的標籤，這是特庫姆塞家禽公司（Tecumseh Poultry）旗下的品牌，成立於一九九八年，專門生產優質的雞肉，他們的產品分為有機雞肉與一般雞肉，兩者都不含抗生素或動物副產品，並以百分之百有機素食或百分之百素食飼料來餵食雞隻。我很常購買「聰明雞」。而豬肉標籤則還有前面提過的「尼曼牧場」，他們的產品也不含抗生素，而以百分之百素食飼養。你大概還聽說過「祖傳品種」與「傳統品種」的豬，如果牠們真的是優良品種，肉質通常會更鮮美，但這些標語也越來越常見，更不受任何法律控管，因此難辨真偽。

如果你覺得以上這些標籤令你暈頭轉向、難以記住，挑選健康紅肉最快也最簡單的方式就是去購買水牛肉（水牛又稱為美洲野牛）。因為這種牛目前受歡迎的程度還不夠高，尚未遭到市場剝削，因此，美國市場中幾乎所有的水牛都是自由放養的，沒有任何圍欄，並且食用完全天然的青草，也沒有任何藥物。這無論如何都比一般市售牛肉好上許多，口感也很棒，目前更不存在任何不肖的水牛育肥場。以品種來說，「水牛」有分為非洲野牛和美洲野牛兩種，美國目前只有美洲野牛品種，而從舊西部開始，美國人就一直將「水牛」與「野牛」當成同義詞來使用。

媒體大亨泰德·特納是美國最大的私人土地地主和最大的水牛牧場主人之一，他還開設了泰德蒙大拿燒烤餐館（Ted's Montana Grill），專門供應他所飼養的野牛。第二大的水牛牧場則是位在科羅拉多的薩帕塔牧場（Zapata Ranch），由美國大自然保護協會（Nature Conservancy）經營。這片廣闊的土地有一半被用來飼養草飼牛，另一半則飼養著水牛。我到牧場參訪時，一眼就能看出兩種牛隻飼養的差異。牧場內大約有兩千頭水牛，牠們可以在五萬英畝的草地上隨心所欲地漫遊，在變成牛排之前，牠們想做什麼就做什麼。這幾年，水牛肉在超市也變得較為普遍，我在BJ批發俱樂部就能買到。如果要購買絞肉，水牛就是不錯的選擇，它不像其他漢堡肉中可能含有各種添加物與化學加工成分，而是擁有了純正草飼牛肉的各種優點，更不必擔心標籤誤導，是一種真食物。

此外，紐西蘭羊肉也是一個簡單易懂的肉類採買選擇，因為所有的紐西蘭羊都是草飼的，在美國很容易買到，羊肉畢竟只有單一成分，原產地聲明當然也相對較容易執行。話說回來，美國自己的羊肉則與牛肉非常相似，雖然也有少數自然放養的業者，但抗生素、生長激素和非天然飼料的飼養方式依然是「傳統」大宗。

而我之所以如此迫切要飛到蘇格蘭去吃牛排，則是因為美國的「安格斯」牛肉大概都不是真正的安格斯牛肉。亞伯丁安格斯（Aberdeen Angus）是非常獨特的品種，而這種牛在許多方面也都因為自身美名而受害。有著「牛肉之最」（Butche's Breed）稱號的安格斯早已是全世界牛肉產業的標準。雖然牠們最早生長於蘇格蘭特殊的地形環境與寒冷的氣候，但後來許多主要的牧場都位在較為溫暖的地帶，且經過好幾世紀的廣泛出口，加上與當地的不同品種混血，現在有許多不同的牛隻可說是安格斯的血脈，進而導致人們對於安格斯牛的標準無法達成任何共識。大家都同意的事實只有，當肉類標籤或菜單上寫著「安格斯」三個大字，消費者就會覺得這道菜更有價值，價格也得以哄抬得更高。

除此之外，安格斯一詞已經沒有什麼意義了。真正的亞伯丁安格斯牛多半都是黑毛牛，也有少數紅毛的安格斯，但美國農業部卻僅以顏色來定義何謂「安格斯」，而不根據是品種。在他們的規範上，擁有至少51%黑毛牛基因就是安格斯牛了。現在業者更經常在牛排和漢堡的菜單上強調「安格斯黑牛」，企圖讓客人們買單，不論他們實際上到底使用哪一種牛。

「真正的亞伯丁安格斯牛肉是世界上最好的肉品之一。」美國廚藝學院肉品課主廚導師的湯瑪斯．施奈勒說道。施奈勒還以此為題寫了一本廚藝學院教科書，書名就叫作《肉》（*Meat*）。他經常向紐約北部當地的農場購買牛肉，農場主人名叫艾美．戈茨坦，是少數飼養純正亞伯丁安格斯的酪農之一。我前去觀摩學院的肉品課程時，施奈勒身穿他的白色廚師夾克，一邊揮舞著手裡的肉鉤和大刀，正在教導學生如何切割牛肉的不同部位。與其他老師不同的是，他下課之後身上總是會血跡斑斑。他帶我去參觀裝滿肉品的冰庫，並展示了許多不同牛肉切片，其中幾塊上貼著「安格斯」的標籤。「有些只是黑毛牛，有些是真正的安格斯品種，有些是指安格斯風格的油花，還有一些只是鬼扯。」他說。即便安格斯的標籤無法保證品質或任何其他標準，但它仍是肉類產業中一個比較無害的假食物標籤。

如果你可以找到同時標有「天然飼養」和「美國農業部有機認證」或其他類似標籤的肉品，你所買到的多半就是真食物了。但最後還有一點要特別注意的是，如果你想買的肉是已經包裝好的，像大多數超市販售的牛排那樣，底下墊著一塊保麗龍，並用透明塑膠袋包起來，記得不要因為肉質色澤鮮豔就衝動購買。肉品業者會使用所謂的「氣調包裝」（modified atmospheric packaging, MAP），以加工方式來使產品看起來新鮮。基本作法是將少量的一氧化碳灌入包裝袋中，就是會導致人們昏厥或中毒的那種氣體。這其實對保鮮並無幫助，只會讓肉類維持鮮紅色，即便早已變質腐敗，看起來依舊新鮮（提醒愛吃海鮮的你，問題又多一條了，鮪魚也經常使用氣調包裝，無論是真鮪魚和假鮪魚都一樣）。

牛肉業者聲稱他們已經在包裝上印製「最佳售出期限」，可以保障消費者買到最新鮮的肉品，這當然很好，問題是，他們的氣調包裝手法也可能讓已變質的肉品看起來依舊新鮮，而這對消費者來說就十分具有風險了。美國消費者聯盟檢測了超市的 MAP 牛絞肉，結果發現竟有高達20％

（也就是五分之一）的牛肉都已經腐敗，卻仍然放在架上，而且色澤鮮豔，令人垂涎欲滴。肉品包裝雖受到美國農業部監管，但一氧化碳被定義為一種食品添加劑，不屬他們的管轄範圍，必須由食藥監管局來的控管。然而在食藥監管局的規則中，一氧化碳是不必列在食品標籤上的。之前曾有人發起公民請願，指出氣調包裝是「欺騙消費者」的手法，且存在「食品安全風險」，應該完全遭到禁止。根據請願受理規則，食藥管理局必須在一百八十天內針對MAP問題做出回應，但他們卻始終沒有採取任何動作，而消費者也沒必要再繼續等待答案了——因為這項投訴是十年多之前提出的，我們還是自己好自為之吧。

燒烤權威的最佳西班牙牛排食譜

這種簡單又美味的食譜只有兩種材料，原本是朱利安之家餐館的食譜，這是西班牙一間知名牛排館，位在聖塞巴斯提安（San Sebastian）郊外的巴斯克地區。燒烤權威史蒂芬·雷克倫改編了這份食譜，並教我以鹽烹煮牛排的竅門，從此以後，我就一直使用他的方法，因為這不但簡易，又是烹飪牛排的絕佳方式。

西班牙是個牛排王國，他們的招牌西班牙風味牛排（chuleton de buey）是一種厚切的帶骨牛肋排，通常一份可以兩人分享。朱利安之家的牛排厚達兩英吋半，而且還是他們菜單上唯一一道主菜，所有人都是專程去享用這道料理的，那真的極其美味。與阿根廷的作法相同，他們烹製牛排時是以木柴加熱，不過我當然是在瓦斯燒烤爐上製作，效果也很好。另外，也可以用去骨肋眼牛排來代替。以下食譜為兩人份。

2塊天然草飼的帶骨牛肋排，至少1又½英吋厚／1杯岩鹽或粗海鹽

作法

1 將烤盤上油，以中高火的瓦斯或炭火預熱。

2 將牛排放在烤架上，並用¼英吋厚的粗鹽鋪滿牛排表面。持續加熱大約五分鐘，直到鹽巴開始融化。

3 翻面，不用擔心鹽巴掉下來，並在另一面也鋪上同樣分量的粗鹽，繼續加熱四到五分鐘至半熟，煮至牛排三分熟。如果你的牛排比較厚，或者你希望再熟一點，就再加熱久一些即可。

4 用鉗子將牛排立起來，然後側面朝下敲打，好讓沒有融化的多餘鹽巴掉下來，或者也可以用一支刀子輕輕刮除表面的鹽粒。接著將牛排靜置兩分鐘，然後便能端上桌享用了！

11

全都是假的：還有哪些假食物？

食品鑑識所面臨的最大問題是，消費者根本無法知道自己何時遭到詐騙……花費在全球食品工業的刑事調查總成本高達 490 億美元。

——英國皇家化學會（Royal Society of Chemistry）

蜂蜜

以前，我的隔壁鄰居曾經養過蜜蜂。我不得不承認，大約二十五年前，剛從紐約大城市搬到佛州小農村的我就像是一隻離開水的魚，根本不知如何在都市以外的地方生存，而隔壁成堆的蜂箱讓我有點害怕，成天聽著大群蜜蜂在後院嗡嗡叫，這實在是違反了我對生活環境的理解。但過了一段時間之後，我也開始習慣這些昆蟲，牠們之於我彷彿成為了背景，再也不會令我感到困擾。就連我的狗也對那些嗡嗡作響的蜂箱視若無睹，我偶爾還會和鄰居交換一些蜂蜜。我經常在國內國外出差，如果我太太也和我一起出遠門，我的鄰居就會和她的孩子一起照顧我們的黃金獵犬。由於她是一個非常狂熱的養蜂愛好者，對於蜂蜜更是熱愛成痴，我便養成了一個習慣，無論去哪裡出差，回來時都會帶一罐當地市場買到的蜂蜜給她當作紀念品。她對各地蜂蜜的差異很感興趣，曾經從杜蘭戈（Durango）、科羅拉多、秘魯、坦尚尼亞甚至中國大陸等地採買蜂蜜回來——中國蜂蜜她只買過一次，她說那些蜂蜜一點也不好，帶有一股「化學味」。後來她和家人賣掉這裡的房子也搬走了，我聽說她到了新家仍在繼續養蜂。

這已經是好幾年之前的事情，當時我根本還沒開始寫這本書，但對那些蜜蜂，我至今都還記憶猶新。肉眼無法判辨真偽的食物多半都是假的，蜂蜜正是如此。甚至蜂蜜還有許多其他問題，除了有不少冒牌貨，也有各種控管的難處。雖然我們知道市面上有大量的假蜂蜜，但卻沒有人知道，究竟什麼才是真蜂蜜。

美國養蜂聯合會（American Beekeeping Federation）是代表美國非超濾（non-ultra filtered）蜂蜜製造商的工會組織。他們曾經聲請食藥監管局為蜂蜜制定一個專門的「產品標準」，也就是要確立出一個具備法律要求的詳細定義。然而，與橄欖油的命運相同，他們的訴求也被食藥監管局無情拒絕了。雖然食藥監管局自稱與聯合會一樣「擔心蜂蜜摻偽與冒用標籤」的問題，但他們仍舊只引用字典裡的名詞解釋，說這是一種「稠而甜，且為糖漿狀的物質，是蜜蜂以花蜜來製成，並儲存在蜂巢裡的食物。」

在我看來，這段定義所描述的確實是蜂蜜沒錯，但這也正是問題所在——我和大多數消費者一樣，對蜂蜜的複雜性知之甚少。美國養蜂聯合會認為，真正的蜂蜜必須含有花粉，但美國許多製造商不僅不認同這種定義，還會以超濾技術來去除花粉，以防止蜂蜜中產生結晶。反觀，歐洲多數消費者很習慣購買原始狀態的蜂蜜，只有美國人花大把鈔票來支持這種超濾金色液體，裡頭多半完全不含花粉這項必要的物質。之所以會說是「必要」，是因為花粉等同於蜂蜜的「身分證」，透過花粉檢測，我們可以看出蜜蜂採過的花朵生長於何處，進而證明這些蜂蜜產自哪個地區。

正因如此，值得消費者擔憂的是，有些國家的蜂蜜——例如我鄰居說的中國蜂蜜——會以超濾或超純化（ultra purification）技術來掩蓋蜂蜜的真實來源，接著轉運到他處進行包裝，有時更會與少量來自印度的授粉蜂蜜混合，藉此混淆來源檢測結果。中國蜂蜜甚至會加入便宜許多的玉米糖漿或果糖糖漿來提高利潤，或者會將玉米糖漿餵食給蜜蜂，讓糖漿更「自然」地融入蜂蜜中。

目前中國產的蜂蜜已被美國農業部明確禁止進口，因為它們的摻偽已經過度氾濫。

不同於美國食藥監管局，美國農業部對蜂蜜的鑑別稍微精確了一點——算是吧。他們建立了一個自主性的分級制度，要製造商在商品標籤上標註A、B、C三個等級的標籤，但並沒有強制執行。這聽起來是不是有點熟悉？他們對橄欖油的分級作法也是如此，導致泰半業者都將自己的產品標註為最高的「特級初榨橄欖油」，無論瓶子裡裝的究竟是什麼。即便農業部確實制定了非常詳細的蜂蜜分級規則，但因為沒有強制力，所以也完全遭到無視。這份規則列舉出含水量、「無缺陷」等五種具體評鑑標準，但卻忽略了許多至關重要的元素，像是並未禁止添加玉米糖漿等非天然蜂蜜的成分。此外，他們雖然將蜂蜜與楓糖漿分屬在特殊類別中，卻不像其他特殊產品一樣必須經過檢查，導致業者可以隨心所欲地使用這些分級標誌（不過，就算油脂類有被列為需經檢查的品項，卻也從來沒有真的接受過檢查）。正如《聯邦公報》（*Federal Register*）所刊載的：「蜂蜜取得美國農業部等級標章無須經過檢測，目前也並無任何針對蜂蜜進行認證的計畫。」看來這些執法單位只不過是義務性地回覆一下投訴內容而已，根本不打算採取任何行動。

專門匯集蜂蜜資訊的網站「蜂蜜旅者」（Honey Traveler）總結道：「你眼前的兩罐蜂蜜都被合法標註為『A級蜂蜜』，也都寫著『百分百有機三葉草蜂蜜，來自亞利桑那州——美國農業部A級』，但內容物卻可能是完全不同的東西。它們可能來自世界任何一處，或許其他地區的蜂蜜混合，有些蜂蜜甚至會經過加熱，以便於過濾，並含有抗生素、化學物質和玉米糖漿，根本不是標籤上所說的三葉草製成，更不是任何一種來自亞利桑那州的植物！」雖然網站所描述的情況的確經常發生，但這說法其實並不完全準確，因為農產品的「有機」是具備法律標準的，蜂蜜也被包含在其中。話雖如此，製造商也幾乎無法控制蜂蜜生產過程是否有機，因為蜜蜂會自由飛舞，隨機採集有機或非有機栽種的植物。此外，「百分百」也是一個被大量濫用的食品標籤用語，頂多只能表示某一種特定成分是純正的，而非整個產品都百分百純正。

最重要的是，無論合法與否，「你都可能會為標註『有機認證』的蜂蜜掏出更多鈔票，或者因為看到『美國農業部A級』標章就備感安心，但事實上，蜂蜜這種品項幾乎沒有聯邦法律標準根據，也沒有有效政府認證，更不必為了虛假的聲明而付出任何代價。專家認為，所有美產蜂蜜的『有機』都是非常可疑的，」《西雅圖郵訊報》（*Seattle Post-Intelligencer*）如此寫道，「各大超市出售數十種不同品牌、大小、類型和口味的蜂蜜，消費者都傾向選擇味道最好、品質最高的蜂蜜，但他們最終購買到的產品卻可能含有未列於標籤的混合物，摻入無法檢測的廉價糖漿或非法抗生素。」事實上，你桌子那罐可愛小熊造型的蜂蜜很有可能就是假食物。

至於帶有花粉的蜂蜜是否就一定更健康或更美味，這仍是有爭議的，因此，人們對於真蜂蜜的定義也尚無定論。無論是否經過超濾，多數消費者一定都希望真蜂蜜表示它是天然純正的。當食藥監管局在二〇一四年初次針對未來可能擬議的蜂蜜草案展開討論時，其中一個讓他們爭論不休的問題就是，額外添加了甜味劑的「蜂蜜」究竟還能不能被定義為蜂蜜。如果可以，那麼假蜂蜜就永遠不可能被阻止了，因為蜂蜜是一種既昂貴又極為容易以糖偽造的產品。早在一八八一年時就已經有報導指出假蜂蜜隨處可見，以一點點真蜂蜜加上大量葡萄糖製程，偶爾還會加入一些蜜蜂的殘肢，讓它看起來更加逼真。

麥蘆卡蜜（manuk honey）是一種十分稀有珍貴的蜂蜜，由蜜蜂採集麥盧卡灌木叢所製成，這種灌木只生長於紐西蘭和澳大利亞的一小部分地區。麥盧卡蜜不僅是全世界最昂貴的蜂蜜之一，也是原產地風土的絕佳案例，愛好者認為它比所有其他蜂蜜都更加健康也更加美味，當然價格也更高。二〇一四年，英國進行的一項調查發現，超市裡貼有「麥盧卡」標籤的七個品牌中，只有一個是真正的麥蘆卡蜂蜜。密西根州立大學食品詐欺倡議主持人約翰．史平克博士曾與人在《食品科學雜誌》上共筆了一篇有關食品詐欺的介紹文章，文章中指出，蜂蜜是世界上第三大宗的假食物。美國人每年購買並食用四億磅的蜂蜜，比任何其他國家都還要多，這之中不乏許多被加工為「蜂蜜風味」的假食物。

美國食藥監管局的蜂蜜專家馬丁．斯圖特曼負責也「監測」橄欖油，他告訴《今日美國》，以前業者最常使用蔗糖或高果糖玉米糖漿來稀釋蜂蜜。但因為這種摻偽很容易就被同位素檢測查出來，因此一些精明的不肖業者後來轉而使用糖用甜菜，它的化學成分與蜂蜜更為接近，導致食藥監管局只好也轉而採用更加複雜也更多多步驟的測試方法。「只不過，每次我們查出來以後，他們就會再找出一種新的替代品，而且越來越難發現。」斯圖特曼說。

至少用玉米糖漿和糖用甜菜之類的替代品來混和的蜂蜜是無毒的，萬一摻入的是氯黴素那就另當別論了。這是一種強力抗生素，可能導致致命的骨髓疾病，在美國是禁止使用於食品的。然而，這卻是中國蜂蜜中最常見的摻偽污染物。雖然中國蜂蜜現在已經被禁止進口到美國，但其中的成本價差如此之大，使得不肖業者冒險走私，經過轉運後再貼上新的標籤。

對有組織的犯罪集團來說，這可是一筆大生意，他們當然不會只放幾罐在行李箱裡帶回來而已。有家德國蜂蜜經銷商過去七年來就一直從事這種非法轉運，在被發現之前，他們偷偷進口了價值一共約八千萬美元的摻偽中國蜂蜜到美國。「中國的蜂蜜通常在很早的階段中就被人工採集下來，接著再用機器來讓水分蒸發，而不是讓蜜蜂自己來加熱，」《彭博商業周刊》寫道，「這樣的作法使得蜜蜂能夠製造更多蜂蜜，但是這些蜂蜜也通常會帶有一種德國酸菜的味道。本刊採訪的一位范姓業者專門在臺灣負責將糖與甜味劑混入蜂蜜，以減少這些中國蜂蜜刺鼻的氣味。」就像同樣受危險違禁藥物污染的中國蝦會在印尼轉運，當美國的調查人員發現中國蜂蜜含有毒素並加以禁止之後，印尼、馬來西亞與印度蜂蜜的進口量突然激增，而且這三個國家的蜂蜜出口總額還遠遠超過了他們每年的生產總和，顯示這個騙局是如此之大。據《彭博商業周刊》報導，這起蜂蜜轉運行動是美國歷史上最大的食品詐欺案件，更準確地說，這是最大一件被抓出來的案件。

令人尤其難過的是，真蜂蜜其實很容易買到，全美各地有許多的小農在生產，無論是小農市場或美食商店都隨處可見。你只要避開大型連鎖超市品牌，並且直接向當地製造商購買，通常都會買到安全的產品。不過，你還有一些假食物須要注意。

咖啡、茶

在約翰．史平克博士的食品詐欺倡議名單上，咖啡是世界上第五大假食物，另外，愛喝茶的人可能也得擔心了。這兩種產品大部分的詐欺都與標籤及產地有關，並會用更便宜的內容物來代替更昂貴的真品。茶比咖啡更容易直接摻偽，因為咖啡如果是全豆形式，就會比較難以偽造。另一方面，消費者其實更常購買經過研磨的咖啡粉，因此以廉價的物質來偽造咖啡已經有兩百多年的歷史了。過去，幾乎任何乾燥粉末都可以拿來假冒咖啡，從磨碎的橡實、歐洲防風草到木屑都有，這些物質會被拿來與焦糖混和，好讓顏色更接近咖啡。這幾年，研究人員還查出樹枝、烤玉米、磨碎的烤大麥，甚至磨碎的烤羊皮紙等假冒物質。粉狀即溶咖啡的摻偽又更加極端了，被檢測出來的成分包括菊苣、穀物、焦糖、羊皮紙、澱粉、麥芽和無花果等等。

咖啡是世界上消費量最高的食物和總價值第二高的商品，遠高於糖、玉米、牛肉、煤炭、黃金和鑽石，僅次於石油。美國每年從五十多個國家、兩千五百萬不同的農場購買大約一百二十億磅的咖啡，其中許多來源是未開發國家。而不出所料，這中間有大量的中盤商、分銷商、加工場和其他各種不同的供應鏈，就如同海鮮，這些中間經手的業者很難被完全掌握。《化學世界》（*Chemistry World*）雜誌指出：「目前很難找到方法來判斷我們所購買及飲用的咖啡中是否含有不該出現的成分。全球的咖啡需求量極大，供應不足時，價格就會上漲，而這也助長了詐欺。研磨咖啡粉越來越常與玉米、大豆、糖和巴西莓籽等更便宜的原料混合。」

對於喜歡喝咖啡的消費者而言，最簡單的解決辦法就是購買全豆，我就是這麼做的。只不過，就算全豆可以消除各種磨碎添加物的疑慮，這仍是不夠的。首先，全世界的商業用咖啡幾乎只分為兩種咖啡豆，分別是價格較低的羅布斯塔豆（Robusta）和更受歡迎的阿拉比卡豆（Arabica），後者的價格是前者的兩到三倍。當然了，它們的外觀看起來沒什麼差別，而這也使得製造商或供應商得以用廉價的原料來魚目混珠，使得商品變得更加有利可圖。若是這些咖啡來自高品質生產國家和地區，消費者就會願意付出更高的價格，但其實他們根本沒有任何方式能判斷咖啡豆是否真的來自特定產區。

一九九六年，加州咖啡經銷商可娜凱農場（Kona Kai Farms）的老闆遭聯邦起訴電信詐欺及洗錢罪，他將來自中美洲國家的廉價咖啡重新包裝，裝入標有夏威夷可娜咖啡（Hawaiian Kona）的袋子裡，最後終於被查獲。可娜咖啡是經常被提及的美國原產地品種，是世界上最著名的極品咖啡之一，更是美國少數受法律保護的地理標誌產品，當然也要價不斐。所有可娜咖啡品種都生長在大約兩千英畝的夏威夷大島（Big Island）土地上。如同德國與中國的蜂蜜詐欺案，可娜凱農場長年販售冒名咖啡豆，有咖啡產業網站報導指出，他們成功替換了好幾百萬磅的咖啡豆，而真正的可娜咖啡年產量其實連兩百萬磅都不到。

就算加州可娜凱農場沒有犯下這起罪行，夏威夷自己的咖啡標籤法也實在可議，可娜咖啡的愛好者還是經常成為受害者。夏威夷允許各種形式的咖啡使用他們的地理標誌，從百分百正品，到只有10％可娜豆含量的混和咖啡，全都能被稱為「可娜咖啡」。如果產品標示著「百分百可娜咖啡」，照理說它應該名符其實，但如果寫著「可娜混和」、「可娜烘焙」、「可娜風格」，那麼它可能含有90％的廉價品種豆，加上僅僅10％的優質可娜咖啡豆，而根據夏威夷州法律，這90％的廉價品種都不需要特別標示出來。就如同橄欖油與其他偽造的義大利、托斯卡尼產品一樣，業者利用夏威夷的形象美名和產品標籤來販售這些僅含少量可娜豆的混和物，從中牟取巨額利潤。

雖然現在木屑假冒咖啡似乎已成往事，但根據美國國會研究處的資料，茶葉的情況還是一直沒有改善。在二〇一四年一份提交給國會的食品詐欺報告中，茶葉裡被查出含有木屑、色素和其他植物的葉子。二〇〇八年，印度這個世上最大的茶葉供應國度，更有兩間大型茶葉加工廠被查獲使用有毒的化學物質，其中一家公司甚至還是通過了ISO 9001認證的工廠，大量出口茶葉的全球許多國家。最後，印度政府銷毀了超過二十八噸的有毒茶葉。由於茶葉通常是袋裝，消費者很難辨識出其中的原料，花草茶更是如此，畢竟內容物看起來都差不多。

洛克斐勒大學的馬克．斯多克博士和他的學生以DNA檢測技術來調查假海鮮和起司之後，後來也開始研究包含花草茶在內等其他食物，毫不意外地，他們再次發現，食品摻偽無處不在。「每種食物都有各式各樣的替代品。」他說，「我們測試了花草茶，其中三分之一的檢測品中都含有標籤上沒有標示出來的物質，比如說，『雜草』。我們從星巴克等各種不同的商店購買花草茶，無論是高檔品牌還是一般品牌，裡面都含有一些其他物質，但消費者卻沒有任何方法能分辨出這些花草雜枝。」

「大吉嶺」在茶葉世界是一個擁有具有巨大品牌價值的地理標誌，為印度茶葉委員會所有，他們一直致力維護大吉嶺在世界各地的聲譽和純度。他們也十分幸運地在美國取得了原產地保護認證，這是香檳和帕馬森乾酪都無法擁有的，另外也受到歐盟的保護。但即便如此，根據統計，全球消費者每年「大吉嶺紅茶」的飲用量卻還是比實際種植量多出四倍。真正的大吉嶺紅茶只生長在印度的大吉嶺地區，被視為是一種頂級茶葉，包裝上都會印有一個綠色標誌，畫著一個手拿茶葉的女人，並寫上大吉嶺這幾個字。如同歐洲AOC或PDO標章，印度茶葉委員會只允許在百分之百純大吉嶺紅茶上使用這個標誌，不像夏威夷的可娜咖啡豆那樣標準寬鬆。

米、香料

另一種十分受歡迎的印度高級食品就是印度香米（basmati），但消費者在採買這款米的時候也很容易受到混淆，尤其是在美國。印度香米是一種質地較為輕盈的長米（long-grain rice），有著綿密的口感的和馥郁的香氣，因而備受喜愛。這種米非常適合用來燉煮、搭配咖哩和醬汁，既不會掩蓋主菜的風味，又能中和過重的口味，擁有中庸的特質。真正的印度香米只栽種於印度北部特定地區和巴基斯坦邊境，但就像許多在其他國家都受到認可的原產地食品一樣，印度香米在美國也沒有受到地理標誌保護，任何一種長米在美國都可以用「印度香米」之名來販售。而這也只是美國眾多經濟與品質詐欺的其中一件罷了。在某些方面，印度香米的情況與日本和牛很相似。美國國內種植和銷售的印度香米，有一部分與原品種高度相似，甚至還擁有印度香米的基因，但也有其他自稱「印度香米」的長米根本名不符實。

香料，尤其是乾燥的香料——當然大多數都是乾——和茶葉的型態很相似，當然也同樣有許多詐欺案例。二〇一六年初，紐約CBS電視網的第二頻道做了一項香料添加物的調查，他們在好幾家商店中購買各種香料回來分析，結果發現有一半的香料都有摻偽情況。這些樣本被運到運到華盛頓州的IEH實驗室，檢測發現，最有問題的是牛至、薑黃和肉豆蔻。「如你所知，薑黃是一種黃色粉末，而我們在其中檢測出大量的玉米。」IEH的曼蘇爾・薩馬德普在報導中說道。至於肉豆蔻則是常用胡椒來混充，因為「胡椒比肉豆蔻便宜。」薩馬德普說他有檢測出以小麥粉和花生粉來稀釋的香料，而這可能會造成一些過敏風險。「這是為了利潤摻偽，但如果你正好對這兩種成分過敏，那就糟了。」另外，牛至「含有其他未知植物，可能是雜草」，而這也與英國的另一項類似研究相呼應，他們發現，英國國內販售的所有乾燥牛至中，有四分之一是用「其他植物」來混充的。

果汁

果汁也幾乎出現在所有常見的假食物清單上，食品詐欺倡議中的前十名就包含了蘋果汁和柳橙汁。假果汁有許多種形式，合法和非法的都有。前陣子我去超市購物時，我太太請我順便幫她買幾罐藍莓汁。就算我早該知道假食物業者的慣用伎倆，但我還是不由自主地被經典的把戲迷惑了，相中那十分高級、整體感覺還不錯、看起來也很天然的外包裝。這是一瓶 RWK 牌（R. W. KNUDSEN）的有機藍莓蔓越莓果汁，上面醒目地標示著「百分百果汁」，還並排印有藍莓和蔓越莓的照片。果汁被裝在玻璃瓶中，和其他精美的「天然」產品放在一起，價格大約是一般超市自有品牌的兩倍。於是我便愚蠢地認為它就是由藍莓和蔓越莓製成的，而沒有仔細想到，「藍莓蔓越莓」和「百分百果汁」其實是兩個無直接關聯的標籤——包裝其實並沒有直接告訴我這是「百分之百藍莓蔓越莓果汁」。

直到我回到家，看了看依照含量排列的成分列表，這才發現，含量最多的原料根本不是藍莓或蔓越莓，而是濃縮蘋果汁。這就是詐欺的一種，其中最重要的就是，品名寫的只有藍莓或蔓越莓，根本沒寫蘋果。瓶身圖片上也一樣只印著兩種莓果，蘋果完全沒有出現，但蘋果汁的含量卻遠遠高於這兩種莓果。還有一個棘手的問題是，美國所使用的濃縮蘋果汁，大部分都是來自中國，而且那個產地的名聲很糟，因為他們的原料經常被證明是含有污染物的。

我要買的並不是蘋果汁，我和我太太也覺得蘋果汁的營養不如藍莓或蔓越莓汁。簡而言之，我被騙了，而且這種騙術完全沒有違法，是我自己沒有小心謹慎，沒有閱讀成分標籤——順道一提，它還列出檸檬汁，而瓶身和品名當然也沒有提到檸檬或印上檸檬的照片。藍莓和蔓越莓汁比蘋果和檸檬汁都還要貴，因此這種騙術也並非巧合，業者若是太過精準地描述產品成分，消費者可能就會發覺這罐果汁不該這麼昂貴了。我看了一下 RWK 牌的網站，上頭解釋，「百分百果汁」

標籤的產品，是「四種濃縮果汁和其他天然成分調味而成的果汁混合物」。

「其他天然成分」似乎與「百分百果汁」相矛盾了，尤其是使用「百分之百」這樣的數學定義，意思應該是「全部」，所以，這世上究竟有什麼東西可以既是完全的果汁，同時又含有其他非果汁的成分？想必是與「百分百牛肉熱狗」同樣邏輯，這百分百所指的是，這熱狗中所含有的少部分牛肉確實是天然牛肉，但熱狗的成分並不是只有牛肉而已。果汁也是如此，它的確含有一些天然果汁。RWK牌的巴西莓果汁成分中，蘋果汁也主要原料，而且它的標籤上也寫著「百分百果汁」。同時，在這標籤上，寫有很小的「果汁混合物」字樣，完全融於背景圖片之中，使得文字十分不易閱讀，而標籤上的圖片當然也只印有巴西莓，實際上卻包含五種不同的果汁、果泥或濃縮物。麥可・勞勃茲是加州大學洛杉磯分校的食品法律政策教授兼系主任，他表示，除了柳橙汁以外，幾乎所有架上果汁的成分都是蘋果汁，即便標籤上寫著藍莓、蔓越莓或任何其他標籤，畢竟「蘋果汁是最便宜的，而法律也並未規定製造商要在標籤上列出百分比。」

有趣的是，雖然美國食藥監管局要求成分列表必須依照原料佔比來排列，但他們對產品品名及包裝正面卻毫無管束。如果食藥監管局對正面與背面標籤的規範是一致的——這真的只是很基本的消費者保護措施——那麼我在超市買到果汁就必須被稱為「蘋果蔓越莓藍莓檸檬汁」。但他們卻沒有這麼做，這就是為什麼可口可樂公司可以在他們製造的果汁印上「石榴藍莓汁」的字樣，即便內容物幾乎不含石榴——準確地說是只含有0.3%的石榴。有家專門製造真材實料石榴汁的廠商名叫「POM」，他們就曾對此提起訴訟，案件一直上訴到美國最高法院。POM控訴，美國食藥監管局漏洞百出的規定，使得許多食品得以用微量成分來命名。然而，當年的大法官安東尼・甘迺迪卻絲毫沒有受到動搖，他認為，POM雖然聲稱其他廠商的食品標籤「涉嫌誤導與欺騙消費者」，但POM提起這類告訴其實只是「為了傷害競爭對手」而已。二〇一四年，曾有一件案件一審勝訴，看似能對消費者帶來一些保障，但最高法院依然一致裁定被告可以繼續上訴。這只不過是開端而已，可口可樂公司誓言要繼續戰鬥下去。

而果汁的詐騙事件中，也不僅僅標示不明確的問題而已。二〇一四年國會研究處的報告指出，在目前被揭露的食品詐欺案件中，果汁是最主要的食品類別之一，「果汁除了可能會被稀釋，例如以蘋果與葡萄等便宜的原料，來取代昂貴的石榴等『超級水果』果汁，有些果汁甚至可能只是含有水、色素及含糖的調味劑，標籤上卻僅列出水果成分。柳橙汁有時會含有檸檬、柳橙、葡萄柚、高果糖玉米糖漿、辣椒粉萃取物和糖用甜菜，但不一定均會列於成分表中。蘋果汁則含有葡萄、高果糖玉米糖漿、梨子、鳳梨、葡萄乾糖漿、無花果、果糖及蘋果酸，也並未全數列於成分表。」這份報告還指出，有些果汁使用了腐敗的水果的汁液製成或稀釋，可能含有有毒黴菌——當然包含來自中國的黴菌，就算你運氣不錯，買到了「真正的」蘋果汁，可能一樣是由腐爛的蘋果所製成的。美國架上的蘋果汁大多數都是中國製造的濃縮蘋果汁，而正如我前面提到的，相關單位已經多次查出這種濃縮蘋果汁中，含有禁用的殺蟲劑和其他化學物質。

在《美味詐欺：黑心食品三百年》（*Swindled: The Dark History of Food Fraud, from Poisoned Candy to Counterfeit Coffee*）一書中，作者碧・威爾森描述了一種歷史上常見的果汁摻偽作法，那

就是用水、糖和果肉洗漿來製成廉價的果汁：「這種液體是透過反覆沖洗真果汁剩餘的原料而製成。」她進一步指出，九〇年代間，美國市面上所有果汁中，有10％都是具詐欺成分，同時，英國也有一項研究發現，在二十一個知名品牌的柳橙汁中，有其中十六個含有糖用甜菜等摻偽物質。

克魯格食品實驗室（Krueger Food Laboratories）是麻省的一家獨立檢測機構，專長就是研究果汁。黛娜．克魯格有次前往加州大學戴維斯分校進行食品摻偽的演講，她表示，市售的一些果汁可能只糖或高果糖玉米糖漿的「延伸物」，成本是真果汁的五分之一，也有一些廉價的特製甜味劑被添入其中，如胰島素甜味劑或米糖漿等等。另外，還可能含有不當的添加物，例如以色素和酸類物質來「提升」賣相與口味。更多果汁是用更便宜的蘋果、白葡萄和梨子汁以及果渣及果皮萃取物等副產品製成，在最昂貴的莓果與石榴汁中，「幾乎所有」摻偽物質都是出於成本考量。她在演講中細數美國各時期的主要果汁醜聞，包含七〇與九〇年代的蘋果汁、八〇年代的柳橙汁、九〇年代的蔓越莓汁，還有這幾年的檸檬汁、石榴汁，以及最近很搶手的椰子汁。

二〇一四年春天，美食藥監管局終於確定石榴汁、檸檬汁，以及其他模糊定義為「百分百果汁」的「其他蔬果汁」，事實上都含有大量未申報的成分，他們發出了「進口警告」。其中指出，「這些產品與標籤上所示不相符，視為摻偽與標籤誤導」，並涵蓋了幾乎所有產地的果汁，從加拿大、義大利，到伊朗、秘魯和土耳其，橫跨三大洲。這類警告基本上都是臨時性的，會根據當時具體的情況對零售商店頒布，讓他們將摻偽的產品先行下架。二〇一五年六月，美國食藥監管局在檢測發現部分伊朗和土耳其產的果汁中含有未標示的成分，並確定為「替代、品混淆與摻偽」，之後便將這些產地的果汁「無須進一步檢測直接全數扣留」。

蔬果

在真食物世界中，其中一個大原則就是，購買全食物通常更好，也就是說，購買藍莓或蔓越莓果本身，遠比買莓果汁更加安全。當你購買完整的番茄或香蕉時，就很難出現偽造的情況，當然也不是不可能。近年來，許多饕客抱怨超市裡的番茄淡而無味。一般來說，番茄的味道、質地和肉質都是由可以在栽種過程中培育出來的，這個認知部分正確。而多數蔬果的品質和保存也成反比關係，越好的蔬果，越容易快速腐壞。因此，業者會犧牲番茄的風味，為了讓番茄可以保存得更久，在運輸過程中不易腐敗。但這對於利潤率來說依然不夠。

目前已有科學方法能使番茄的生產、運輸和儲存更具成本效益，那就是在成熟之前先行摘採和出售。業者每天花費在植物的成本越少，風險就越小，例如被野生動物吃掉、遭害蟲汙染或感染病菌等等。未成熟而堅硬的綠色番茄在運輸過程中也比較不易受損，能存放得更久。但這種方法唯一問題是，綠色的番茄很不好吃——消費者太聰明了，絕不會主動購買綠色未熟的番茄。如果不能出售擺明就是沒有成熟的番茄，那還有沒有其他解決方案？塗成紅色顯然是行不通的，這太荒謬了，目前也沒有人找到辦法來把番茄染成逼真的紅色，就像人工養殖的鮭魚那樣。

但有志者事竟成，科學最終還是拯救了這些番茄業者。他們將乙烯灌入綠色番茄中，引發成熟反應——或者更準確地說，是讓已摘採的番茄自行變紅。「將綠色的番茄充氣，二十四小時之內就會變紅。但即便外觀是紅色的，吃起來仍是綠色番茄的口感，因為它們根本還沒有成熟，味道也很糟糕。美國本土種植的番茄中，高達95%都是經過充氣處理的，並未真正成熟。」溫室栽培與水耕領域權威霍華．雷許博士說道。雷許博士也擔任安吉拉島美食豪華渡假村大型果菜園的顧問，那是世界上最大的一座溫室，他帶著我參觀了一圈。這座溫室菜園專門為渡假村的餐廳供應農產品，也執行得非常成功，客人不斷重新回鍋，全是因為這裡的沙拉太美味了，也能定期參觀溫室。

雷許博士解釋，雖然乙烯對番茄有著神奇的作用，但在彩椒上卻不會產生任何反應（他的溫室裡種有許多色彩鮮艷的美麗甜椒，令我忍不住想摘下一顆，像啃蘋果一樣大口吃下）。彩椒在藤蔓上成熟時，會自然地從綠色變成紅色、黃色或橘色，這些都是同品種的彩椒。和大家想的不同，超市裡的綠色彩椒與紅椒其實是同一種椒類，只是成熟的階段不同罷了。因為綠色彩椒較為堅硬，摘採時間最早，腐敗的風險因而更小，所以也比較便宜，但有一種不熟的味道。雷許博士說，我們每次都應該「購買其他顏色的彩椒，它們值得更昂貴的錢，有著更棒的風味，也對健康更好，具有更豐富的營養價值。」從那之後，我一直聽從他的建議，橘色和黃色的彩椒也真的比較美味，甚至就連是最綠的彩椒，味道也比綠色番茄好多了。

你一定有聽說過這個在自家廚房就能運用的老竅門吧？將一個蘋果和其他水果一起放進紙袋中，便能達到催熟的效果。克里斯多夫．沃特金是康乃爾大學農業與生命科學系教授，他認為，這個方法是可行的，因為蘋果正是乙烯的天然來源，他還講述了整個作用過程給我聽。另外，他也說：「在加州和佛羅里達這兩個主要產區，用乙烯刺激綠色番茄變色是很常見的做法，也能達到一定程度的催熟，但卻犧牲了品質。毫無疑問，真正成熟後才從樹上摘下來的水果，味道和品質都更好。」

若是番茄貼了「有機」標籤，依規定就不能以乙烯來催熟，因此，你可能也有注意到，近年來超市有許多塑膠盒裝的番茄都貼有「溫室栽種」的標籤。通常我們都覺得「田野栽種」的蔬果聽起來比較好，畢竟沐浴在陽光下比溫室燈照更加天然，所以我也總將溫室蔬果視為冬季栽種的替代方案，或認為那是品質比較次級的產品。但我錯了。下次你去超市的時候可以注意一下，你一定會發現，原來溫室番茄竟然更加昂貴，遠比田野栽種的番茄還要貴上許多。而且溫室的番茄就像田野番茄一樣，會等到在藤蔓上成熟後才摘下來，嚐起來也更加美味。

沃特金教授大力為他所在的地區辯護，他說美國只有東北部等部分地區才會在田野間栽種番茄，農人們會等到在藤蔓上熟成後才摘採下來，但只有夏天才能收成，而溫室番茄則是全年都能收穫。另外，我也從雷許博士那裡得知，原來像BJ批發俱樂部和好市多這樣的大型倉儲式賣場，都會直接與大型溫室公司合作，一次買斷他們的所有貨源，因此若消費者想購買可靠的熟成番茄及彩椒，這些賣場是很棒的選擇，他說那「比大多數超市品質更好」。

正如在袋內裝蘋果來催熟的秘訣所證實，乙烯確實會對一些水果起作用，其中最顯著的就是香蕉。我幾乎每天都會吃一根香蕉，但沃特金教授卻告訴我，這些香蕉通常都是在三分之二熟的時候就被採收，接著再用乙烯來進行變色處理，令我備感震驚。蘋果和香蕉從農場配送出去時都是綠色的，它們會先被集中到各地的倉庫中，等到要送進賣場前一刻才進行充氣，等你買回家一兩天後，正好開始變黃。在此之前，它們一直都是綠色的，並擺在倉庫裡好幾個星期了。雖然「美國農業部有機」的標籤禁止水果充氣，但這當然禁止不了大量非有機的綠色充氣水果湧入供應鏈之中，而它們在摘採下來後還會繼續「成熟」，讓人們以為這是天然的。

所以我很想知道，真正樹上成熟的香蕉嚐起來究竟如何？我在自家花園裡種了新鮮番茄，已經明白了這其中的巨大差異。但沃特金教授告訴我，以一個典型的美國消費者來說，我可能此生從來沒有吃過真正樹熟的香蕉，這可以當成我下次尋訪香蕉園的重點品嚐行程。那他有吃過嗎？他說：「有，我曾經吃過一根完全成熟的溫室香蕉，那滋味太棒了。大部分人已經很習慣超市的香蕉口味，有些人可能會覺得樹熟香蕉的味道太重。」

楓糖

在我所在的佛州，最著名的農產品就是楓糖漿。如同蜂蜜，它也被美國農業部特別豁免，不必經過嚴格檢測，而正因為標籤法極為寬鬆，市面上流竄著許多冒名為「百分百天然」的混和楓糖和假楓糖。另一個更普遍的問題是，有許多楓糖口味產品中，根本不含半點楓糖。佛蒙特楓糖業者協會（Vermont Maple Sugar Makers Association）每年都會在全國各地舉辦「楓糖屋」戶外活動，所謂的風堂屋，就是一座開放式的屋棚，而楓樹液會在棚下被熬煮成糖漿。由於大多數的楓糖製造商都是傳統家庭自營，大多數楓糖屋也都是自宅旁的小木棚，每到製糖季節時，通常是四月，佛蒙特州四處都可以聞到楓樹液沸騰時的芳香。

我選擇前往回音山莊（Echo Hill），這是佛州北部一間即將邁入第五代的楓樹農場。目前農場還是由第四代夫婦藍迪與露意絲．考德伍負責打理，他們一起守護著家族九十三年來的楓糖傳統，兩人和孩子以及蘭迪年邁的母親同住。每逢夏季，他們每週兩天都會在小農市集販售自製楓糖。而當蘭迪沒有忙於砍樹或熬煮樹液的時候，他會在附近克拉斯伯鎮上擔任志願消防隊的助理隊長。我問他是否想過要擴大經營他的農場，他笑了笑，並向我解釋，一棵楓樹從幼苗成長為製糖樹大約需要四十年，楓糖產業並不是一蹴可幾的行業。

藍迪、露意絲和我，以及佛蒙特楓糖業者協會的執行長馬修．高登聚一起，聊了聊假食物為楓糖產業帶來的挑戰。「這就是楓糖漿產業的樣貌，」高登一邊說，一邊伸手指著身穿法蘭絨襯衫和工作褲的消防隊長藍迪。藍迪此刻正在楓糖小屋裡熬煮著樹液，小屋位在一條未鋪柏油的泥土小路旁，而後方是白雪皚皚的森林。這條小路十分偏僻遠，以前我曾試圖來訪，但總是迷路，手機經常沒有訊號，無法查閱谷歌地圖。眼前的景象如此真實，就像諾曼．洛克威爾的畫作活了過來。「但這真實的場景，顯然已經成為大企業試圖利用的目標。」

高登拿來了兩個大型塑膠購物袋。從他位佛州首府蒙特佩利爾的辦公室出發，在沿路的數間超市停車，走進穀類食品和點心的走道，購買所有自稱含有楓糖的產品。他買了好幾盒楓糖與紅糖穀物棒和麥片，產品來自各大美國製造商和更專業的「天然食品」製造商。除了都寫有「楓糖」字樣以外，這些商品幾乎都有一個共通點，那就是包裝上會印有楓糖罐的獨特圖標。而這些商品還有另一個共通點：幾乎都不含真正的楓糖漿。「我真的很生氣，」高登說，「消費者看著這些印有楓糖名稱和圖示的產品，一定會感到很困惑，因為裡面根本沒有楓糖。美國食藥監管局說過，具詐欺意圖的產品的特色就是會令一般消費者困惑，顯然這是個事實，大多數人都會以為這些產品裡面含有楓糖。桂格燕麥公司是怎麼做出這些印有楓糖圖標卻不含楓糖的產品？」

這真是個好問題。以製作技術來說，答案是，他們使用的是高果糖玉米糖漿或麥芽糊精，並混以胡蘆巴籽或茴香。在許多案例中，「楓糖」風味是來自胡蘆巴精油樹脂，這是一種用酒精或丙酮來萃取的「天然」植物產品。就算你深知這種味道並不是來自真正的楓樹，你也可能永遠不知道這味道究竟是從何而來，因為它只被含糊地標示為「人工及天然調味劑」。我本來對高登的說法還有點懷疑，於是去看了每一個盒子，而正如他所言，桂格燕麥楓糖和紅糖口味的沖泡燕麥片中，不含任何一滴楓糖漿，只含有天然與人工兩種調味劑，並且確實如廣告所言，含有糖，但卻不一定就是紅糖，有可能只是添加了棕色的色素而已。至於雀克牌（Chex）的楓糖與紅糖穀片，照理說應該十分健康，但成分列表也只包含了全粒燕麥、糖、鹽和天然調味劑——依舊沒有楓糖漿。那麼家樂氏的楓糖與紅糖迷你穀片呢？也沒有。

我太太常吃天然谷（Nature Valley）的穀物棒，所以我也特別針對它們研究了一番。這穀物棒上也印有楓糖罐的圖標，網站上的敘述則寫著：「本楓糖與紅糖穀物棒以全粒燕麥、脆米、楓糖漿及紅糖，製成口感香甜而有益健康的點心」。它的成分中確實有列出楓糖漿。雖然成分中的楓糖少於高果糖玉米糖漿，但仍然有添加，顯然足以達到他們「來自天然」的宣傳口號——我閉上眼睛，腦中想到的是農夫們在灑滿陽光的田野中裡摘採玉米的景象。

後來，我詢問專攻食品詐欺案件的律師史蒂芬．克倫伯格，桂格這類的公司為什麼沒有受到法律制裁，他解釋，「只要產品自稱是『楓糖口味』，那麼裡面只需要含有人工或天然的調味劑即可，不一定需要含有楓糖漿，除非標籤上寫著『含有楓糖』。」那麼那些試圖迷惑消費者的楓糖圖案呢？「究竟什麼才能稱得上是蓄意誤導，這其實很模稜兩可，很難去界定什麼樣的手法會讓一般消費者困惑。這些商品只不過是標示了一個長得像楓糖罐的圖案，讓你我聯想到楓糖漿，但這可能並不足以讓業者走進法院的大門。」

所以，採買前，請務必記得閱讀成分列表——就算不一定準確或如實，但這是你我的第一道防線。

楓糖與紅糖燕麥片

真正的燕麥片是一種非常健康的食物，富含全穀物精華，更有益於清潔心血管。你在家就能輕鬆製作真正的楓糖燕麥片，完全沒有理由去購買架上那些人工調味的沖泡食品。純天然燕麥片很容易買到，我最喜歡的兩個品牌，其中一個是麥肯（McCann's），擁有獨特的白色包裝罐，內含刀切愛爾蘭燕麥片。另外一個則是鮑伯紅磨坊（Bob's Red Mill），是蘇格蘭風格的燕麥片，母公司是加州一家天然未加工的穀物製造商，現在，你可以在越來越多美食家商店、超市，當然還有亞馬遜網站上，都能購買得到鮑伯紅磨坊的產品，這個品牌的燕麥片、鬆餅粉和麵粉，幾乎所有的產品都十分優質。

100% 純天然刀切燕麥或傳統燕麥片／天然楓糖漿（最好產自佛蒙特州！）／紅糖

作法

根據燕麥包裝上的說明將燕麥片煮熟，接著加入楓糖漿和紅糖調味，就能盡情享受了！

12

當聰明的消費者

我們怎麼會淪落至此，竟需要記者來調查食物的產地？

——麥可 · 波倫（Michael Pollan），

《雜食者的兩難》（*The Omnivore's Dilemma*）

獅子是一種所謂的「機會主義」狩獵者，這表示，就算牠們沒有特別飢餓，也會將任何容易捕獲的獵物吞下肚。如果羚羊、牛羚、疣豬和鳥被認為是容易捕捉的獵物，牠們就會出現在獅子的菜單上。獅子永遠不會預設自己何時要飽餐一頓，也不知道下一頓飯要吃些什麼——牠就是會吃下任何能吃的東西。

人類的情況好一點。我們吃東西既是為了維生，也是一種娛樂，且與地球上的任何生物相比，我們擁有無比豐富的食物選擇。因此重點就在於我們如何選擇。

就如同將石子扔進池塘會產生漣漪一般，飲食的選擇也會引發一連串連鎖反應，不只是關乎我們每餐之間所需的熱量而已。如果你選擇吃下真食物，最直接的收穫它們非常美味，長期的益處則是它們幾乎都很更健康。且大部分真食物的製造過程也更環保，有益於環境的永續發展，也能支持那些真食物製造者們的成果、做法和群體，使世界變得更加美好。

相反地，如果你選擇或者上當而吃下假食物時，你通常會覺得味道很糟，也很不健康，有時甚至含有真正危險的成分。這些假食物的製造過程也往往並非永續的，有時還違法。壓榨勞工是假食物最不道德的極端現象，除此之外，海洋也遭到破壞，每年更有數萬人因感染具抗藥性的超級細菌而死亡，心臟病患人數也大幅增加，消費者還會廣泛接觸到已知致癌物質，以及食品禁用的危險化學物質，這在假食物的世界中都是司空見慣之事。而對我來說，光是經濟詐欺就足以令我想要避開假食物，更遑論這些冒名和偽造食物的背後還有一群血汗勞工在為此賣命。

改變當然是有代價的，這本書所描述的神戶牛肉、香檳等眾多食物，價格都非常昂貴。但吃真食物也並不是有錢人的專利。我遠遠不到富裕的地步，心裡還會偷偷渴望有朝一日能躋身中上階層。每當我去採買真牛肉的時候，我就陷入天人交戰，看著那純正的天然草飼牛肉，不含任何化學物質，竟如此要價不斐，而偏偏一旁的工業飼養牛肉，價格是它的三分之一。這兩者真的差很多，而且並不是每個人都買得起上好的牛排。那麼我的解決辦法是什麼？平常，我會少吃點牛肉，而每當我決定揮霍一次時，我就會讓這頓美食顯得更有意義。幸好，並非所有的高品質真食物都讓人望之卻步。純正的天然雞肉比工業飼養的還貴，但也沒有貴那麼多，比天然牛肉，更是便宜了不少，所以我現在更常吃雞肉，而且只吃真正的雞肉。

再來看看世界上價格最實惠也最令人滿足的美食之一：義大利麵。我買的義大利麵當然是義大利製造，也擁有美國農業部有機認證，還有義大利的「生機認證」（Bio），這是義大利自己的有機認證標章，他們的條件當然也更嚴格。我的義大利麵是百分百全麥，比精製義大利麵更加健康。除此了這些特點之外，它們和一般的乾燥義大利麵並無二致，可以在我的廚房架上保存兩年。它們很美味，也很容易烹煮。它們的食品標籤更是單純，很容易辨別，因為它只有一種成分：有機全麥麵粉。那麼，為什麼美國大型超市裡販售的義大利麵，成分卻高達七種呢？而且其中只有三種原料是我們熟悉的，其中兩種是麵粉，另外一種竟然是鐵。很容易通過名字識別，兩種麵粉和鐵質。另外四種成分，也就是占多數的成分，已經被美國食藥監管局編列為「ASP」，表示含有某種可疑的元素，並「已經涵蓋於最新有毒物質資訊中」。這所為的最新，也可能已經是好幾年前了，甚至幾十年前，畢竟食藥監管局做起事來一向沒有效率。在等待食藥監管局揭曉調查結果之前，我堅持只吃我買的這種義大利麵，不但比較有營養，更沒有潛在的危險添加物，更棒的是，它的熱量比精製義大利麵還要低——雖然價格幾乎是一般義大利麵的兩倍。聽起來可能很貴，但假如將一包麵分給一家四口吃，每個人的價差其實不到一塊錢美金。一客二十五塊美金的牛排當然算是一種奢侈品，但是我們大多數人其實都還花得起，更何況，如同我最愛的帕馬地方乾酪，許多假貨都還比真品更貴。

我知道有些美國人——尤其是在佛蒙特州這個歷史上最反對主流文化的地方，他們深信著一個巨大的陰謀論，認為食品工業和美國政府正密謀讓人民生病，目的是為了牟利。這當然不是真的，這種想法太可怕了。數十年來，假食物唯一的目的就是要降低成本，而為了躲避監管，企業會花錢雇用說客來拉攏政府官員，消費者的憤怒和權益當然也就這麼被忽視了。美國假食物如此氾濫，有很大一部分就是這些監管機構造成的。

其實我們要知道，美國農業部和美國食藥監管局是兩個各自獨立的機構，負責不同的任務。美國農業部的成立並不是為了保護美國公眾，食藥監管局才是。而美國農業部最初也並非內閣級別的部門，這是食品產業進行政治遊說之後的結果。自成立以來，農業部的其中一部分職責就是要促進工業化的農業生產，也做得很有成效。若說美國農業部與大型工業化的農產品製造商是「裡應外合」，這聽起來很像一種負面指責，但其實裡應外合本來就是他們的工作。在他們的官方願景聲明中，最開頭幾個字寫的就是「以創新方法來擴大經濟機會」，他們本來就不是一個旨在確保飲食健康的組織。

雖然如此，美國農業部後來還是有因應人民需求落實了一些相關政策，這倒是值得稱讚的。最近一、二十年，肉類及有機食品標籤都有不斷改變。雖然我十分不滿他們沒有積極處理「天然」標籤和藥物殘留等問題，但至少他們還是有提供美國消費者一些更好的購物指標。比如說，就像消費者會希望看到「有機食品」的相關說明一樣，他們也會要求業者在貼上標籤之前，要先澄清何謂「天然」。他們還提供民眾許多申訴管道和評論機會，讓我們都有機會來持續幫助食品產業改進。另外，他們也曾迅速控制住大腸桿菌等疾病的爆發，並成功追溯到病菌的源頭，在這點上他們做得很出色。

而美國食藥監管局的職責就完全是另一回事了。這個機關的使命宣言是「保護與促進人民健康」，但它的保護方式卻十分可笑。

說起食品標籤，食藥監管局最關心的只有營養資訊和莫名其妙的健康聲明。若業者要在包裝外盒貼上「有益心臟健康」的標語，他們認為最好要像藥物那樣有臨床研究支持。而對他們來說，「全天然」不算是某種健康聲明，所以就算業者把這三個大字印在盒子上，他們也絲毫不在乎。事實上，美國食藥監管局已經多次且刻意地以行動表明了他們的忽視。最諷刺的是，他們還在二○一五年末大張旗鼓地徵求人民意見，要針對「食品標籤」中「天然」一詞的含義進行討論，其實他們二十五年前也做過一模一樣的事，但兩次結果也都相同——所有討論都無疾而終，他們徹底忽略了民眾的意見。

一九九三年首次意見徵求的兩年之後，食藥監管局所提出結論是：「這個問題我們已注意到，也已收到各方意見，然而其中並沒有任何一項建議能為本單位提供明確方向，亦無法為『天然』一詞制定定義。且在此之前，本單位便已聲明，我們不會為『天然』一詞制定規則。」截至二〇一五年，美國推出各類別的新食品中，有四分之一都在包裝上使用了「天然」這個詞。

許多其他帶有明顯且重要健康含義的詞彙也有一樣的問題。像是，為什麼「低脂」有詳細的定義，而「全脂」卻沒有？這些疑問至今都沒有解答，我們唯一知道的是，長期以來，食藥監管局都頑固地拒絕制訂各類食品定義，但這些定義是必須的，無論是在法律層面，或者是他們的監督職責上，都是必要措施。

美食藥監管局在食品標籤問題上簡直稱得上是「精神分裂」，他們一方面極度執著於「全穀物」等產品的確切成分含量，一方面又放任那些已知有毒或含致癌物質的食物在市面上流竄。他們為了追求成分含量的清晰與精確，特別重新設計了食品標籤上的營養資訊格式，一些無意義的成分因此得以躍上版面，讓消費者產生混淆，甚至有些還是危險的成分。同時，他們任憑製造商在許多我們熱愛的食物上使用抗蟲劑、抗凍劑等藥物，還讓這些發明添加劑的公司自行決定這些藥劑是否「安全」。

當這些公司發明了新的添加劑，並加入到食品之中，他們甚至不需要事先上報給相關部門。我說真的。也因此，無論是農業部、食藥監管局，甚至中情局，全美國沒有任何一個機關知道這些添加劑中的物質是否有經過「核准」，也不知道它們是什麼、在哪裡生產及進口，或者如何運用在我們的食品之中。

再更近期的二〇一五年末，食藥監管局更進一步允許基因改造的鮭魚上架販售，而且不需要任何額外的標籤補充說明。這種可怕的魚被反對者稱為「科學怪魚」，是美國首個被批准販售的基改動物，牠的誕生方式就好像《侏羅紀公園》裡的恐龍一樣，被植入了其他魚種的基因。基因改造生物（Genetically Modified Organism, GMO）的問題十分複雜，同時也的確有一些論點認為這類基改食品並沒有危害，但調查顯示，有高達58％的多數美國人並不想購買這類食物。然而，食藥監管局卻一再重申他們的立場，表示基改食物不需要另外標註，甚至還表示他們反對在食品標籤上使用「非基因改造」標語，這幾個字是消費者僅有的採買依據。基因改造食品當然還有爭議待釐清，但是食藥監管局也沒道理一再忽略民眾的訴求，更何況這些民眾本該是他們服務的對象。

當食品的安全性受到質疑時，無論提出疑問的民眾、醫師或科學家，食藥監管局長期以來的反應都是無視。事實上，根據食藥監管局自己的規定，他們必須在一百八十天之內對民眾請願做出回應，但根據美國政府問責署一項嚴格的調查，在過去十二年間，僅有不到10％的民眾請願得到食藥監管局的回覆，他們顯然是違反了自己的政策。有些人甚至早在四分之一個世紀之前就提出請願，但截至目前為止食藥監管局依然沒有採取任何行動。食藥監管局曾經雇用了一組科學家，專門負責鑑定食品中的可疑成分，而這群科學家一共提出三十五種特定成分，建議應該基於健康考量而禁用。但三十年之後，沒有任何一個成分被禁止，而且超過一半的成分也從未進一步接受檢測。正如問責署所指出的，食藥監管局「始終沒有提出解釋，即便至今已經過了將近三十年」。

而在食藥監管局一系列消極的行徑之中，海鮮品項尤其令消費者失望。海鮮是美國食物鏈中非常重要的一環，但卻在他們的監管下墜入深淵。某種程度而言，我理解政府的人力與預算有限，無法檢查每一瓶橄欖油，但海鮮的情況卻是更加嚴重，幾乎所有進口到美國來的海鮮都沒有接受任何檢測，而眾所周知，美國境內流通的海產有很多問題。當食藥監管局自己本身都經常違法，又如何能取信於民眾並執行法律規則？聯邦法規要求（是強制要求，而非可選擇的）食藥監管局應該檢測至少百分之二的進口海產，這甚至算不上多嚴格的要求。儘管標準如此之低，在二〇一三年間，食藥監管局還是只檢測了法規要求的四分之一而已——而且他們的表現還越來越糟糕，每年的檢測數量都逐漸下降。

你可能已經注意到，在這整個過程中，食藥監管局官員除了說明一些早已公布過的相關資料之外，並沒有針對問題發表太多其他評論，這不是一個巧合。這一年間，我數度想採訪食藥監管局各領域的專家、科學家和政策制定者，但幾乎都遭到拒絕了。食藥監管局的媒體事務辦公室網頁上列出了十四位同仁，他們的工作是與媒體互動，其中四位專門負責以下幾個問題：食品標籤、海產、食品安全、食品，以及色素。

我要求採訪與本書內容相關的專業人士，他們每次都保證一定會讓我前去與內部工作人員接觸。但永遠都只有口頭保證而已，這些保證永遠也沒有成真，我的採訪也從來沒有成行。後來，我致電給他們，說我願意自費飛往華盛頓，到他們的辦公室去面談，並給了他們好幾個月的時間安排。最後，食藥監管局只同意讓一位專家來回答我的問題，而且在眾多議題之中，他只願意回覆有關橄欖油的問題而已，更要求要匿名為「美國食藥監管局一項消息來源」。這個人其實早已經以本名接受過無數其他採訪，但這次卻不願意比照辦理。此外，我還被要求要事先用電子郵件提供訪綱給他們審核。

我在過去二十年裡做過許許多多的採訪，公司的公關人員對於同仁的公開言論或來訪的媒體通常都特別小心。這我能理解。但食藥監管局似乎忘了，他們並不是一家私人企業。這些政府官員應該要為你我服務、為百姓工作，而身為一名記者、一位美國公民和一個納稅人，看到他們如此無視「公開透明」的義務，我感到非常不滿，因為這顯示美國食藥監管局早已將他們的使命拋諸腦後。既然他們總是聲稱自己經費不足，而這些媒體事務辦公室的人員也不肯盡到職責好好回應問題，那不如將他們的薪水都挪去檢測海產吧。但說實話，我根本不期望情況會有所改變，也不指望食藥監管局會真的去拯救我們的食物。

話雖如此，當食藥監管局公開徵詢公眾意見時，我們還是應該都要去參與，儘管一年前他們就已經不受理任何有關「天然」的問題了。另外，也可以向任何一位願意傾聽民意的人投訴，可以從你的州參議員或眾議員著手，這或許會是一個更好的策略。近年，確實有越來越多州開始在著手制定自己的規範，藉以彌補食藥監管局的失職，比如在加州和康乃狄克州都已經提高了橄欖油的標準，或許你的州代表和州政府能為你帶來更好的食品環境。

至於，你我現在還應該做些什麼，才能吃到更多真食物、買到更少假食物呢？答案是：聰明消費、親自下廚，而且必須兩者併進。相較於購買現成熟食，親自烹煮盤中之物，你才更能掌握其中的成分和食材。像橄欖油和海鮮這類特殊食品，本書每章結尾都列出了具體的購物指南。整體而言，我建議你去更有品質保障的商店採買，像是全食超市、喬氏超市、好市多，或者是你信任的當地魚販。

在家烹飪就是享用真食物最簡單的方法。雖然必須付出額外的勞動和時間，但在許多情況下，親自動手做都是會更有保障的。至於最重要的購物規則，則是仔細閱讀成分標籤，並且要記得，像「人工色素」、「天然香料」這些名稱，事實上都是一個「類別」，而不是單一成分，所以要特別提防其中可能隱藏的不明物質。高度加工食品中經常含有過多的成分，這絕對是一個問題，因為每種成分中都可能隱藏著有害的東西，更不知道這些成分來自何處。對個人來說，吃下大量不必要的化學物質本身就不是什麼好事。

在速食和超市中，披薩可說是最受歡迎的品項，而美國人最愛的口味則是義式臘腸，所以就讓我們來看看一般的這其中有哪些問題。以紅男爵（Red Baron）經典義式臘腸披薩為例，這種冷凍披薩含有至少五十二種不同的成分，裡頭甚至還包括許多我根本不想吃下去的東西，比如二丁基羥基甲苯，這在英國是被禁止的添加物，而且美國食藥監管局多年來一直表示「應該」要進行調查，因為它可能會因與其他成分混和而導致中毒或致癌。除此之外，這披薩還含有丁基羥基茴香醚，這是一種石油衍生添加劑，且早有民眾針對這項物質提出質疑，但二十五年來，美國食藥監管局一直沒有任何回應。我前面說「至少」五十二種成分，是因為有其中幾種「可能包含一種或多種物質」，因此所有成分可能一共有六十幾種。但即便你很仔細地閱讀標籤，一樣無法得知這些物質到底是什麼，更何況，標籤上還不會提到抗生素、類固醇和人工香料等潛在物質。

多數冷凍披薩的麵團本就很可能是由高度加工漂白的麵粉所製成，甚至還添加了許多標籤上沒有列出的人工香料和色素。而披薩的醬料則可能殘留著殺蟲劑與化學肥料，更可能由未熟的番茄製成，再以氣體染紅。就算製造商使用了莫札瑞拉起司，沒有以類似某種近似起司的物質來替代，但製成這些起司的牛奶也有很高的機率是來自工業養殖的乳牛，牠們被以類固醇、生長激素和抗生素等藥物飼養，甚至被餵食動物副產品。但最令人擔憂的莫過於義式臘腸。

在我開始為撰寫這本書進行研究之前，我根本不知道美國農業部對國內豬肉的要求如此之低，使得這些豬肉的品質根本不及「可接受」的程度，遠低於消費者應該要獲得的基本保障等級。假如我們不想購買那些劣質豬肉，有沒有其他人會買呢？答案是，加工食品製造商會收購。如果你披薩上的義式臘腸產自美國，那它們就是由這些劣質肉品製造的。事實上，它們更有可能是來自中國的工廠，但由於義式臘腸是一種加工食品，可以經過數次轉運，所以你永遠不會知道答案。你唯一能肯定的是，無論品質為何、無論產自中國還是產自美國，這些豬肉大多都是以抗生素及非天然的飼料餵養的。

現在讓我們想像一下，假如我們自己在家做披薩的話，又會是怎麼樣的情況。我自製披薩時多半會偷吃步，跑到附近小市集去購買新鮮的手工麵團，省去最費力的步驟。我通常選擇全麥麵糰，但普通的白麵糰吃起來會比較像市售像冷凍或速食披薩。這些手工麵糰只含有以下幾種成分：麵粉、水、油、酵母和鹽。我家附近的天然食材小超市甚至還會將麵粉的品牌標示出來，他們採用的是優質烘焙原料品牌亞瑟王的麵粉。至於拿坡里披薩上的醬料，你只需將一罐番茄與一匙海鹽加以攪拌，便能輕鬆完成。我購買的是義大利波美牌（Pomi）罐頭番茄，許多義大利廚師都採用這個品牌，其中的成分只含有百分之百義大利番茄，而且還是成熟後摘採的，因而嚐起來更加美味。波美牌也經過美國農業部有機認證，不含防腐劑、人工香料或任何其他添加物——如果你還想知道更詳盡的細節，它也不含酚甲烷或基改物質。再來是披薩上的起司。我會買真正的新鮮莫札瑞拉，雖然是本地生產而非義大利製造，但與冷凍披薩上的那些起司相比，就連威斯康辛貝爾牌起司（BelGioioso）這樣的超市品牌都美味得多。而且貝爾牌起司是以不含生長激素的牛奶製成，除了酶與鹽之外，沒有任何其他成分。最後就是義式臘腸了。我會在佛蒙特州的煙燻肉舖購買香腸，這類小商店在全美各地都能找到，我購買的是以本地飼養的豬肉製成，你也能在其他地區買到類似的產品，其中一個全美國都能找到的品牌是「蘋果門」（Applegate）。

我的食譜中沒有任何一樣食材需要個別烹煮，只需要攤開現成的麵團，一一鋪上佐料，就完成了。也因為所有食材都不是冷凍的，實際烤製的時間很短，整個過程加起來最多只要花五分鐘。成品嚐起來更是無比美味，而且也是真食物。我完全能掌握盤中披薩的所有細節，從義式臘腸與麵糰的每一種成分，到其他我使用的所有原料，我都一清二楚。最後，我自製的披薩一共有二十三種成分，沒有任何一種是令人擔憂的。我可以大肆享受，額外加入羅勒葉、大蒜和磨碎的帕馬乾酪，就算加了這麼多東西，原料種類還是比冷凍披薩的五十二種少了一半以上。

我和我太太都很喜歡吃披薩，某個溫暖的夏夜，我就親自做了這種拿坡里披薩，而且還放在戶外的烤肉架上加熱，餅皮因而更加酥脆，帶著一絲煙燻的香氣，增添了不少手工披薩才有的風味。當時我們的花園正百花齊放，我便撒上一些新鮮採下的胡椒芝麻葉來讓味道更加豐富。這就是披薩的美妙之處，它如同一張空白的畫布，能讓你恣意揮灑，從馬鈴薯、花生到帕馬火腿，或你冰箱、櫥櫃裡的任何真食物，放上餅皮便能做出美味又營養的一餐。

我們坐在門廊上享受夜晚的新鮮空氣和這頓療癒的晚餐，而我無論如何都要再撒上起司碎。我拿起了手邊那塊楔形的帕馬本地乾酪，在磨碎之前，先切下好幾小塊來品嚐一番，淋上一些十二年的傳統巴薩米克醋和幾滴澳洲特級初榨橄欖油。我們不介意餐具——畢竟這些都能用手指來享用——但是我們很在乎佐餐酒。我拿出玻璃杯，打開一瓶來自西西里科洛西酒莊的黑達沃拉紅酒（Colosi Nero d'Avola），以鮮為人知的紅酒葡萄品種釀造，擁有深紅寶色一般的色澤，香氣濃郁，與我們的披薩完美搭配。而且就如同我們盤中的披薩，這是一種物美價廉的享受，一瓶只要十三美元，羅伯特．派克與詹姆斯．索克林等受人尊敬的知名葡萄酒評卻給予這種美酒八十八到九十分的超高好評，與價格兩到三倍的葡萄酒並駕齊驅。這頓美味的晚餐既實惠又簡易，更美味得令人陶醉，我們大快朵頤著那滋味豐富的披薩，然後細細品味著手裡最後一杯美酒。

花時間烹煮一頓真食物絕對是值得的，購買真食物也是值得努力的目標，而那些製造真食物的人們更是值得你我支持。讓食物繼續真實下去吧。

附錄：採買時不可不知的縮寫

AOC：法國擁有最精細的系統，專門對當地生產的食品及葡萄酒產品進行品質分級。原產地命名控制法（Appellation d'Origine Contrôlée）規定，帶有 AOC 標章的產品都必須是在「原產地」製造，這些地區長久以來都以製作精良而聞名。例如洛克福地區的洛克福藍紋起司，或香檳地區的香檳。

AVAS：美國葡萄栽培區（American Viticultural Areas）是在美國被合法認定為高品質葡萄產區的地方，葡萄酒若以產自這些地區的葡萄作為主要原料，便可在瓶身標註 AVA 字樣。加州的巴索羅布列斯就是其中一個例子。

BAP：全球水產養殖聯盟的「最佳水產養殖規範」認證（Best Aquaculture Practices）被認為是在養殖魚業領域中，品質最優良的國家協力認證機構。

COOC 特級初榨：這是加州橄欖油委員會（California Olive Oil Council）所頒布的認證。橄欖油製造商必須使用加州當地種植的橄欖來榨油，並通過比美國與歐盟更嚴格的特級初榨橄欖油檢測標準，才能獲得此標章。

DOCG：原產地名稱管制保證（Denominazione di Origine Controllata e Garantita），義大利政府

將他們國內的高品質葡萄酒分為三個等級，這是其中的最高等級。許多低等級的葡萄酒根本不會獲得任何標章。如果瓶身印有這個標章，就表示這種葡萄酒是依循嚴格的規定釀造，包含葡萄品種、陳釀時間等都必須符合規範，而且只能使用產自特定地區的葡萄，這些地區的葡萄園也都必須獲政府評為「優質」等級。接下來的兩個等級則是 DOC（Controlled Designation of Origin，原產地名稱管制）和 DO（Designation of Origin，原產地名稱）。

DOOR：原產地與註冊資料庫（Database of Origin and Registration）是一個可供搜尋的線上資料庫，包含一千四百多種 PDO、PGI 或 TGI 產品，詳見 GIs。

EVA：特級初榨聯盟（Extra Virgin Alliance）可以認證世界各地的橄欖油製造商，這些製造商所生產的橄欖油必須通過比美國與歐盟更嚴格的檢測標準。

EVOO：這是特級初榨橄欖油（Extra Virgin Olive Oil）常見的縮寫。初榨橄欖油共分兩種等級，這是等級最高的。

GIs：地理標誌（Geographic Indications）的使用範圍非常廣泛，可以指世上任何地方的知名食物，這些食物的名字一定會包含一個特定地區，並且食物本身也具備一定的品質水準。帕馬火腿就是一個例子，它是一種特殊類型的火腿，受到美國和歐盟法律的保護，並且只能在義大利的帕馬地區製造，受到嚴格的製作管理與品質控管。歐盟則將世界各地的地理標誌產品分為三個等級。不同地區的地理標章都有自己的印章或標誌，這些圖標會被貼在食品包裝上，用來表示優良的品質。

PDO：在歐盟的地理標章分級中，原產地名稱保護（Protected Designation of Origin）是最高等級的，證明食品在特定地區生產，並具備傑出的品質水準。

PGI：地理標誌保護（Protected Geographic Indication）則是歐盟分級系統的第二個等級，證明食品是在特定地區生產，而該地區以製造此食品而聞名。

TGI：傳統特產保護制度（Traditional Specialities Guaranteed）是歐盟分級系統的第三級，證明食物以傳統方式製作，且必須以此種方式製作和銷售至少三十年。

IOC：國際橄欖油委員會（International Olive Council）是世上最主要的橄欖油監管機構，他們制定出的橄欖油標準與定義，被運用在歐洲、美國和許多其他地區。

MSC：海洋管理委員會（Marine Stewardship Council）被認為是野生海產領域中，準確性最高的國家協力認證機構。他們印製在食品包裝上的認證標識是一條藍底白線條的小魚。

橄欖油等級：所有的「初榨」橄欖油都必須是「整顆橄欖」以機器或石磨壓碎，不得有其他形式。初榨橄欖油只有兩種等級：特級初榨與初榨。特級初榨橄欖油必須通過大量的實驗檢測和感官測試，而如果測試分數比較低，就會被歸類初榨橄欖油，但這兩種標籤現在都已經被濫用了。至於那些低於初榨等級的油就只是「橄欖油」而已，會以化學精煉或蒸餾來除去雜質，也可能因此含有非橄欖的副產品油脂。雖然這種橄欖油也可以食用，但由於口感與健康等因素，這種油一般被認為不如初榨橄欖油。所謂的「清淡橄欖油」，和大多數標有「一級」、「優等」、「混合」或「純」等字樣的橄欖油，也都屬於這一類。

UNAPROL／100% 義大利優質：義大利橄欖油協會聯盟（UNAPROL）是義大利橄欖業者的貿易協會，他們會用自己種植的橄欖來製油。坊間大部分聲稱「義大利橄欖油」的產品，其實都是將其他國家的油進口到義大利來裝瓶。UNAPROL 的特級初榨橄欖油標籤則是「100% 義大利優質橄欖油」（100% Qualita Italiana），證明所有使用的橄欖都產自義大利，並且等級標準也高於義大利、美國或歐盟的要求。

美國農業部牛肉等級：美國農業部將牛肉分為三個等級，市售的牛肉多半都會標有其中之一（也可能沒有），藉以讓消費者知道牛肉的品質。美國農業部會檢查每一份送驗的牛肉，並給予它們評分。等級最高的是極佳級（USDA Prime），再來是「特選級」（USDA Choice），最後則是「精選級」（USDA Select），也有一些牛肉完全沒有任何等級標誌。美國農業部的優質牛肉約占全美牛肉總銷量的百分之二。未分級牛肉品質通常會低於精選級，但有一些小農基於成本考量選擇不將自己生產的牛肉送到農業部檢測，甚至也有其他業者選擇不會送檢，畢竟像草飼牛或外來品種等特殊牛肉，美國農業部的分級標準可能無法準確反映出它們的品質。

致謝

有句俗話是這麼說的：你必須打碎許多雞蛋，才能做出一份歐姆蛋。套用在我的情況中，那就是我得吃下很多食物，無論是真食物或假食物，還得走訪許多製作食物的地方，才能寫出像這樣的一本書。我當然不可能是獨自一個人完成這兩項任務。過程中，有太多、太多人和我一起分享這些食物、一起上山下海，或者和我說說話。接下來的幾個段落，我一定會因為想不起其中的某一些人，而不小心遺漏了他們，但是我依然非常感謝他們的付出，如果有任何遺漏，都是我的不好。

我要從離我最近的人開始，首先感謝我的太太，我還要為多次毀了她的用餐樂趣而道歉。和我一樣，她現在對真食物與假食物太過深入理解，再也不能容忍假壽司或以毒物飼養的工業牛肉了。雖然這是件好事，但也讓外出用餐變得更加困難。非常難。不過話說回來，她和我一起去了帕馬、日本、阿根廷、智利、勃根第和其他各種真食物的聖地，一起在美國廚藝學院品嚐真正的橄欖油、在西班牙享用真正的曼徹格起司，所以我想我們扯平了。

我要特別感謝艾莉絲・菲克斯，多年前我們一起造訪帕馬和摩地納，正是她首次向我介紹了地理標誌的觀念，還告訴我美國是如何不公平地對待地理標誌。我們參訪了帕馬森乾酪的製作過程，認識了帕馬火腿的醃製手法，等待著葡萄汁慢慢發酵為巴薩米克醋，然後無窮無盡地品嚐著這些美食。

如果沒有這些專家和業界人士們在忙碌的生活中，抽出時間來和我交流，這本書絕對不可能完成。我要感謝《特級初榨》的作者湯姆・穆勒，還有燒烤權威史蒂芬・雷克倫，他同時也是電視主持人、屢獲大獎的作家、無數烹飪獎項的得主，他的專長我都數不清了。我要謝謝里奧・貝托佐，他是帕馬地方乾酪聯盟的負責人，花了許多時間回答我貿易相關的疑問，更安排多次品嚐會，並幫忙聯繫酪農，更分享他對廣大 GIs 食品世界的見解。還有詹姆斯比爾德獎作家與起司專家蘿拉・韋靈，以及優秀的烈酒記者和美國葡萄酒作家丹・鄧恩，他對美國葡萄酒的真偽有著真知灼見。比爾・布里瓦，美國廚藝學院納帕郡校區的主廚導師與橄欖油專家。專門研究食品欺詐的律師史蒂芬・克倫伯格，與他談話通常每小時要收很多錢的。金柏莉・沃那博士，「大洋」海洋保護組織的首席科學家，同時也是全國最了解海鮮詐欺的大師。馬克・斯多克博士博士，同時身兼醫學博士、DNA 研究員與物種分析專家，更和我一樣是熱愛黃金獵犬的愛狗人士。大衛・科斯勒博士，前美國食藥監管局局長與公共衛生倡導者。蒙特雷灣水族館的肯恩・彼得森，他是永續海產與水產養殖領域的優秀專家。名廚麥可・米納，最早開始進口真正日本牛肉的業者之一，他詳細地與談論和牛話題。紐約德布萊肉品老闆喬治・費森也和我聊了許多。名廚湯姆・柯里奇歐，一位真食物的擁護者，他旗下多間優質的餐廳都只提供無毒的肉品。邁克．普雷斯頓，佛羅里達州清水海灘「法國馬車燒烤吧」的老闆，他請我吃了最棒的午餐，也是石斑魚的代言人，他餐廳就是供應這種滋味美妙的魚。麥克．布萊德利，維羅妮卡食品公司的創辦人，他不僅向我詳盡解說了橄欖油與松露油的知識，還改變了美國消費者購買真橄欖油的方式，讓消費者買得更好——好太多了。東京君悅酒店橡木牛排館的主廚特洛伊．李，那間餐館稱得上是全世界品嚐美味牛肉的最佳場所。達米安．紐曼，日本農業部的公關人員，他安排了我的神戶之旅，以及所有的設施參訪和用餐地點。紀堯姆．休伯特，他帶我在法國香檳地區進行了一次深度旅遊，並安排與多家酒莊會面。大衛．沃爾佐格，拉斯維加斯永利酒店西南牛排館的主廚，他教我如何品嚐神戶與和牛。湯瑪斯．施奈勒，美國廚藝學院肉品課主廚導師，也是學院教科書《肉》的作者。科羅拉多牧場主人里歐．寇斯蘭，他飼養了許多美麗的蘇格蘭高地牛。戴爾牧場的大衛．傑瑟普，他們的牧場會提供應遊客真正的全草飼牛肉。熱心的凱西．庫克，他是一位前陸軍特種部隊軍人，現在經營的牧場裡飼養著最純淨的天然全草飼牛（當然也感謝你為國家服務）。皮特．埃謝爾曼，他是一位作家兼養牛牧民，是飼養百分百純基因和牛的良心業者。媒體大亨泰德．特納，他的牧場和泰德蒙大拿連鎖燒烤餐館，大力推動野牛肉，這是美國消費者能買到最真的食物之一。黛博拉．羅傑斯，她在加州的橄欖油製造商麥克沃伊農場工作，是她啟發了我踏上這趟盛大的旅途。也要特別要感謝T．J．羅賓森先生，多年來，他的鮮榨橄欖油俱樂部採買並進口世上最好的真特級初榨橄欖油，讓我的廚房永遠不缺好料。

回到寫作的世界，我需要感謝我在《富比士》的編輯珍・李，她給我很大的空間，讓我報導假神戶牛肉，最後這篇文章成為我所有假食物文章中，瀏覽量最高的一篇。同樣，感謝《今日美國》前旅遊編輯維若妮卡・斯多達特，和現任現編輯班恩・亞伯拉罕森，他們讓我在過去五年間持續撰寫「美國食物大觀」（Great American Bites）專欄，追查全國上下各式各樣的在地食物。

電影導演常常不得不把一些好素材剪掉，作者也是如此，尤其是寫作主題過於豐富多樣的時候。為了凸顯問題的嚴重性，我經常不小心寫得太長，原本素材就已經很多了，我又寫得非常長，有時還會太過鉅細靡遺，這也導致我經常必須捨棄自己最喜歡的句子、令人難以置信的統計資料，和遠比想像中更令人不安的研究結果，雖然放下的過程很漫長，有時候也讓我很挫折，但最終能讓這本書變得更加強而有力。為此，我要感謝才華洋溢的愛米・蓋許，她是我在阿岡昆出版社（Algonquin Books）的編輯，她剛柔並濟地敦促我前進。阿岡昆出版社還有更多同仁參與關於這本書的工作，完成了我期望中的成果，從行銷、宣傳、製作到編輯，其中某些人我可能從來沒有實際見過面，但非常感謝你們所有人！感謝我的經紀人賴瑞・維斯曼，是他讓這本書找到了家，最終落腳在阿岡昆出版社。

我真的很喜歡書封設計。我並不是一個擅長圖像思考的人，一開始甚至沒辦法提出建議或方向，但即便如此，當我看到封面時，我便知道這就是我所想要的。伊凡・加弗尼和阿岡昆出版社的美術部門功不可沒。

還有其他在我身邊的家人，我要感謝我妹妹伊莉莎白和她的丈夫藍迪，他們幫了許多忙，還為我舉辦了一場超棒的新書派對。距離我上一本書和他們第一次舉辦派對以來，竟然已經相隔八年，實在太久了。這次他們特別邀請了家人以外的好朋友們來參加，這次的派對非常美好，尤其是經過上一次的舉辦，他們現在已經很熟練了！

最後，我要感謝我的許多朋友，為了追求更多美食知識，我常把他們拖到了一些奇怪的地方吃飯，特別是勞勃．P，他很幸運，住在葡萄酒之鄉加州，我把那裡當作我的橄欖油和葡萄酒研究基地。還有派特．G，他和我一起吃了許多美味的真牛排和真海鮮，足跡遍布紐約、法國、拉斯維加斯和阿拉斯加。

最後，感謝你們所有人，就讓我用香檳來敬你們一杯吧——當然是來自法國的香檳。

高寶書版集團
gobooks.com.tw

HD 126
你吃的食物是真的嗎？
起司、油、牛肉、海鮮、酒的真相現形記
Real Food/Fake Food: Why You Don't Know What You're Eating and What You Can Do About It
作　　者　賴瑞・奧姆斯特（Larry Olmsted）
譯　　者　劉佳澐
責任編輯　吳珮旻
封面設計　鄭佳容
內頁排版　賴姵均
企　　劃　何嘉雯

發 行 人　朱凱蕾
出　　版　英屬維京群島商高寶國際有限公司台灣分公司
　　　　　Global Group Holdings, Ltd.
地　　址　台北市內湖區洲子街 88 號 3 樓
網　　址　gobooks.com.tw
電　　話　(02) 27992788
電　　郵　readers@gobooks.com.tw（讀者服務部）
　　　　　pr@gobooks.com.tw（公關諮詢部）
傳　　真　出版部　(02) 27990909　行銷部 (02) 27993088
郵政劃撥　19394552
戶　　名　英屬維京群島商高寶國際有限公司台灣分公司
發　　行　希代多媒體書版股份有限公司 /Printed in Taiwan
初版日期　2020 年 8 月

國家圖書館出版品預行編目（CIP）資料

你吃的食物是真的嗎？：起司、油、牛肉、海鮮、酒的真相現形記 / 賴瑞 . 奧姆斯特 (Larry Olmsted) 著；劉佳澐譯 . -- 初版 . -- 臺北市：高寶國際出版，2020.08
面；　公分 . --

ISBN 978-986-361-877-5（平裝）

1. 食品工業　2. 食品添加物

463　　109008705